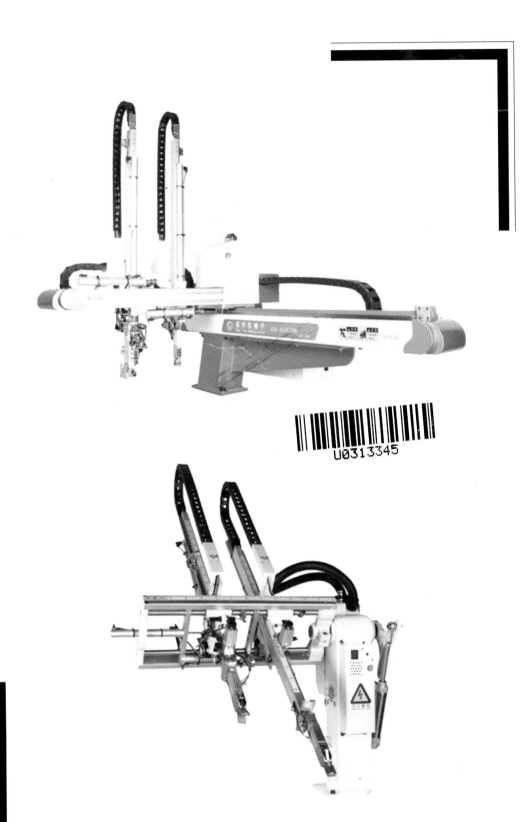

U0313345

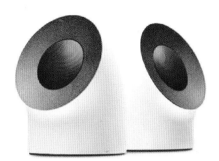

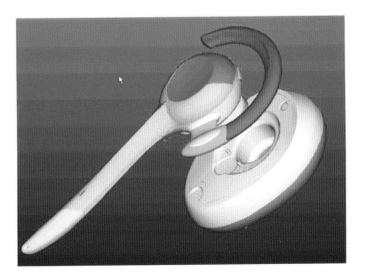

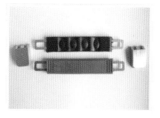

塑料提手(一)

塑料提手(二)

包装箱提手

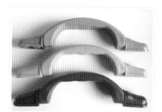

各种颜色提手

提手

家纺提手

塑料提手(三)

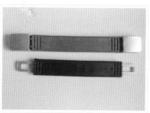

塑料提手(四)

塑料提手(五)

21 世纪全国高职高专机电系列技能型规划教材·机械制造类

注射模设计方法与技巧实例精讲

编　著　邹继强
参　编　林莅莅　顾建森　杨红娟　苏　静
　　　　杨世汶　汤丽珍　唐建林　陈　雷
　　　　刘利奇　陈发启

北京大学出版社
PEKING UNIVERSITY PRESS

内 容 简 介

本书是在作者的原著《塑料成型与模具设计》《模具制造与管理》(2004，清华大学出版社)两书的基础上，经过多年教学、培训实践的反复总结和多次修改而成。

本书更加强化了实用技术和技能的培训，所列举的范例均为企业生产中的实例，既具有突出的实用性，又具有独特的典型性和代表性；对基础理论的阐述更加精练、通俗易懂，由浅入深、循序渐进并结合生产实例；通过与之配套的《注射模典型结构设计实例图集》、典型结构设计实例(三维动画及其爆炸图)教学资源包的对照展示，培养学生对三维空间的理解力、想象力以及举一反三、触类旁通的逻辑思维和分析的能力；融合了当今塑料制品和模具设计与制造的新技术、新方法，具有与时代同步的先进性；在设计意识、设计方法和设计的范例中，无处不强调资源的节约和环境的保护；在附录中添加了常用的龙记标准模架、注射模标准件、课程设计指导等内容，使内容更加丰富、完整和实用。

本书的第一部分适用于职业中专模具专业；第二部分适用于高职高专模具专业；第三部分可供材料成型专业的本科生、研究生参考。本书也可供从事塑模设计的专业人员参考。

图书在版编目(CIP)数据

注射模设计方法与技巧实例精讲/邹继强编著. —北京：北京大学出版社，2014.3

(21 世纪全国高职高专机电系列技能型规划教材·机械制造类)

ISBN 978-7-301-23892-9

Ⅰ. ①注… Ⅱ. ①邹… Ⅲ. ①注塑—塑料模具—设计—高等职业教育—教材 Ⅳ. ①TQ320.66

中国版本图书馆 CIP 数据核字(2014)第 020575 号

书　　　　名：注射模设计方法与技巧实例精讲

著作责任者：邹继强　编著

策划编辑：邢　琛

责任编辑：邢　琛

标准书号：ISBN 978-7-301-23892-9/TH·0384

出版发行：北京大学出版社

地　　　址：北京市海淀区成府路 205 号　　100871

网　　　址：http://www.pup.cn　新浪官方微博：@北京大学出版社

电子信箱：pup_6@163.com

电　　　话：邮购部 62752015　发行部 62750672　编辑部 62750667　出版部 62754962

印刷者：三河市北燕印装有限公司

经销者：新华书店

　　　　　787 毫米×1092 毫米　16 开本　26.75 印张　彩插 2　623 千字

　　　　　2014 年 3 月第 1 版　　2014 年 3 月第 1 次印刷

定　　　价：54.00 元

作 者 简 介

邹继强，男，1942 年出生，毕业于成都高级工业职业学校（现成都无线电高等专科学校），是我国解放后从事模具专业学习的第一批学生。毕业后分配到北京第 718 厂模具分厂设计室任塑模设计员，曾师从德国著名模具专家莱茵里克。此后 30 余年在军工企业模具设计与制造一线工作并兼管职工的职业技术培训工作，其间设计并参与了千余副军品模具的试制。曾兼任航空航天部浙江模具开发中心诸暨模具研究所和实验厂以及株洲 608 研究所技协塑模设计技术顾问，兼任长沙湘火炬公司灯具厂、株洲田心电力机车厂广缘研究所技术顾问，现仍兼任《模具制造》杂志社编委。1993 年内退后，先后被广州军区长城长信公司、余姚日化工艺制品厂、宁波华众等企业聘任为总经理助理兼总工程师，负责一线的生产、技术工作。在长期的工作实践中，积累了较为丰富的塑模设计、制造与生产管理经验，现在昆山登云学院机电工程系模具教研室任教。撰写的数篇塑模设计、制造与生产管理的论文，先后荣获全国"现代模具设计、制造与管理大奖赛"特等奖一次，一等奖两次，二、三等奖和优秀论文奖。2004 年编著《塑料制品及其成型模具设计》《模具制造与管理》《塑料模具设计资料汇编》《塑料模具实用典型结构图册》系列教材一套，分别由清华大学出版社和《模具制造》杂志社出版。

前　言

目前，我国已成为世界制造业的大国，并通过企业的转型升级，朝着世界制造业强国的目标迈进。

模具既是制造业中最重要、最快捷、成本最低，也是最先进、应用最为广泛的工艺装备。在工业产品的生产中，70%以上的产品都离不开模具。因此，模具是衡量一个国家制造业水平的重要标准。工业生产中的五大支柱产业(机械、汽车、电子、石化和建筑)乃至航空航天、国防建设以及亿万人民的工作、学习和生活，无一不与模具有着密不可分的关系。

模具是工业产品的"效益放大器"。模具所成型的终端产品的价值，往往是模具实际成本的几十倍，甚至百余倍。工业产品质量的优劣、效益的盈亏及新品开发、创新的快慢与成败，多半取决于模具质量的优劣、模具整体技术进步和更新换代的速度与水平。因此，模具在我国被称为"工业之母"。模具无疑是我国国民经济可持续发展的催化剂，也是引导人民生活从"小康"直奔"大康"的"火车轮"。

随着我国现代化建设的飞速发展，塑料和模具工业也随之以前所未有的速度向前迈进。在此突飞猛进的形势之下，模具人才尤其是高技能型人才的奇缺，已成为当前塑料和模具工业飞速发展的瓶颈。加速为塑料和模具各企业培养、造就一大批综合素质好、专业技能强的高技能型人才，无疑已成为全国各高等院校尤其是高职院校责无旁贷的神圣使命和职责。而目前在各高等院校中进行的专业精品课建设、"双师型"师资队伍的培养和精品专业课教材的编著，以及由我院创建的、由江苏省教育厅在我院试点的"工学专班"教育、教学模式，乃解此燃眉之急的锦囊妙计和必由之路。

本书正是作为"工学专班"教育、教学模式的核心课程教学用书，为模具专业精品课的建设而编著的。

本书在内容方面，展示了企业生产中的实体模具；用1∶1的模具仿真模型和三维动画多媒体课件演示，再与生产车间的实操实训相结合；与我院共建"工学专班"的多家台资企业的生产实际相结合，在实践中学、在学中实践，进行现场场景式的演练教学。

本书的编著及所试行的场景式的直观教学法，也是一次摸着石头过河式的探索。任，何其重；道，何其远。唯与同行们一道，群策群力，集思广益，共同努力，乃完成此重任之最佳途径。

本书是从事模具设计和制造的同行们多年实践经验的积累和总结，书中的很多宝贵资料乃诸多同行挚友无私相赠。与我院共建"工学专班"的多位企业技术主管，如唯安模具有限公司的刘利奇、及成模具有限公司的陈发启、恒源鑫模具有限公司和宏洋精密模具有限公司的相关技术骨干以及昆山工业设计院的陈雷，积极、热诚地参与本书的编著工作，并提供了许多宝贵资料和建议，在此深表谢意！

限于篇幅和编者之水平，本书不足、纰漏甚至错误都可能存在，恳请同行及读者、专家不吝赐教，以期改正和完善。

匹夫老矣！且盼后起之秀写出新的华章，我再从头学起，逐一拜读。

编　者

2013 年 11 月

目　　录

绪 论

一、本课程的性质和任务

1. 性质

本课程既是模具设计与制造专业的一门独具专业特色的主要专业课——一门用以专门研究和讲授塑料注射成型技术及其成型模具设计技能和技巧，专门培养、造就塑料模具技术人才的专业课；同时也是一门综合性很强的，以数、理、化等基础课为支撑，以机械制图、机械设计与制造技术、互换性与测量技术及计算机辅助设计与应用技术等基础专业课为基础，并将其综合应用于现代塑料制品成型技术的一门专业课。

在塑料制品生产中，塑料成型工艺和塑料成型模具相辅相成，相得益彰。

2. 任务

(1) 对于学生而言——通过本课程中对塑料成型技术及其成型模具设计技术的讲授和在工厂的实操、实训以及模具拆装、课程设计、毕业设计等一系列与之配套的实践课的反复培训，学生在学中实践、在实践中学，使其所掌握的基础理论知识适用且够用，能够支撑所从事的工作；所掌握的技能，能满足相关企业对模具人才的实际要求。

(2) 对于企业而言——能为昆山、苏州和上海等周边地区各相关企业，特别是台资企业，培养、造就塑料制品设计、开发和塑料模具设计、制造、维护修理的技能型人才和相关基础管理工作的人才；并逐步将本专业建设成为企业可信赖的人才培训部，逐步与企业形成水乳交融、休戚相关、互利共赢的一体关系。

(3) 对于学院而言——所培育的学生在企业能受到普遍欢迎并能树立良好的口碑，从而获得良好的社会声誉，形成招生和就业的良性循环；使学生成为学院的优质产品、名牌产品；使模具专业成为学院名副其实的精品专业、名牌专业，成为学院不断发展壮大的催化剂，进而使模具设计与制造专业逐步走上真正的职业化、市场化和企业化的康庄大道。

二、本课程的学习方法

凡是力求学好本课程者，都应当树立明确的学习目标，并掌握正确的学习方法。有明确的目标才有正确的方向，才能少走或不走弯路；有正确的学习方法，才能取得事半功倍之效。

以下几点是笔者在长期自学和教学工作中对学习方法中的一些基本要点的总结。

(1) 课前预习。上课时认认真真听讲，实训时踏踏实实练习。

(2) 趁热打铁，及时复习。不懂的要问，要问清楚，不留疑问(以上两点对于在校生尤为重要)。

(3) 勤于观察，善于思索。目光所及的塑料制品比比皆是，对所见的制品(或模具)要与所学的内容或所从事的工作联系起来，多问几个为什么，深究到底。切勿视而不见，应做到过目不忘。

(4) 学习不仅仅是课堂听讲、设计室设计和车间实训。善于学习者，时时、处处、事事皆可向他人学习，皆有可学之处，皆可吸取营养丰富自己。要深知"世人皆可为师，万物皆可为师"之理。更何况，学习不是一朝一夕之事，而是一辈子的事，正所谓"活到老学到老"。

(5) 准备笔和笔记本，随时将所见所闻或偶尔闪现的想法或问题记下来。俗话说：一支笔胜过三个脑袋。对工作和学习中遇到的问题(无论是成功的经验还是失败的教训)也要随时记录，定期进行归纳、整理、分析和总结。

(6) 注意收集有关资料、信息和样品(尤其是有特点、有代表性的样品)，建立并时时丰富自己的小资料库，定期进行归纳、分类和整理。书到用时方恨少，技术资料更是如此。

(7) 学习方法因人而异。每个人都有自己的具体情况，因此，每个人都应该努力寻求和创造适合自己的、行之有效的学习方法，并在实践中逐步改进和完善。

上述方法仅供参考，愿能达到抛砖引玉之目的。

第一部分
基 础 知 识

第 1 章

塑料和塑料制品的基础理论

本章重点

◆ 常用塑料的成型特性、成型条件、主要用途及对成型模具的要求。

◆ 塑料制品的成型原理。

◆ 塑料制品成型缺陷产生的原因及其解决方法。

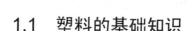
1.1 塑料的基础知识

1.1.1 塑料的定义

塑料是以高分子合成树脂为主要原料,并添加旨在改善和提高其性能的各种添加剂而制成的合成材料。这种材料在一定的温度和压力下可塑化成型,成为具有一定形状和尺寸精度的、在常温下保持不变的塑料制品。

1.1.2 塑料的组成

塑料由合成树脂和各种添加剂(如填充剂、增塑剂、润滑剂、稳定剂、着色剂和固化剂等)共同组成,如图1.1所示。

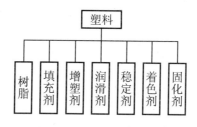

图 1.1 塑料的组成

树脂:塑料中最主要的原料,决定着塑料的性质和类别。合成树脂在塑料中的比例为40%~100%。

填充剂:即填料。它一方面可以改善塑料的力学性能、物理性能、化学性能、电性能和成型收缩率等;另一方面又起到增量和降低成本的作用。

增塑剂和润滑剂:用以改善塑料的成型性能,降低脆性,增加塑性和流动性。

稳定剂:可以抑制和防止塑料因受到热、光(射线)的氧化作用或受到腐蚀而产生降解。

着色剂:用以装饰和美化制品,还可以起到提高塑料对光、热的稳定性和耐候性的作用。

固化剂:只用于热固性塑料,可促使塑料在一定温度下固化而定型。

1. 树脂

树脂是天然树脂与合成树脂的总称。

树木的分泌物如橡胶、松油、桃胶等,热带昆虫的分泌物如虫胶、白蜡、蜂胶、蜂蜡等均为天然树脂。煤的裂解物及石油、天然气的附产物(如沥青等)也是塑料中的主要原料。

参照天然树脂的分子结构和特性,用人工合成的方法合成的树脂称为合成树脂。由于天然树脂的产量十分有限,难以满足与日俱增的市场需求,所以,只能靠大批量的合成树脂来满足市场之需。

2. 高分子聚合物

所谓高分子聚合物(简称高聚物),一是含原子数量多,有几十万个原子;二是高分子化合物比一般的分子化合物的相对分子质量高得多,前者从几万到上千万,而后者只有几十或几百；三是高分子长度比一般的分子长度长得多，前者为 6.8mm，而后者只有 0.0005mm(如高分子聚乙烯的分子长度为普通分子乙烯的 13600 倍)。

天然树脂或合成树脂都是高分子聚合物。

3. 高分子聚合物的分子结构

高分子聚合物的分子结构共有三种，即线形结构、支链形结构、网状体形结构，如图 1.2 所示。

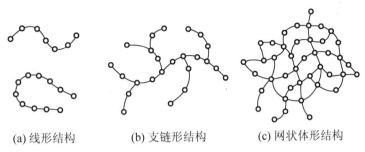

(a) 线形结构　　(b) 支链形结构　　(c) 网状体形结构

图 1.2　高分子聚合物的分子结构

4. 聚合物的状态

在不同温度段，聚合物呈现三种状态:

(1) 低温态：即玻璃态(固体态)。聚合物受外力的作用，即产生变形；外力消失，变形也随之消失。

(2) 中温态：即高弹态(介于固体和熔融体之间，富有弹性，如橡胶状)。

(3) 高温态：即黏流态(很稠的熔融体，在一定的压力下具有流动性)。

5. 聚合物的玻璃化转变温度

玻璃化转变温度(T_{ag})是聚合物的重要特征性温度之一，是无定形聚合物由玻璃态向高弹态的转变温度，或半结晶型聚合物的无定形相由玻璃态向高弹态的转变温度。从分子链运动的角度，玻璃化转变温度是聚合物分子链的链段开始运动的温度。一般而言，玻璃化转变温度是无定形塑料理论上能够工作的温度上限，超过玻璃化转变温度，塑料基本上就丧失了力学性能，而且其他的许多性能也会急剧下降。塑料连续受热时，一般会引起其他变化而影响工作性能。因此，玻璃化转变温度并不能代表塑料实际上可以连续工作的最高温度。

6. 聚合物的熔点和流动温度

熔点是结晶型聚合物由晶态转变为熔融态的温度，用符号 T_m 表示。由于绝大多数结晶型塑料都是部分结晶的，因此，熔点成为一个很小范围内的熔融过程。对于结晶型塑料，熔点是比玻璃化转变温度更有实际意义的温度。许多结晶型塑料，虽然玻璃化转变温度很低，但由于分子链在结晶过程中的整齐排列和紧密堆砌，可以大大提高强度和刚度，高密度聚乙烯、聚酰胺、聚甲醛等就是典型的实例。

对于无定形塑料，出现熔融状态的温度即流动温度，用符号 T_V 表示。从分子运动观点看，流动温度是聚合物分子链整链能够运动、相互滑移的温度。结晶型聚合物只有达到熔点，结晶结构才可消除，分子整链才能运动，因此熔点和流动温度的实际意义相同。

由玻璃态向高弹态，再向黏流态的转变过程中，都会出现 20～30℃范围的转变区，相应地有两个特征性转变温度。每种塑料的两个特征性转变温度不同，同一种材料的变形温度与材料配方及热处理有关。

1) 聚烯烃类

在室温下，聚乙烯分子链的无定形部分处于高弹态。聚乙烯的玻璃化转变温度有一系列数据，如−20℃、−30℃、−48℃、−65℃、−77℃、−81℃、−93℃、−105℃、−120℃、−125℃、−130℃等，这些可能是采用分子链支化度不同，因而结晶度和密度不同的试样进行测定的数据。因为不同试样的晶区和无定形区所含比例相差较大，其无定形部分链长差别较大，从而得到差别很大的结果。低密度聚乙烯的熔融温度为 108～126℃，中密度聚乙烯的熔融温度为 126～134℃，高密度聚乙烯的熔融温度为 126～137℃。

聚丙烯的玻璃化转变温度值有−18℃、0℃、5℃等，聚丙烯的熔融温度一般为 164～170℃，熔点为 176℃。

聚 1-丁烯分子的玻璃化转变温度约为−20℃，当熔体冷却时，首先形成第一晶型，密度约为 $0.89 g/cm^3$，熔点为 124℃。第一晶型不稳定，放置三四日后逐渐变为稳定的第二晶型，密度约为 $0.95 g/cm^3$，熔点为 135℃。

2) 聚乙烯基塑料

聚氯乙烯的玻璃化转变温度约为 80℃，完全流动时的温度约为 140℃；聚乙烯醇的玻璃化转变温度约为 85℃，融化温度范围为 220～240℃。

3) 聚苯乙烯类

聚苯乙烯的玻璃化转变温度为 90～100℃，120℃开始成为熔体，180℃后具有流动性；ABS 在 160～190℃就具有充分的流动性。

4) 丙烯酸类

聚甲基丙烯酸甲酯的玻璃化转变温度虽然达到 104℃，但是连续使用温度且随工作条件不同在 65～95℃之间改变，流动温度约为 160℃。

7. 聚合物交联

当含有固化剂的聚合物，其成型温度升至固化温度时，分子结构由线形或支链形的二维结构，变为相互交叉连接在一起的网状体形三维结构的变化，称为交联。

8. 聚合物降解

当聚合物受到光(射线)、高温或低温、应力，以及酸、碱、盐等腐蚀性物质的作用时，其分子链部分或全部断裂，导致性能降低(即强度降低、表面质量降低、变粗糙而且失去弹性)，甚至开裂损坏，这种现象称为降解。

1.1.3 塑料的分类

1. 按合成树脂的分子结构分类

按合成树脂的分子结构，塑料可分为热塑性塑料和热固性塑料两大类。

(1) 热塑性塑料：热塑性塑料可以经多次加热、加压，反复成型，并且在多次成型的过程中，只有物理变化而无化学变化；其变化过程是可逆的；其分子结构是线形或支链形的二维结构。

(2) 热固性塑料：由于在添加剂中加入了固化剂，因此当热固性塑料的温度达到固化温度时，其分子结构即从线形或支链形的二维结构变为网状体形的三维结构而固化，再加热也不再变化。整个成型过程中既有物理变化也有化学变化。其过程是不可逆的。

2. 根据塑料的用途分类

根据塑料的用途，塑料可分为普通塑料、工程塑料和特种塑料三大类。

(1) 普通塑料：产量大，用途广而又廉价类的塑料，如常用的聚乙烯、聚丙烯、聚苯乙烯、聚氯乙烯和有机玻璃之类的塑料。

(2) 工程塑料：可用来成型有一定尺寸精度和强度要求的、在高低温下变形小、能保持良好性能的工程零件一类的塑料，如 ABS、PC、PA 和 POM 等。

(3) 特种塑料：具有特种功能的塑料，如耐特高、特低温，具有高强度的塑料，具有导电、导磁、吸波、光敏、记忆性和超导功能的塑料。

3. 常用热塑性塑料的名称和代号

(1) 通用塑料类：聚乙烯(PE)、聚丙烯(PP)、聚氯乙烯(PVC)、聚苯乙烯(PS)、聚甲基丙烯酸甲酯(PMMA，即有机玻璃)。

(2) 工程塑料类：丙烯腈-丁二烯-苯乙烯共聚物(ABS)、聚碳酸酯(PC)、聚酰胺(PA，即尼龙)、聚甲醛(POM)、氯化聚醚(CPT)、聚苯醚(PPO)、聚对苯二甲酸二丁酯树脂(PBT)。

1.1.4　常用塑料简介

1. 聚乙烯

(1) 特性：

① 结晶料，吸湿性小；流动性好(溢边值为 0.02mm 左右)，流动性对压力变化敏感；易成型；收缩率大，变形大，易翘曲；方向性明显；加热时间长，会产生分解、烧伤，还可能发生熔融破裂。

② 耐蚀性、绝缘性(尤其是高频绝缘性)优异；比水轻，密度为 $0.91 \sim 0.96 \mathrm{g/cm^3}$。

③ 冷却速度慢，而且其冷却的优劣对收缩率影响大。所以，应充分冷却并使之均匀、稳定。

④ 常温下，除芳香烃、氯化烃外，不溶于任何一种已知溶剂；与有机溶剂接触会开裂。

⑤ 因合成压力不同，分为低压、高压两种：低压(即高密度)聚乙烯的溶点、刚性、硬度和强度较高，耐应力开裂性好，吸水性小，高频绝缘性优异，并具有良好的耐辐射性能；高压(即低密度)聚乙烯的柔软性、伸长率、抗冲击强度和透明度较好，有一定的弹性，可进行强脱模。

(2) 用途：

① 低压聚乙烯适于制造管材、中空制品、注射制品、重包装膜、编织带、周转箱、撕裂膜、打包带和丝类制品。

② 高压聚乙烯适于制造地膜、大棚膜、保鲜膜、电缆和注射制品。

(3) 成型工艺要求：

① 料筒温度：180～250℃。

② 模具温度：LDPE 为 56～76℃，壁厚在 6mm 以下，温度宜高不宜低；HDPE 为 56～96℃，壁厚在 6mm 以上，温度宜低不宜高。

③ 压力：注射压力为 72～106MPa(宜用高压)，保压压力为 36～66MPa(应充分保压)。

④ 注射速度：宜用高速注射。

(4) 对模具的要求：

① 尽量避免用直浇口，并选择合理的浇口位置，以防止产生凹陷、变形。

② 成型面积较大的扁平制品时，应采用点浇口。

③ 应设计高效的冷却系统。分流道冷却水孔的直径不应小于 6mm；距成型表面的距离应不小于 12mm，距周边零件边缘之距离应不小于 8mm。

④ 特别适于采用热流道结构。分流道直径为 4～8mm，进料浇口长度为 0.8～1mm。

2. 聚丙烯

(1) 特性：

① 结晶料，吸湿性小；具有优异的绝缘性(尤其是高频绝缘性)和耐蚀性，抗折弯疲劳性极其突出，可折弯 7000 万次；可在 100℃ 左右使用。

② 流动性好(溢边值为 0.03mm 左右)；易成型；收缩率大，变形大，易产生凹陷；方向性强；低温变脆，不耐磨，强光下易老化；有后收缩的缺陷；适于成型大型扁平制品。

③ 相对密度小，比水轻，密度为 0.90～0.91g/cm^3；刚性、强度、耐热性均优于低压聚乙烯；冷却速度快，所以浇注系统和冷却系统宜缓慢冷却；制品壁厚应均匀并避免缺口、尖角，以免产生应力集中。

④ 有优良的耐蚀性、抗溶解性，但不耐芳香烃和氯化烃腐蚀；长期与热金属接触，易产生分解。

(2) 用途：

① 适于制造一体铰链类折弯制品和各类壳体制品。

② 适于制造上水管道和输送酸、碱类的管道、管接头以及化工容器。

③ 适于制造大型容器、周转箱、汽车配件、日用品、打包带、电容器膜、中空瓶等。

(3) 成型工艺要求：

① 料筒温度：前段为 200～240℃，中段为 170～220℃，后段为 160～190℃。为避免收缩引起的变形、凹陷和飞边甚至溢料，料温宜低不宜高。

② 模具温度：40～80℃，多选用 50～60℃ 的中间值。低于 40℃，制品无光泽；高于 80℃ 易产生缩坑、飞边，甚至翘曲变形.

③ 压力：注射压力为 50～80MPa，保压压力为 46～66MPa(压力适当加大，以减少收缩变形，提高尺寸稳定性；但又不可过大，否则易出现飞边甚至溢料)。

④ 注射速度：宜快速注射，因为聚丙烯料冷却速度快，如出现翘曲变形或凹陷，也可在高温之下进行低速注射。

⑤ 保压和冷却时间：应适当加长，以利于充分补缩，减小因收缩引起的变形。同时，还应适当加宽排气槽(最好不加深，并控制在溢边值范围内)，以利于排气。

(4) 对模具的要求：

① 宜用圆形的、直径为 3～8mm 的分流道。

② 成型面积较大的扁平制品时，宜用点浇口，而忌用直接浇口。点浇口直径为 0.6～

1.2mm，小型制品选用直径 0.6～0.8mm；大型制品选用直径为 1～1.2mm。侧浇口深度为 0.6～1.2mm，宽度为 3～6mm。

③ 宜用热流道结构成型。

④ 应设计效果良好的、冷却均匀的冷却系统和温控系统。

⑤ 有条状加强筋或纹路的聚丙烯料制品，其熔体的流动方向应与之一致，而切忌成 90°交角的流向。另外，聚丙烯料的着色性较差，色粉在塑料中不易均匀一致，故应加入适量的扩散油(即白磺油)，以保证制品色泽的一致性，这对于大件制品尤为重要。

若制品外表面有商标、文字或图案在成型后需进行印制，在印制前，应先用聚丙烯水(即聚丙烯底漆)擦拭。

3. 聚苯乙烯

(1) 特性：

① 绝缘性(尤其是高频绝缘性能)突出，透光率仅次于有机玻璃。

② 化学稳定性、耐水性、着色性良好；不耐苯、汽油等有机溶剂；不耐强氧化剂、硝酸和浓硫酸。

③ 非结晶、无定形料，流动性好(溢边值为 0.03mm 左右)；易成型；成品率高。

④ 吸湿性小，不易分解；力学强度一般，刚性好，但性脆；热膨胀系数大，易发生应力开裂。

⑤ 耐热性差，只能在 70～98℃范围内使用，易老化。

⑥ 制品设计中忌 90°死角，更忌锐角；壁厚应尽可能均匀。

(2) 用途：适于制造绝缘透明件、日用品、装饰品、泡沫包装材料和建筑隔热材料等。

(3) 成型工艺要求：

① 一般情况下，不需预热烘干处理。

② 成型温度：180～220℃；阻燃型聚苯乙烯要稍低些，为 160～200℃。

③ 模具温度：50～80℃

④ 压力：注射压力为 30～80MPa，保压压力为 20～50MPa。

⑤ 注射速度：可稍快些，以免熔接痕的发生。速度过高，将产生飞边甚至粘模。(推杆推出制品时，易发生推白或推裂的缺陷，应注意！)

⑥ 对于壁厚较厚的制品，宜用高温料(注意：料温过低，制品透明度差；料温过高，则又可能产生银丝)，高模温、低压力并适当延长注射时间，以降低内应力，防止缩坑、变形的产生。

(4) 对模具的要求：

① 不宜有镶件。有镶件时应预热，否则易开裂。

② 不应有死角、锐角和缺口，应以圆弧形式过渡。脱模斜度宜大不宜小(取 2°以上)。

③ 进料浇口与制品的连接应以圆弧形式过渡，以免清除时损伤制品外观。

④ 推出制品时，受力应对称均衡，以防止开裂、变形、推白缺陷的产生。

⑤ 加入 5%～20%的丁橡胶或丁苯，可改善聚苯乙烯脆而易裂的缺陷。

4. 聚氯乙烯

(1) 特性：

① 比水重，密度为 1.15～2.0g/cm³，纯聚氯乙烯的密度为 1.4g/cm³；有较好的抗拉强

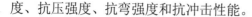

度、抗压强度、抗弯强度和抗冲击性能。

② 流动性差，成型工艺范围窄，成型较为困难，尤其是高分子量的聚氯乙烯更难于成型，必须加润滑剂加以改善。所以，常用的多是低分子量的聚氯乙烯。为提高流动性，注射成型前应先预热，注射时，应严格控制料温。

③ 是一种热敏性材料，温度达到200℃时，极易分解，尤其与钢、铜接触时，更易于分解；分解时释放出的氯化氢气体，对人体有害并腐蚀模具；使用温度为−15~+55℃。

④ 具有不易燃性，强度高。

⑤ 有较好的化学稳定性；除浓硫酸、浓硝酸对它有腐蚀作用之外，不耐芳香烃、氯化烃腐蚀；对氧化剂、还原剂和强酸都有很强的抵抗力。

⑥ 有较好的绝缘性，常用做低频绝缘材料。

(2) 用途：

① 硬质聚氯乙烯多用于制造型材、板材、片材、棒材、管材、中空瓶、丝网类制品、焊条，管接头，阀门等。

② 用于制造房屋墙板、下水管道、电子产品包装、医疗器械。

③ 软质聚氯乙烯多用于制造大棚薄膜、电线、电缆的绝缘包覆层、密封材料等。

④ 含氯的PVC有毒，不宜用做食品包装材料和玩具。

(3) 成型工艺要求：

① 易吸水，故必须预热烘干，温度为85℃左右，时间为2h以上。

② 成型温度：采用高压，低温成型，前段为160~170℃，中段为160~165℃，后段为140~150℃。

③ 模具温度：30~45℃，宜低不宜高，常用0~4℃的冷冻水进行循环冷却。

④ 压力：注射压力可加大到150MPa，保压压力可加大到100MPa。

⑤ 注射速度：用高速注射，以防止产生降解。

(4) 对模具的要求：

① 流道和浇口尽可能短、粗(厚、宽)，制品壁厚应不小于1.6mm。

② 温控系统应灵敏，可靠，效果好。

③ 应设计足够的、合理的排、溢结构。

④ 成型零件表面应镀铬或采用耐腐蚀的镍、铬一类的合金钢，如CrWMn、38CrMnAl、PAK90、9Cr18等。

5. 聚甲基丙烯酸甲酯

(1) 特性：

① 比水重，密度为1.18g/cm³，比硅玻璃轻一半；非结晶，无定形料，透光性塑料，其透光率为92%，优于普通硅玻璃。

② 流动性中等，溢边值为0.03mm左右；制品易产生缺料、熔接、缩孔、凹陷等缺陷；收缩率小，为0.3%~0.4%。

③ 质脆、表面硬度低，易产生划伤、拉毛等缺陷。

④ 耐候性优异；常温下具有较高的力学强度、抗蠕变性和较好的短时抗冲击性；耐热性较好，热变形温度为98℃，吸湿性强，不易分解。

⑤ 易着色；有较好的化学稳定性和绝缘性，溶于芳香烃和氯化烃等有机溶剂。

(2) 用途：

① 用于制作影碟和灯光散射器、各类透明模型、文具用品、灯罩。

② 用于制造飞机、汽车、火车的窗玻璃，飞机罩盖，光学镜片、油杯、车灯灯罩、游标等。

(3) 成型工艺要求：

① 宜采用高料温，高模温、高压注射，以增加其流动性，降低内应力和方向性，改善透明度和强度。

② 注射前应进行预热烘干，温度为 95～100℃，时间为 6h 以上，并保温防回潮。

③ 注射温度：前段为 200～230℃，中段为 215～235℃，后段为 140～160℃。

④ 模具温度：40～70℃。

⑤ 压力：注射压力为 80～130MPa，保压压力为 40～60MPa。

(4) 对模具的要求：

① 脱模斜度尽可能取大值。

② 抛光型腔和浇道，以减小其阻力。

③ 开冷料穴、排气槽。

④ 推出制品时，受力对称，均衡。

为防止出现杂质斑痕，原料(尤其是回收料)及机床和模具均应保持清洁，防止杂质落入。

6. 丙烯腈-丁二烯-苯乙烯共聚物

(1) 特性：丙烯腈 A 占 20%～30%，使之具有良好的表面硬度，耐磨性、耐热性和耐蚀性；丁二烯 B 占 25%～30%，使之具有良好的柔韧性、弹性和抗冲击性；苯乙烯 S 占 40%～50%，使之具有良好的成型性、加工性，着色性、表面粗糙度和刚度。

丙烯腈-丁二烯-苯乙烯共聚物的收缩范围小，为 0.4%～0.6%，常用收缩率为 0.5%。

① 密度为 1.03～1.07g/cm^3，接近于水，非结晶、无定形料，优良的工程塑料。

② 流动性中等(比 PS、AS 差，比 PC、PVC 好)，溢边值为 0.04mm 左右。

③ 吸湿性强，注射时含水量应小于 0.3%，注射前必须进行预热、干燥，温度为 80～90℃，时间为 2～3h。

④ 具有优异的综合力学性能，其电镀性能是塑料中最好的；有优异的成型加工性、尺寸稳定性，而且可做双色或多色注射制品。

⑤ 对酸、碱、盐、油和水都有一定耐力；有一定的耐磨、耐寒性，可在−40℃下使用；耐热温度达 90℃，热变形温度为 93℃，不易燃，有一定的介电性能。

⑥ 不耐有机溶剂腐蚀，在紫外线下易老化，耐候性差。

(2) 用途：

① 日用品、文体用品、玩具、食品包装容器。

② 各类壳体：如电视机、计算机、打印机、空调、冰箱、收录机、水箱、仪表。

③ 汽车配件：如保险杠、蒸发器、挡泥板、音箱、拉手、仪表盘等。

④ 机械零件：如齿轮、泵叶轮、把手、管道、纱管、电器零件、家具、喷雾器等。

(3) 成型工艺要求：

① 注射成型前，必须进行预热烘干，温度为 80～90℃，时间不少于 2h。

② 成型温度：220～260℃，常用温度为240～245℃。

③ 模具温度：46～86℃，温度过低会降低制品的表面粗糙度；尺寸精度较高时取50～60℃；要求光泽和耐热型料取66～86℃。

④ 压力：注射压力为60～100MPa，保压压力为50～80MPa。

⑤ 注射速度：宜采用中高速度。

(4) 对模具的要求：

① 宜用较高的料温与模温，尽量降低浇注系统的粗糙度，以减少其阻力；尽可能减少流道的弯折和长度。

② 进料浇口应避免影响制品外观，避免熔接痕的产生。

③ 脱模斜度宜取2°以上，推出力应对称、均衡，防止产生"推白"缺陷；还应防止因注射压力过大，在浇口附近产生应力而导致制品变形，可采用护耳式浇口解决。

7. 聚碳酸酯

(1) 特性：一种性能优异，集刚、韧于一体的工程塑料。

① 比水重，密度为1.18～1.2g/cm³，收缩率为0.5～0.8%，非结晶，无定形料。

② 透光率近90%；具有很突出的抗冲击性，弹性模量高，制品精度高；抗蠕变和电绝缘性能、着色性、耐热性、耐蚀性和耐磨性良好；不耐碱、酮、胺、芳香烃腐蚀；有应力开裂倾向，制品应进行退火处理，消除应力。

③ 兼容性、自润滑性差；流动性差(溢边值为0.06mm)，流动性对温度变化敏感；冷却速度快，高温易水解；热变形温度为135～143℃，长期工作温度为120～126℃，脆化温度为−100℃以下。

④ 吸湿性小，但水敏性强；成型温度范围宽。

(2) 用途：

① 适于制作光学零件，如建筑用采光板、照明器材、高温透镜、视孔镜、窗玻璃、灯罩、光学仪器、光盘等。

② 可制作齿轮、齿条、蜗轮蜗杆、凸轮、心轴、轴承、滑轮、铰链、泵叶轮、节流阀、垫圈。

③ 可用于制造电机零件、计算机零件、交换机零件、仪表壳、接线板、家电外壳及零件。

(3) 对模具的要求：

① 模具成型零件、浇注系统零件应选用耐磨性突出的钢材，并进行热处理。

② 模温：薄壁制品为80～100℃，厚壁制品为90～120℃；若有金属镶件，应预热，温度为110～130℃。

③ 制品壁厚应均匀，避免厚壁、缺口、锐角，从而避免应力集中而开裂。

④ 因黏度高，对剪切作用不敏感，故浇注系统以粗、短为宜；进料浇口宜选直浇口、盘形和扇形等截面积较大的浇口。

8. 聚酰胺

(1) 特性：

① 坚韧，力学性能优良，抗拉、抗压；有较好的抗冲击强度。

② 结晶料，溶点较高；熔融温度范围较窄，熔融状态下的热稳定性较差；使用温度为 80～100℃；料温超过 300℃，滞留时间超过 30min 易分解。

③ 流动性好，溢边值为 0.02mm，易成型，易着色，收缩率大，方向性明显，易溢料、变形和产生缩坑等。

④ 易吸湿，吸湿后流动性下降；成型前应预热干燥；含水量不应超过 0.3%，并且应预防再次吸湿。

⑤ 只耐碱和弱酸。

⑥ 具有优异的消声效果和自润滑性能，耐磨性能强。

(2) 主要用途：主要用于化工、电器、仪表和消声器材等零件，输油管、储油容器、绳索及拉链等。

(3) 成型工艺要求：

① 成型前预热烘干，温度为 80～90℃，时间不少于 4h，宜用低模温、低料温。

② 料筒温度：220～280℃，最高不超过 300℃，品种不同，有所差异。温度过高，则变色、变脆、出银丝；过低，则质硬，加剧磨损。

③ 压力：60～90MPa，保压压力相同(加入玻璃纤维的聚酰胺要用高压)。

④ 注射速度：因聚酰胺熔点高，应采用高速注射，快速成型，薄壁、细长件更是如此。

⑤ 模具温度：30～90℃，模温低，则制品柔韧性好，伸长率高，收缩率小，精度高；模温高，则结晶度大，硬度、刚度及耐磨性提高。

⑥ 制品应进行调湿处理。

(4) 对模具的要求：

① 流道宜短、宜粗、宜用圆形截面流道；进料浇口宜采用直浇口及盘形、扇形等截面积较大的浇口；设冷料穴，流道抛光。

② 模具应加热，薄壁制品取 80～100℃；厚壁制品取 90～120℃。

③ 应保证分型面的间隙、推杆的间隙为 0.02～0.03mm，间隙太大会溢料，间隙太小会影响排气。

④ 模温调控应保证制品冷却均匀，温控可调，准确可靠。

9. 聚甲醛

(1) 特性：一种优良的工程塑料。

① 结晶度高，结晶时，体积变化大；收缩率大，变形大。

② 表面硬而滑，有突出的抗疲劳强度，特别适于制造长期反复承受外力的齿轮材料；有较高的力学强度和抗拉、抗压性能；回弹性能突出，可做塑料弹簧。

③ 吸湿性低，水分对成型影响很小，一般可不干燥处理。

④ 具有优良的减摩、耐磨的自润滑性能(仅次于聚酰胺)，但价格更低些。

⑤ 常温下不溶于有机溶剂，耐醛、酯、醚、烃及弱酸、弱碱、耐汽油、润滑油，但不耐强酸，而且具有独特的耐芳香剂的特性，这是其他塑料所没有的特性。

⑥ 具有较高的绝缘性能；在成型温度下的热稳定性较差；热变形温度为 172℃。

(2) 用途：

① 用于制造齿轮齿条、蜗轮蜗杆、轴承、辊子、凸轮、滚子传动及拉链等零件。

② 用于制造汽车仪表板、汽化器、仪器外壳、鼓风机叶片、泵叶轮、化工容器、箱体、

罩盖、线圈座、配电盘、输油管。

③ 用于制造香水瓶、塑料弹簧、塑料拉链等。

(3) 成型工艺要求：

① 一般不干燥处理，必要时温度为100℃，时间为1～2h。

② 料筒温度：共聚物材料为190～210℃，均聚物材料为190～230℃，不可太高，超过240℃产生分解，料色变暗，性能降低，并腐蚀成型零件。

③ 模具温度：80～100℃，模温高，可减小成型后的收缩，提高制品精度。

④ 压力：注射压力为100MPa，背压为0.5MPa；宜采用较大的注射压力。因其对剪切速率敏感，仅靠提高料温来提高流动性，会使收缩和变形加剧；保压压力为30～50MPa。

⑤ 注射速度：宜用中、高速。

⑥ 尽量延长保压时间来补缩，以减少缩坑、变形。

(4) 对模具的要求：

① 聚甲醛弹性好，浅铡凹、凸可强行脱模，此料易燃，应远离明火。

② 可选用各种浇口，潜伏浇口应尽量缩短，不可过长，进料口不可太薄。

③ 因其流动性差，高温下易分解，流道应抛光，减小阻力，并避免90°死角，尤其是锐角。

④ 模具应选用耐磨、耐腐蚀材料并进行热处理或镀铬。

⑤ 高模温下，推出的滑动配合部分要防止因热膨胀导致过紧而卡死。

⑥ 应尽可能采用热流道结构，镶件应预热。

10. 氯化聚醚

(1) 特性：一种具有优异化学稳定性的工程塑料。

① 化学稳定性仅次于塑料王——聚四氟乙烯；对多种酸、碱和溶剂具有优异的耐蚀性。

② 吸湿性比上述多种工程塑料都低，只有0.01%；其耐磨、减磨性比PA和POM好；抗氧化性能比聚酰胺龙高。

③ 耐热性好，可在120℃下长期使用；收缩率小且稳定，成型尺寸精度高。

④ 具有较好的绝缘性，在潮湿状态下的介电性能尤其优异。

⑤ 其刚性差，其抗冲击强度不如PC。成型时有微量的氯化氢等腐蚀性有害气体释放，要严加防护。

(2) 用途：

① 用于齿轮、齿条、凸轮、轴承、轴套、轴承套、导轨等耐磨零件。

② 用于化工的防腐涂层、容器、管道、储槽，耐酸原件、阀、窥镜等。

③ 用于成型形状复杂、精度高、镶件多的中小型制品。

(3) 对模具的要求：

① 成型前应干燥预热。

② 浇注系统和成型零件需抛光并镀铬，否则易于被释放的氯化氢腐蚀。

③ 宜用较高模温成型，其制品的抗拉强度、抗压强度、抗弯强度均有所提高，坚韧而不透明，但抗冲击强度及其伸长率均有所下降。

11. 聚苯醚

(1) 特性：一种既坚又韧的工程塑料。

① 硬度高于 PA、POM，甚至 PC。

② 吸湿性小，具有优异的耐水、耐蒸汽的性能，甚至在沸水中仍具有尺寸稳定性。

③ 无毒，污染小，蠕变小，有较好的耐磨性；绝缘性优异，耐稀酸、碱。

④ 使用温度范围宽；长期使用温度为 $-127 \sim +121℃$；脆化温度为 $-170℃$，无负荷条件下间断使用温度可达 205℃。

⑤ 内应力大，易开裂，黏度大，流动性差，耐疲劳度低。

(2) 用途：主要用于在较高温度下工作的耐磨的零件，如齿轮、轴承、电动机转子、线圈骨架、高频印制电路板、需反复进行蒸煮消毒的外科手术用具、风机叶片、水泵等零件。

(3) 对模具的要求：

① 注射成型前要充分干燥、预热，否则难以成型且易产生银丝，气泡。

② 流道要尽可能短而粗，应镀铬、抛光。

③ 宜用高模温、高料温、高速、高压注射成型；保压和冷却时间不宜过长。

④ 对制品可进行退火处理以消除制品内应力，防止开裂。

12. 聚对苯二甲酸二丁酯树脂

(1) 特性：

① 结晶快、易成型；吸水率低，成型尺寸稳定性好。

② 抗弯曲性好，抗蠕变性好；耐溶剂、耐化学品腐蚀。

③ 耐候性好，熔点温度为 225℃。

④ 用玻璃纤维改性后，力学强度大大加强；可制成阻燃料，符合 94V-0 要求。

⑤ 介电强度高；电气性能好。

⑥ 可进行超声波熔接，易于组装加工。

(2) 成型工艺要求：干燥温度为 $120 \sim 140℃$，时间为 $4 \sim 8h$；注射温度为 $230 \sim 250℃$，模温为 $40 \sim 80℃$。

1.1.5　常用塑料的成型特性

无论是热塑性塑料还是热固性塑料都具有一定的流动性、收缩性和吸湿性。没有流动性，塑料就无法成型，也就不能称为塑料。收缩性和吸湿性虽是塑料的共性，但热塑性塑料与热固性塑料的情况又有所不同，现阐述如下。

1. 流动性

塑料熔体在一定温度和压力下流动的距离或注满型腔的能力即为塑料的流动性。

影响塑料流动性的因素有以下三种。

(1) 温度：温度过高、过低都会降低流动性，适中最好。有的热塑性塑料如 ABS、聚丙烯、聚苯乙烯、聚酰胺、有机玻璃、聚碳酸酯等的流动性随温度变化的波动较大，而聚乙烯和聚甲醛的流动性受温度变化的波动较小。

(2) 压力：注射压力大，塑料流动快。因压力大，熔体流动时剪切力随时加大，尤其是聚乙烯和聚甲醛较为敏感。

(3) 模具结构：浇注系统的结构、尺寸、表面粗糙度及排气是否顺畅等对流动性都有直接的影响。

流动性好的塑料有聚乙烯、聚丙烯、聚苯乙烯、聚酰胺，流动性一般的有 ABS、有机玻璃、聚甲醛等，流动性差的塑料有聚碳酸酯、硬聚氯乙烯等。

2. 收缩性

塑料制品冷却脱模后形体尺寸变小了，这种性质叫收缩性。收缩的大小，以制品收缩尺寸单位长度的百分比来表示，称为收缩率。在成型温度下，制品在型腔里的尺寸(即型腔尺寸)与脱模冷却到室温时的尺寸之间的差别是实际收缩率。而计算收缩率则是室温下的模具尺寸与室温下的制品尺寸之差。

计算公式如下：

$$实际收缩率 = (成型温度下的型腔尺寸$$
$$- 室温下的制品尺寸/室温下的制品尺寸) \times 100\% \qquad (1.1)$$
$$计算收缩率 = (室温下的型腔尺寸$$
$$- 室温下的制品尺寸/室温下的制品尺寸) \times 100\% \qquad (1.2)$$

式(1.1)在计算大型、精密模具成型件尺寸时常用，式(1.2)在计算普通中、小型模具成型尺寸时常用。实际上两者相差甚小，故一般均用式(1.2)计算。

制品形状、尺寸的变异，不仅仅是由热胀冷缩造成的，制品脱模时的弹性恢复、塑性变形也会引起制品形状和尺寸的变异。

另外，塑料品种、制品结构、成型工艺、模具结构对制品的收缩以及形状和尺寸的变异都会产生影响。因此，一个优秀的设计人员在设计塑料制品时，必须仔细分析，正确选择制品材料和成型方法，确定合理的制品结构和模具结构，选择正确的成型工艺参数和成型设备，这样才能制造出优质的制品；而在实践中，时时向试模和调机的师傅请教、学习；在试模中，长期坚持成型尺寸的变化记录和对比，并进行分析和总结，则是掌握收缩规律的最佳途径。

3. 兼容性

兼容性(亦称共混性)即两种或几种不同品种的塑料，熔融后能否融合到一起而不产生分离或起层现象的性能。兼容性的优劣与其分子结构的相似程度有关。分子结构相似则易于相容，反之则难于相容。

良好的兼容性是改善塑料性能的重要条件和途径。例如，ABS 与聚碳酸酯相亲、共混后，性能大为改善。

4. 吸湿性

吸湿性即塑料对水的吸附性能。吸湿性强的塑料如 ABS、PVC、PMMA 和 PA，吸湿性较差者如 PE、PP、PS、POM 等。PC 不吸湿，但水敏性强。吸湿性强的塑料成型前应进行预热烘干，使水分含量不超过 0.5%。

热塑性塑料的吸湿性和预热烘干的工艺参数，如表 1-1～表 1-3 所示。

表 1-1　热塑性塑料的吸水率与允许含水量

材料名称	吸水率 (质量分数，%)	允许含水量 (质量分数，%)	材料名称	吸水率 (质量分数，%)	允许含水量 (质量分数，%)
ABS	0.2～0.45	0.1	聚碳酸酯	0.24	0.02
有机玻璃	0.3～0.4	0.05	聚乙烯	<0.01	0.5
聚酰胺-66	1.5	0.2	聚丙烯	<0.03	0.5
聚酰胺-6	1.3～1.9	0.2	聚苯乙烯	0.03～0.10	0.1
聚甲醛	0.22～0.35	0.1			

表 1-2　常用塑料在空气循环干燥箱中的干燥工艺参数

塑料	温度 / ℃	时间 / h	塑料	温度 / ℃	时间 / h
软聚氯乙烯	70～80	3～4	ABS	85～96	4～5
硬聚氯乙烯	70～80	3～4	聚甲醛	110	2
聚碳酸酯	120	6～8	聚甲基丙烯酸甲酯	90～95	6～8

表 1-3　常用塑料在料斗中的干燥工艺参数

塑料	温度 / ℃	时间 / h	塑料	温度 / ℃	时间 / h
聚乙烯	70～80	1	聚酰胺	90～100	2.5～3.5
聚氯乙烯	65～75	1	聚碳酸酯	120	2～3
聚苯乙烯	70～80	1	聚甲基丙烯酸甲酯	70～85	2
聚丙烯	70～80	1	ABS	70～85	2

5. 热敏性

热敏性即对温度的敏感程度。某些热稳定性差的塑料遇高温或在高温中的时间较长时发生降解、变色等现象。具有此特性的塑料称为热敏性塑料。这类塑料有聚甲醛、硬聚氯乙烯等。

热敏性塑料成型时或遇高温时，往往产生一些具有刺激性和腐蚀性气体，对人体不利，解决的办法是加入稳定剂。

6. 结晶性与取向

热塑性塑料在冷却固化过程中，有或者无结晶现象，即称为结晶性或非结晶性(即无定型)塑料。

取向(方向性)就是熔融塑料在注射压力作用下，射入并充满型腔过程中所产生的剪切力和拉伸力，使其在冷却固化时在纵向和横向产生不同收缩率的现象。

结晶性塑料如 PP、PE(低压)、POM 和 PA1010，其收缩范围大，方向性显著，为半透明或不透明塑料；而非结晶性塑料如 ABS、PC、PS、PMMA、HPVC，其收缩范围相对较小，方向性不显著，为透明类塑料。

7. 应力开裂

有的塑料性质较脆，成型时易产生内应力，因此在溶剂或外力作用下容易开裂，称为

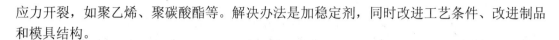

应力开裂，如聚乙烯、聚碳酸酯等。解决办法是加稳定剂，同时改进工艺条件、改进制品和模具结构。

8. 熔接痕

型腔中的两股熔融塑料汇合时，由于产生了温度降和压力降，而不能完全融合到一起所产生的印痕，称为熔接痕(亦称熔接线)。

熔接痕在制品表面形成一条明显的印痕，此印痕其实质是一条很微小的缝隙，是制品的一大缺陷，应力求避免。

9. 溢边值

当塑料在成型过程中经过注射模中的两个配合零件时，其配合的间隙值只排气，不溢料，此间隙值称为溢边值。

塑料溢边值的大小与其流动性相关，即流动性越好，溢边值越小，溢边值大了就要产生溢料；而流动性越差(即塑料很稠、很黏)，就越不容易产生溢料，其溢边值也就越大。

常用塑料的溢边值如表 1-4 所示。

表 1-4　常用塑料的溢边值　　　　　　　　　　　　　　单位：mm

塑料代号	溢边值
LDPE/HDPE	0.02/0.04
PP	0.03
SPVC/HPVC	0.03/0.06
PS	0.04
PA	0.03
POM	0.03
PMMA	0.03
ABS	0.04
PC	0.06

10. 流动长度比和型腔的成型压力

流动长度比即塑料熔融体流入并充满型腔所流经的最大长度与所成型的制品壁厚的比值。此值直接限定了制品在成型时所能成型的最小壁厚和最大外形尺寸。成型压力即某一种塑料在成型时所需要的压力，为锁模力的计算提供了准确的依据(即模具成型某一种尺寸的塑料制品时所需的锁模力，是根据这种塑料的成型压力来计算的)。

几种常用塑料的流动长度比和成型压力如表 1-5 所示。

表 1-5　常用塑料的流动长度比和成型压力

材料代号	流长比(平均)/mm	成型压力/MPa	材料代号	流长比(平均)/mm	成型压力/MPa
LDPE	270∶1(280∶1)	15～30	PA	170∶1(150∶1)	42
PP	250∶1	20	POM	150∶1(145∶1)	45
HDPE	230∶1	23～39	PMMA	130∶1	30
PS	210∶1(200∶1)	25(54)	PC	90∶1	50
ABS	190∶1	40			

1.1.6　常用塑料的优点和缺点

1. 常用塑料的优点

与钢铁等其他工程材料相比，塑料有以下优点。

(1) 密度小，质量轻。塑料密度一般在 0.8～2.2g/cm³ 之间，大多数塑料的密度为 1g/cm³ 左右。泡沫塑料的密度更小，只有 0.1g/cm³。塑料这种能大量节约能源的优点，使其在车、船、飞机和宇宙飞船等领域得到广泛应用。

(2) 比强度、比刚度高。塑料的强度和刚度虽不如金属高，但因其密度比金属小很多，所以它的比强度和比刚度比金属高很多。在空间技术领域，塑料的这一特性具有非常重要的意义。

(3) 化学稳定性好。塑料在一般条件下不与其他物质发生化学反应，因此塑料在化工设备及其防腐设备中广为应用。最常见的硬质聚氯乙烯管道与容器被广泛用于防腐领域及建筑排水工程中。

(4) 电绝缘性能好。绝大多数的塑料具有优异的电气绝缘性能和极低的介质损耗性能，可与陶瓷和橡胶媲美。因此，塑料在电力、电机和电子工业中广泛用于制造绝缘材料和结构零件，如电线电缆、旋钮插座、电器外壳等。

(5) 减摩、耐磨和自润滑性好。大多数塑料的摩擦因数很小，耐磨性好且有良好的自润滑性能，加上比强度高，传动噪声小，所以可制成齿轮、凸轮和滑轮等机器零件。例如，纺织机中的许多铸铁齿轮已被塑料齿轮取代。

(6) 成型及着色性能好，透光率高。塑料在一定的条件下具有良好的可塑性，这为其成型加工创造了有利的条件。塑料着色比较容易，而且着色范围广，可根据需要配制成各种颜色。此外，有些塑料如有机玻璃、聚苯乙烯、聚碳酸酯等有良好的透光率。

(7) 具有多种防护性能。除防腐外，塑料还具有防水、防潮、防透气、防振、防辐射等多种防护性能，尤其经改性后，优点更多，应用更为广泛。聚酰胺还具有优异的消声功能。

(8) 保温性能好。由于塑料比热容大，热导率低，不易传热，故其保温及隔热效果良好。

(9) 产品制造成本低。塑料原料本身虽然并不便宜，但由于塑料易于加工，能进行大批量生产，设备费用比较低，所以产品成本低。

2. 常用塑料的缺点

(1) 不耐热。塑料的耐热性比金属等材料差，一般塑料仅能在 100℃ 以下使用，只有少数工程塑料可以在 200℃ 左右使用。

(2) 热稳定性差。塑料的热膨胀系数要比金属大 3～10 倍，容易受温度变化而影响尺寸的稳定性。

(3) 刚性差，不耐压。在载荷作用下，塑料会缓慢地产生黏性流动或变形，即蠕变现象。

(4) 易老化。塑料在大气、阳光、长期压力或某些介质作用下会发生老化、降解，使性能降低。

(5) 制品精度较低。塑料的成型性能虽好，但因受成型工艺的影响，收缩率难以控制，制品的尺寸精度较低，这是塑料制品设计者应该认真考虑的。

(6) 易受损伤，也容易沾染灰尘及污物。塑料的表面硬度较低，容易损伤。另外，由于塑料是绝缘体,故带有静电,容易沾染灰尘。

塑料的这些不足使塑料在某些领域的应用受到限制。但是随着新品种塑料的问世及各种复合型塑料的不断出现,必将克服上述的不足。

1.2 塑料制品的基础知识

1.2.1 塑料制品的定义

塑料制品就是塑料用各种不同的成型模具、成型设备和成型工艺制造出来的,具有一定形状、尺寸精度、使用功能和使用价值的产品。

1.2.2 塑料制品的注射成型原理

注射机料斗中的塑料进入料筒和螺杆之间,被旋转的螺杆推送至喷嘴一端。塑料在推送过程中被加热并在摩擦、挤压和剪切作用下预塑为熔融状态,成为具有良好可塑性和流动性的塑料黏流体,并射入正对喷嘴且已完全密合的成型模具之中,通过浇注系统充满型腔,再经保压、冷却、固化定型后,成为所需的制品,在开模后被推出,完成塑料注射成型的一次循环(注意:其螺杆是梯形的、内径为锥形的螺杆)。

塑料进入螺杆后加热、预塑示意图如图 1.3 所示。

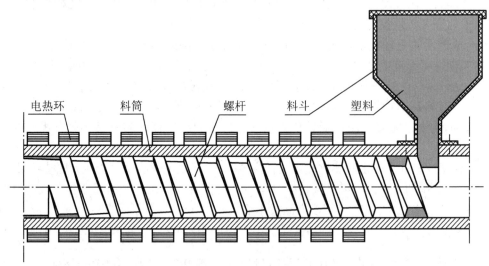

电热环　　　料筒　　　螺杆　　　料斗　　　塑料

图 1.3　塑料进入螺杆后加热、预塑示意图

上述成型工艺过程是一个不断循环、重复的工艺过程。每件塑料制品的最终成型都必须经过这样一次循环过程,即①合模、注射成型;②保压、预塑;③冷却、定型;④开模推出制品这四个工序。其简图如图 1.4 所示。

合模、注射成型　→　保压、预塑　→　冷却、定型　→　开模推出制品

重复第1工序

图 1.4　成型工艺过程简图

保压的作用，一是防止模具中的熔融塑料因其反作用力而产生逆向倒流，造成制品缺料。二是为了补充型腔内的塑料，因冷却收缩而不足之需；防止制品产生凹陷、皱纹、缺料等成型缺陷。

注射成型是塑料成型制品的一种重要方法，具有以下诸多优点：

(1) 成型周期(即一次循环成型的时间)短，所以效率高。

(2) 能一次成型结构复杂的制品；可成型尺寸精度高的、带有余量或无余量的制品，而且质量稳定。

(3) 模具使用寿命长，一般可连续生产 1～2 年(制作精良的模具甚至更长)。

(4) 易于实现自动化生产。一个拥有 500 多台注射机的成型车间，平均每班只需 16～20 人，且有的塑料制品厂已实现计算机控制的全自动生产。

到目前为止，除氟塑料外，几乎所有的热塑性塑料均可用注射方法成型。因此，注射成型工艺得到了广泛应用。另外，一些流动性好的热固性塑料也可以用注射方法成型，而流动性差的通过改性亦可用之。

1.2.3　塑料制品的成型工艺参数

塑料制品的成型工艺参数如表 1-6～表 1-10 所示。

表 1-6　常用塑料的注射温度与模具温度

塑料	注射温度(熔体温度)/℃	模腔表壁温度/℃	塑料	注射温度(熔体温度)/℃	模腔表壁温度/℃
ABS	200～270	50～90	PA-6	230～260	40～60
GPPS	180～280	10～70	GRPA-6	270～290	70～120
HIPS	170～260	5～75	PA-66	260～290	40～80
LDPE	190～240	20～60	GRPA-66	280～310	70～120
HDPE	210～270	30～70	矿纤维PA-66	280～305	90～120
PP	250～270	20～60	PA-11、PA-12	210～250	40～80
GRPP	260～280	50～80	PA-610	230～290	30～60
PMMA	170～270	20～90	POM	180～220	60～120
软 PVC	170～190	15～50	PC	280～320	80～100
硬 PVC	190～215	20～60	GRPC	300～330	100～120

表 1-7　常用塑料适用的料筒温度与喷嘴温度

塑料	料筒温度/℃			喷嘴温度/℃
	后段	中段	前段	
PE	160～170	180～190	200～220	
HDPE	200～220	220～240	240～280	

续表

塑料	料筒温度/℃			喷嘴温度/℃
	后段	中段	前段	
PP	150～210	170～230		190～250
ABS	150～180	180～230		210～240
SPVC	125～150	140～170		160～180
RPVC	140～160	160～180		180～200
PCTEE	250～280	270～300		290～330
PMMA	150～180	170～200		190～220
POM	150～180	180～205		195～215
PC	220～230	240～250		260～270
PA-6	210	220		230
PA-66	230	260		280

表1-8　常用塑料的注射压力　　　　　　　　　　　　单位：MPa

塑料	注射条件		
	易流动的厚壁塑料件	中等流动程度的一般塑料件	难流动的薄壁窄浇口塑料件
PE，PP	70～100	100～120	120～150
PVC	100～120	120～150	＞150
PS	80～100	100～120	120～150
ABS	80～110	100～130	130～150
POM	85～100	100～120	120～150
PA	90～101	101～140	＞140
PC	100～120	120～150	＞150
PMMA	100～120	210～150	＞150

表1-9　常用塑料的注射时间　　　　　　　　　　　　单位：s

塑料	注射时间	塑料	注射时间
低密度 PE	15～60	PPO	30～90
PP	20～60	玻璃纤维增强 PA-66	20～60
PS	15～45	ABS	20～90
PVC	15～60	PMMA	20～60
PA-1010	20～9	PC	30～90

表1-10　确定注射成型周期的经验数据

制品壁厚/mm	成型周期/s	制品壁厚/mm	成型周期/s
0.5	10	2.5	35
1.0	15	3.0	45
1.5	22	3.5	65
2.0	28	4.0	85

1.2.4　塑料制品的成型缺陷及其产生的原因

1. 塑料制品的成型缺陷

塑料制品常见的成型缺陷包括气泡、组织疏松、变色、流纹、裂纹、花斑、缺料、熔接痕、变形、凹陷、顶白或顶黑、银丝、水纹、飞边、溢料等。

2. 塑料制品常见成型缺陷产生的原因

塑料制品常见成型缺陷产生的原因包括制品结构、模具、成型工艺和塑料四方面的问题。

(1) 制品结构方面的问题：

① 壁厚过薄，而外形尺寸偏大，从而造成成型时充填不满而缺料。

② 厚薄不均，悬殊过大，从而造成成型之后，壁厚处产生凹陷。而厚薄不均则收缩不匀，以致产生变形。

③ 本应圆角过渡之处，却设计成直角，甚至是尖锐角，从而造成因脱模困难而变形，甚至造成脱模时破损、拉断。

④ 脱模长度过长，尺寸精度要求过高，使脱模斜度受限而不能加大，从而难以脱模，导致脱模时变形或损坏。

针对制品的上述问题，作为一个较为成熟的模具设计者，应当在接到任务、审视制品图纸和技术要求时，及时发现并与客户及时联系、协商，在模具设计之前，予以妥善解决，而决不应当到试模时才发现。若到试模时才发现，想要彻底解决就困难了。作为模具设计者，应当十分清楚这一点，从而对其引起足够的重视。

(2) 模具方面的问题：模具方面最重要、最根本的问题是模具的整体结构是否正确。整体结构如果错了，很难修改。而保证整体结构的正确，不仅仅取决于设计人员的设计水平(包括经验)，还取决于设计人员与模具师傅的交流、配合和协作。事实上，试模出现的问题多半都是模具上的问题(包括设计与制造上的问题)。

(3) 成型工艺方面的问题：即使是设计正确、制造精良的模具，如果成型工艺参数调试不当，也同样生产不出好制品。故"四分模具，六分调试"之说，也不无道理。成型工艺参数的调试就是将成型时的温度、压力、时间和速度这四大要素，根据不同的塑料、不同的模具结构，调配到恰到好处，使之能快速、稳定、连续不断地生产出合格制品。

(4) 塑料方面的问题：如前所述的三方面问题都解决了，如果塑料质量低劣(杂质多，料不纯)，共混比例或色母比例失调；而需要预热烘干的塑料未进行正确、可靠的烘干预热，也同样生产不出合格制品，甚至还有可能造成模具的损坏(如塑料内不慎落入铁钉、碎石之类的杂质，未及时发现清除)。

1.2.5　塑料制品常见成型缺陷的解决方法

1. 气泡

产生的原因：

(1) 塑料含水量和挥发物过多，预热烘干不良或未进行预热烘干。

(2) 熔料在料筒内因时间过长而过热产生降解。

(3) 注射速度过快，成型压力偏低而成型和保压时间过长。

(4) 模具排气不畅，浇道、浇口偏小，模温偏低。

解决方法：

(1) 按要求的温度和时间烘干塑料。

(2) 清除已降解的熔料，缩短熔料在料筒中的时间并适当降低料筒温度。

(3) 适当降低注射速度，缩短成型和保压时间并加大注射压力。

(4) 适当加大浇道和浇口的截面尺寸，提高模温，开排气槽。

2. 组织疏松、缺料

产生原因：

(1) 用了回收料、再生料或流动性差的劣质料，回收料、再生料添加的比例过大。

(2) 喷嘴或浇口被堵塞；喷嘴与浇口套进料口没对正，产生漏料。

(3) 熔料温度偏低，成型压力偏低，浇道过于粗糙，影响其流动性。

(4) 料筒进料不畅；螺杆的止逆环磨损，射出塑料时产生逆流。

(5) 模具浇道过长，折弯过多，所产生的温度降、压力降过大。

解决方法：

(1) 减少回收料、再生料的比例，增加新料的比例，或更换优质料。

(2) 清理喷嘴和浇口，使之畅通无阻；调整喷嘴与浇口套位置，使其对准，避免漏料。

(3) 提高料筒温度和成型压力，抛光浇道。

(4) 清理料斗至螺杆的进料口，使之通畅；更换止逆环。

(5) 改进模具的浇道，尽可能缩短，少折弯。

(6) 封堵打不满的型腔进料口(铜焊)，减少型腔数(临时措施而已，非长久之计)。

3. 变色

产生的原因：

(1) 塑料不纯；料斗、料筒中的余料未清理干净，或不慎混入了其他料。

(2) 料筒、喷嘴温度偏高，注射速度过快，保压时间过长。

(3) 浇口尺寸偏小；模具浇注系统或型腔不干净，混色。

(4) 色母或添加剂产生分解或塑料产生降解。

解决方法：

(1) 清理料斗、料筒，换好料。

(2) 降低料筒、喷嘴温度，降低注射速度，缩短保压时间。

(3) 清理并改进浇注系统，烘干塑料，更换或不用脱模剂。

(4) 更换塑料、色母或添加剂。

4. 流纹

产生原因：

(1) 塑料流动性不好，塑料中的润滑剂比例偏小。

(2) 压力偏小，保压时间偏短。

(3) 料筒、喷嘴温度偏低，导致熔料温度低。

(4) 浇注系统断面尺寸偏小，料流流动不畅。

(5) 模温偏低或排气不畅，降低了塑料的流动性。

解决方法：

(1) 换流动性好的塑料或适当增加润滑剂、增塑剂的比例。

(2) 加大压力并增加保压时间；提高料筒、喷嘴温度。

(3) 修大、抛光流道、浇口，降低冷却水的流量、流速，提高模温。

(4) 开排气槽，或适当增加排气槽面积和数量。

5. 熔接痕

产生的原因：

(1) 料筒、喷嘴温度偏低，注射压力和速度偏低。

(2) 浇道太长或折弯多，模具温度偏低，排气不畅。

(3) 浇口位置不当，冷料穴少、小、位置不当，流道和浇口尺寸偏小。

(4) 干燥不当，料中水分、挥发物偏多。

(5) 塑料流动性不好，润滑剂过多。

解决方法：

(1) 调整料筒喷嘴和模具温度，提高注射压力和速度

(2) 改进浇口位置尺寸和冷料穴的尺寸位置，提高烘干温度和时间。

(3) 可以在产生熔接痕之处的旁边，加溢料槽和冷料穴。

6. 凹陷

产生的原因：

(1) 塑料流动性很好，收缩率过大。

(2) 射出塑料时产生回流，冷却时间短或冷却不均。

(3) 浇注系统尺寸偏小；浇口位置不当，冷料穴不够或位置不当。

(4) 制品厚薄不均；压力偏低，流道温度低，保压时间短；锁模力不足。

解决方法：

(1) 增加保压时间，降低模温料温；改进浇口和冷料穴位置。

(2) 更换螺杆止逆环，增加冷却时间，修大浇注系统尺寸，增加或加大冷料穴。

(3) 改进制品壁厚，适当提高注射压力、流道温度和锁模力，增加保压时间。

7. 顶白或顶黑

产生的原因：顶白的缺陷产生于推杆或推管推出脱模的结构中。其原因是推杆或推管少了，或是推杆、推管推出的端面积小了，局部受力过大，导致制品的推出部位变白甚至凸起。产生顶黑的原因有以下三方面。

(1) 推杆或推管与配合孔之间的配合间隙过紧，摩擦阻力过大，推出脱模时产生局部受热，将制品烧黑。

(2) 推杆或推管与配合孔之间的配合长度过长，推出脱模时摩擦面积过大，阻力过大，同样产生局部受热，将制品烧黑。

(3) 杆推或推管与配合孔之间有油腻或污渍，导致制品的推出部位变黑。

解决方法：

(1) 修理推杆或推管，使其配合精度达到 H7/f7 或 H7/f8。

(2) 修理(即加深)推杆或推管配合孔让空部分的深度，使其配合孔与推杆、推管之间的配合长度为推杆、推管配合部分直径的 1.5～2 倍。

(3) 将杆推或推管与配合孔之间擦拭干净。

8. 银丝、水纹

产生的原因：

(1) 塑料含水量和挥发物过多，加热时间过长或温度过高。

(2) 注射压力过高，速度过快。

(3) 模内润滑剂或脱模剂过多，排气不畅或模温过低。

(4) 浇注系统尺寸偏小；浇口位置不当，冷料穴不够或位置不当。

解决方法：

(1) 缩短加热时间，适当降低料筒温度并烘干塑料。

(2) 适当降低注射压力和速度，减少润滑剂或脱模剂的用量。

(3) 修大浇注系统尺寸，调整浇口和冷料穴的位置，适当增加冷料穴的数量。

(4) 适当提高模具温度，开排气槽。

1.2.6 塑料制品成型后的防变形处理

塑料制品由于塑化不均匀，或由于塑料在型腔内的结晶、取向和冷却不均匀及金属镶件的影响、脱模时引起的弹性变形或成型之后的再次加工等原因，制品内部不可避免地存在一些残余应力，从而导致制品在成型之后或使用过程中产生变形或开裂。为了解决这些问题，在制品完成全部加工之后，应当对制品进行一些适当的处理，以消除其残余应力，避免制品在使用过程中产生变形或开裂。

常用的处理方法有退火、调湿和整形三种。

1. 退火

退火是将制品放在一定温度的介质(如热水、热油、热空气和液体石蜡等)中，保温一段时间的热处理过程，是一种消除制品残余应力、避免制品变形或开裂的有效方法之一。在退火过程中，介质(即溶液)中的热量能加速制品中大分子的松弛，从而消除制品成型后的残余应力。退火温度一般在制品使用温度以上 10～20℃至热变形温度以下 10～20℃之间进行选择和控制。保温时间与塑料品种和制品的厚度有关，一般可按每毫米约半小时计算。冷却退火时，冷却速度应当缓慢，否则还会产生应力。

2. 调湿

调湿是一种调整制品含水量的后处理工序，主要用于吸湿性很强而且又容易氧化的塑料制品(如聚酰胺、ABS 等)。调湿除了能在加热条件下消除残余应力外，还能使制品在加热介质中达到吸湿平衡，以防止在使用过程中发生尺寸变异。调湿所用的介质一般为沸水或醋酸钾溶液(其沸点为 121℃)，加热温度为 100～120℃。热变形温度高时取上限，反之取下限。保温时间与制品厚度有关，通常取 2～9h。

3．整形

整形就是将制品放入类似于型芯(凸模)这样的整形工具中，加上一定的压力之后，再放入一定温度的介质中，以防止其变形。这也是制品成型后防止变形的一种非常有效的处理方法。

小组讨论与个人练习

1．简述塑料的定义及其组成。
2．简述热塑性与热固性塑料的区别。
3．简述塑料的优、缺点。
4．简述 ABS、PC、POM、PA、PP、PE、PS、PVC、PMMA 的主要性能和用途。
5．简述塑料制品的定义和注射成型原理。
6．简述塑料制品的常见成型缺陷及其解决的主要方法。

第 2 章

注射机和注射模的基础知识

↘ **重点章节提示**

本章课程分别在塑料制品注射成型车间和综合实验室进行直观的场景教学。

1. 在塑料制品注射成型车间：

(1) 讲解注射机的结构和功能。

(2) 由车间技术员演示、讲解模具的安装、工艺参数的调试全过程以及安全操作规程和注意事项。

(3) 由教师进行归纳、总结。

2. 在综合实验室：

(1) 展示各类常用的、热塑性塑料注射成型实体模具和 1∶1 的典型结构仿真模型，并讲解其各自的结构和特点。再分组进行测绘，以加深其印象。

(2) 测绘前，先讲解其拆、装的顺序和注意事项，再进行拆、装演示。边演示边讲解。

(3) 讲解注射模与注射机的配合关系和配合要求。

(4) 讲解如何根据注射机的注射容量和锁模力来计算、确定模具型腔数。

↘ **本章重点**

◆ 注射机的基本结构和功能，塑料制品成型工艺参数的调试。

◆ 注射机注射容量和锁模力的校核及模具型腔数的计算、确定。

◆ 模具的安装及安全操作要求和注意事项。

◆ 注射模的基本结构和各部功能。

◆ 注射模与注射机的配合关系和配合要求。

2.1 注射成型机的基础知识

2.1.1 注射机分类

注射机按其外形分为卧式、立式和直角式三种。卧式注射机、立式注射机的外形结构如图 2.1 所示。

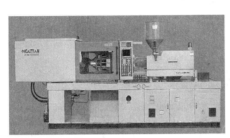 

(a) 卧式注射机   (b) 立式注射机

图 2.1 外形结构

(1) 卧式注射机：具有效率高、重心低(稳定)；加料、操作、模具装卸都方便；成型后的制品推出后便于自动坠落，便于实现自动生产等优点，所以应用广泛，但占地面积较大。

(2) 立式注射机：特点是注射系统的轴心与模具的几何中心均与安装注射机的水平面垂直。其主要优点是模具装卸及镶件和活动型芯安装方便且占地面积小。但是，其重心高(稳定性差)，成型后的制品的取出过程难于实现自动化(不便安装机械手)。

(3) 直角式注射机：特点是注射系统的轴心与模具的几何中心垂直，特别适宜叠层注射模的注射成型。其结构简单，占地面积小，能在开模丝杠转动时自动脱出制品中的螺纹成型件。其缺点是镶件和活动型芯安装和装料不便；其注射压力呈 90°，对模具冲击较大，影响其锁模力的可靠性和稳定性。

2.1.2 卧式注射机的结构和功能

1. 结构

卧式注射机主要由机座、注射系统、锁模系统、液压传动系统及电器与计算机自控系统五大部分共同组成。

(1) 机座：即注射机的床身，是一个稳固的、中空间架结构支承体。

(2) 注射系统：其中包括螺杆、料筒、加热环、喷嘴、料斗、塑料预热烘箱、注射油缸、电机及变速传动系统。

(3) 锁模系统：包括固定模板、移动模板、拉杆、液压油缸、推出装置。

(4) 液压传动系统：包括油箱、液压泵、各类输油管和阀门，以及若干不同规格的油缸等。

(5) 电器与计算机自控系统：包括电路控制板、计算机各种自控线路板和各类电器零部件。

2. 功能

(1) 机座：支承并连接和固定其余四大部分的零部件。同时，其内部空间用以放置和固定液压传动系统的油箱、油泵、液压管道及电器和计算机自控系统中除显示屏以外的所有电器零部件、线路板等；用以放置、固定注射系统中的电机和传动系统等零部件。

(2) 注射系统：其作用一是将需要去湿烘干的塑料进行预热烘干；二是将玻璃态塑料均匀加热并使之塑化为熔融状态的黏流体，并以所需的压力和速度注射到模具各型腔中。

(3) 锁模系统：首要作用是按要求以所需锁模力将动、定模合模并锁紧，再按要求将动、定模分开，最后将制品从模具中推出。

锁模系统常采用液压和四连杆相结合的结构，但有的采用全液压式结构。推出机构有液压和机械式两种。

(4) 液压传动系统：主要功能就是按设定的要求为注射系统的螺杆，为锁模系统的动模板和推出系统的油缸、活塞杆(推杆)提供稳定、充足的动力。

(5) 电器和计算机自控系统：是注射机的神经中枢和指挥系统，用以控制注射机各个系统的动作，使之谐调。按所设定的要求自动控制注射压力、速度、时间和温度，以利于生产出优质制品，并保证生产工作的稳定、持续地顺利进行。

国产卧式注射机的主要技术参数见附录 9。

2.1.3　注射模与注射机的配合要求

注射模与注射机的配合要求如下(以海天牌 110g、手动/自动卧式注射机为例)。

(1) 模具定位圈外径尺寸为 $\phi 120^{+0}_{-0.10}$ 注射机定模座板的定位圈固定孔尺寸为 $\phi 120^{+0.10}_{0}$。

(2) 模具浇口套的球面半径 SR_1(16mm)比注射机喷嘴的球面半径 SR(15mm)大 1mm。

(3) 模具的合模高度必须比注射机动、定模座板的最小合模距大 10mm。

(4) 模具的最大开模距必须比注射机的最大开模距小 10mm。

(5) 模具的最大长、宽尺寸必须比注射机导柱外圆直径之间的距离小 10mm。

(6) 模具动、定模固定板的最大长、宽尺寸以不盖住注射机动、定模座板上最外一圈螺钉固定孔为宜，否则将无法安装、固定模具。

(7) 模具动模固定板上的注射机推杆通过孔必须比注射机推杆的外径大 2～3mm。

(8) 模具推出制品的最大推出距必须比注射机的最大推出距小 5～10mm。

2.1.4　注射机各相关参数的校核方法

对注射机各相关参数进行校核，既可确定注射模的型腔数，从而确定标准模架的型号和规格；又确定了与注射模相匹配的注射机的型号和规格。校核的方法有以下两种。

(1) 按注射机的注射容量，确定注射模的型腔数。

用计算式来表示体积时，其计算式为

$$W_塑 \leqslant 0.8V_注$$

式中，$W_塑$ 为成型制品所需塑料的总质量(g/cm³)，$W_塑＝$[制品的总体积(cm³)＋浇注系统的总体积(cm³)]×塑料的密度(g/cm³)；$V_注$ 为注射机的标称注射量(cm³)；0.8 为安全系数(或称为利用系数)。

说明:

① $V_注$是注射机的理论参数注射容量,是以注射机对空注射聚苯乙烯时,其螺杆(或柱塞)在一次最大注射行程中所能射出的最大体积(cm^3)。

② 之所以采用聚苯乙烯作为计算注射容量的参照材料,是因为聚苯乙烯的密度与容量之比为 1.04~1.06g/cm^3,非常接近(且近似于水)。

③ 注射容量在一定程度上说明了注射机的注射能力和其所能成型制品的最大体积。当制品的最大体积确定之后,根据制品的材料、结构、尺寸精度等相关技术要求的不同,即可初步确定该模具的浇注系统及其体积,继而确定并计算出多型腔的总体积和型腔数。

(2) 按注射机的最大成型面积(即其锁模力),确定模具的型腔数。

最大成型面积是指在模具的分型面上,该注射机所允许成型制品的最大投影面积。

$$F_塑 = F_型 + F_浇 \tag{2.1}$$

式中,$F_型$为型腔面积的总和(在分型面上的最大面积,cm^2);$F_浇$为浇注系统面积的总和(在分型的最大面积,cm^2)。

然而,要确保注射模能正常、顺利地进行生产,注射机的锁模力(即 $N_锁$),必须大于分型面上的最大注射压力;否则,动、定模就会从分型面上被注射压力冲开,使塑料流失而无法成型。用计算式表示为

$$N_锁 > F_塑 P_注 R$$

式中,$P_注$为模具分型面上的最大注射压力(MPa);R 为损耗系数(或称为安全系数),一般情况下为 0.5;$N_锁$为总注射机核定锁模力(MPa)。

由式(2.1)和式(2.2)得

$$F_型 = N_锁/RP_注 - F_浇(单个型腔面积)$$

确定型腔数的基本原则:

(1) 批量或大批量生产,应尽可能采用多型腔。

(2) 小制品应采用多型腔。

(3) 供货日期集中且量大,宜采用多型腔。

(4) 制品供货不集中,批量小,应采用单型腔。

(5) 制品复杂或精度很高,多型腔一致性差,应采用单型腔。

(6) 按客户要求,确定型腔数。

2.1.5　模具安装、调试要点

模具完成总装配,经检查确认合格后,可在选定的注射机上进行试模。试模就是根据产品的要求和合同的规定,经设计、制造、检验、装配和调试的注射模必须在相应的注射成型机上进行产品的成型试生产。这种成型试生产的过程称为试模。

(1) 模具安装前的检查。

① 安装模具前,首先将机床按钮置于"调整"位置,使机床全部功能置于调试操作者的手动控制之下。同时,在吊装模具前,应将机床的电源开关关闭(即断电),以免不慎碰到开关时误使机床突然启动,发生意外。

② 检查模具的合模高度及最大外形尺寸是否符合所选定机床的相应尺寸条件。

③ 检查吊装模具上的吊环螺钉和模具上的相应螺孔是否完好无损,孔的位置是否能保证吊装的平衡和安全可靠。

④ 对于有气动和液压结构的模具，检查其配件是否齐全、完好无损，阀门、行程开关、油嘴等控制组件的动作是否灵活可靠。

⑤ 检查定位环尺寸、浇口套主浇道入口孔等是否与机床的相关部位相符。

⑥ 检查动模固定板上注塑机推杆通过孔的尺寸和位置，是否与注射机的推杆尺寸和位置相符合，有无偏移。

⑦ 检查模具的最大开模距是否在机床模板最大开模距的范围内。

⑧ 彻底清除注射机动、定模板与模具动、定模固定板配合面上的一切污物，并准备好与注射机模板上螺孔尺寸相同的螺钉，以便固定模具。

⑨ 检查模具导柱、导套的配合是否良好，有无卡、滞或松动现象。

⑩ 检查吊索、吊钩等吊具是否完好无损、安全可靠。

⑪ 对于动、定模导柱短的模具，要在 A、B 板上装锁扣，锁扣位置应居中、对称。

(2) 模具安装。

模具检查后，装上吊环螺钉，进行整体吊装。

① 吊装时，由操作者一人指挥，另一人协助。要慢，要稳。模具的吊装高度应比操作者的前胸稍低，便于操作者控制。操作者应站在模具一侧，控制并防止模具离地后大幅度摆动。当吊到机床上方，开始下放时，更要慢而稳，以防碰坏机床或模具。

严禁模具吊在空中，无人控制；严禁任何人站在模具下方。

② 模具定位圈与机床定位孔对准后，手动推入并慢慢合拢机床与模具，使之贴紧。此时，机床不加压；吊具不松吊，操作机床喷嘴，慢慢靠近，轻轻接触浇口套，查看是否对正。经检查无误，模具各部分正常后可稍加压力。之后，松开吊具并撤离机床。

(3) 模具的固定。

① 用压板螺钉将模具分别固定在机床的移动模板和固定模板上。螺钉、压板的固定位置和压紧位置要合理。紧固时，要沿对角线拧紧，用力均匀，逐步增加拧紧力，严防一处完全紧死，再紧另一处。

② 大型、特大型模具(注射量为 1000g/cm³ 以上的注射机上生产的模具)除增加压板螺钉的尺寸和数量以外，还应在模具的下方安装支承板，协助承载模具的重量，以保证模具和机床的安全和生产的顺利进行。

③ 多型腔模具应使中心距尺寸大的一边在水平方向、中心距小的一边在垂直方向。

④ 有侧抽芯结构的模具应使抽芯呈水平方向。

⑤ 矩形模具应使长边呈水平方向

⑥ 模具有液压、气动或热流道结构时，应使开关、接头、接线盒等零件放置在不影响操作和不影响其运动的方向。

(4) 注射机的调试。

① 慢速开模后，调整注射机顶杆的顶出位置，应使推杆固定板与支承板之间在完全推出制品时留有 5mm 左右的间隙，以防止推出制品时损坏模具。

② 计算好动模板的开模行程，并固定行程滑块控制开关，调整好动模板行程距离。

③ 试验、校正好顶出杆的工作位置。

④ 调整合模装置限位开关。

⑤ 低压、慢速合模，同时观察各零件工作位置是否正确。

（5）试模。

① 模具安装好后，空模具开、合、顶出、复位、侧抽芯各部分动作反复进行多次。开合模具时要慢、要稳，既要细心观察各部零件动作的状态、平稳程度、运动位置，又要仔细聆听运动声音是否正常，有无杂声、干磨声、撞击声等，以便及早发现问题，消除隐患。

② 检查、清除注射机螺杆和料筒内的非试模用的残料和杂质。试模料开封使用后，余料一定要封严，严禁开口不封，避免杂质侵入，损坏机床和模具。

③ 试模中清除浇口凝料、飞边等，只允许用竹、木、铜、铝等软质器具，严禁用铁质工具。

④ 试模初始几模、型腔要喷脱模剂，模具滑动配合部分喷涂润滑油。

⑤ 初始前几模压力不宜大，料不宜多，不宜打满，应逐步调整增加。每注一模都要仔细检查和观察，无异常现象再进行下一模。当工艺参数调整到最佳值时，即试模样品达到最佳状态时，应进行记录。同时，进行样品检验，写出检验报告，并有明确结论。样品检验合格后，应连续生产 100～1000 件，以验证其废品率。试模工艺卡应详细记录试模状况。模具设计者更应参加试模并做详细记录。此乃积累经验、提高水平的绝佳途径。因为无论是设计或是制造中的问题，都会在试模中暴露无遗。

2.2　注射模的基础知识

2.2.1　注射模的定义

与注射机相配合，用注射成型的方法，批量或大批量生产塑料制品的、现代化专用成型工具，称为塑料注射成型模具，以下简称注射模。

2.2.2　注射模的基本结构和各部分功能

安装在卧式注射机上的注射模由定模和动模两大部分组成，如图 2.2～图 2.4 所示(参阅典型结构图册 d1)。

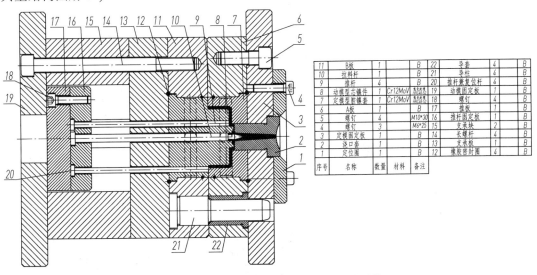

11	B板	1		B	22	导套	4		B
10	拉料杆	1			21	导柱	4		B
9	推杆	1			20	推杆兼复位杆	4		B
8	动模型芯镶件	1	Cr12MoV	热处理硬度	19	动模固定板	1		B
7	定模型腔镶套	1	Cr12MoV	热处理硬度	18	螺钉	1		B
6	A板	1		B	17	推板	1		B
5	螺钉	1	M10*30		16	推杆固定板	1		B
4	螺钉	3	M6*25		15	支承块	2		B
3	定模固定板	1		B	14	长螺杆	4		B
2	浇口套	1		B	13	支承板	1		B
1	定位圈	1		B	12	橡胶密封圈	4		B
序号	名称	数量	材料	备注					

图 2.2　由定模和动模组成的注射模基本结构

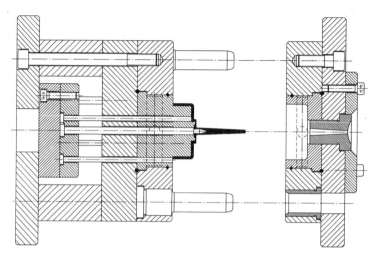

图 2.3　开模状态

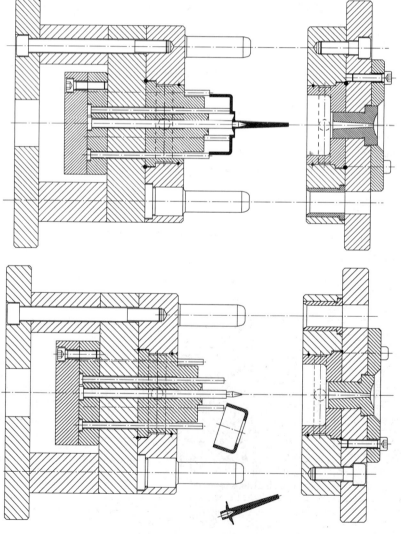

图 2.4　推出制品状态

分型面的右侧部分(件 1、2、3、4、5、6、7 和件 22 所组成的这一部分),即为定模部分。定模用螺钉、压板牢固地固定在注射机的定模座板上,是固定不动的,故称为定模。定模固定板 3 两边的压边,就是专为固定用而设计的。定模型腔板(A 板)6 用螺钉 5 紧固在定模固定板 3 上;定位圈 1 用螺钉 4 固定在定模固定板 3 上;浇口套 2 则固定在件 1、3 和件 7 之间,而导套 22 则固定在定模型腔板(A 板)6 中。

动模在分型面的左侧,由动模型芯镶件 8、型芯固定板(B 板)11、支承板 13、推杆固定板 16、推板 17、动模固定板 19、推杆 9、推杆 10、推杆兼复位杆 20、导柱 21 及支承块 15 共同组成。推杆固定板 16 和推板用螺钉 18 连接成一个牢固的整体;而件 19、15、13、8、21 则是用长螺杆 14 连接成一个牢固的整体。动模也是用压板、螺钉固定在注射机的动模座板上,随注射机动模座板的左右移动,与定模部分形成开模和合模两种状态。开模时,取出制品;合模时,注射并成型塑料制品。

卧式注射机上的注射模按照各组成部件的功能划分,可分为以下八个部分。

(1) 模架:模架是模具总的结构框架,是模具的主体。它将模具的其余七个部分有序地组合、固定为定模和动模这两个相互配合而牢固的整体,以利于各部分发挥其各自的功能,使塑料顺利注射成型脱模,成为能满足客户所要求的制品。

模架是标准件,已制订有国家标准,并已形成模具标准件市场供应的商品。质量较好,在市场上被广泛采用并享有较好声誉的是"龙记"模架。它按照国家标准 GB/T 12556.1—1990 进行制造、批量生产,供应市场之需(有关模架更详细的内容及选用方法和技巧,将在后面的章节中介绍)。

(2) 成型部分:成型部分包括定模型腔镶套 7 和动模型芯镶件 8。定模型腔镶套 7 中凹入的空腔即型腔。用以成型制品的外表面。而动模芯镶件 8 则是用以成型制品的内表面。所以,型芯和型腔之间留下的空间即所要成型的塑料制品。有的人将型腔十分形象地称为凹模,将型芯称为凸模。但为了便于与冷冲模中的凸、凹模相区别,按照国家标准的称谓,称其为型腔、型芯较为合理,也便于统一。

型腔和型芯是成型塑料制品的核心部件,也是注射模设计和制造中的重点。此例中的型腔和型芯如图 2.5 和图 2.6 所示。

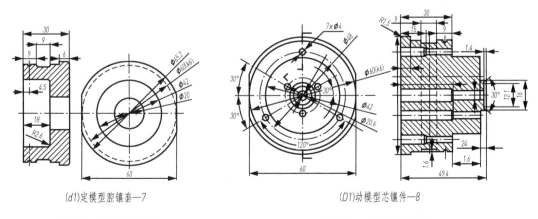

(d1)定模型腔镶套—7　　　　　　(D1)动模型芯镶件—8

图 2.5　定模型腔板　　　　　　图 2.6　动模型芯镶件

(3) 侧向分型与抽芯部分:由于此例制品无须侧向分型与抽芯,所以,此例无此部分结构。

(4) 浇注部分：浇注部分即熔融塑料从注射机喷嘴射入浇口套，并充满所有型腔所流经通道各部的总称。

通常，浇注部分包括主流道、分流道、进料浇口和冷料穴。在塑料充满型腔以及冷却、固化定型过程中，流道和进料浇口将注射压力和保压时的压力平稳、均衡地传递到型腔的各个部位，以确保制品填充的密实、形状的完整和质量的优异。浇口套(件 2)中心的锥形孔即为主流道。由于模具是单型腔、直浇口结构，所以没有分流道、冷料穴等其他结构。

(5) 导向和定位部分：凡是在合模成型、开模取出制品的过程中，有相对运动的零部件，都必须设置导向和定位件，以确保其开、合模过程中，零部件之间相互位置精度的要求和各零部件的安全。

常用的导向零部件有导柱、导套、定位圈等。导柱、导套是保证定模、动模在开、合模过程中，型芯与型腔之间的安全和同轴度的精度要求，避免生产制品壁厚不均的重要导向和定位零件。而定位圈则是注射模安装到注射机上时，使喷嘴中心与浇口套主浇道中心对准，并确保注射机的注射压力中心与注射模的几何中心保持同轴度的重要定位和导向零件。另外，在侧向分型与抽芯结构中，T 形槽或燕尾槽导滑板、定位销、弹簧定位销、定距挡板、圆锥定位柱、锥面定位块等，也是注射模重要的定位、导向零件 (这些定位、导向零件，将在以后的章节中详细介绍)。

(6) 推出脱模与复位部分：推出部分是将制品和浇注系统中的凝料从模具中推出的部分，包括推杆、推板、推管、拉料杆及推杆固定板、挡板、推板导柱、导套、顺序定距推出结构件和二次推出结构件等。

复位部分则是将开模推出制品时的推杆、推管等推出结构件(包括顺序分型所需的定距分型结构件)从推出位置推回到开模之前的正确合模位置，以便进行下一循环的连续注射成型。在本例模具结构中，这些零件包括复位杆 20、推板 17 和推杆固定板 16。

(7) 温度调控部分：温度调控部分主要用以调节和控制模具的温度。根据制品塑料品种和性能的不同，大部分塑料在成型时，需要对模具进行冷却，使其温度保持在 30～80℃之间，所以必须设置冷却水道进行冷却(如本模具件 6 和件 11 中的直通冷却水孔及件 7 和件 8 外圆表面上的环形冷却水槽所示)。

高强度合金铍铜具有优异的散热功能，能起到很好的散热作用。结构复杂的模具，有的部位需要冷却，由于强度和结构的原因，不便设置冷却水道，其型腔、型芯可采用高强度合金铍铜进行散热而省去设计和加工冷却水道的麻烦，使模具结构更加紧凑、精巧。

有的高温塑料，如 PC，在注射成型时，必须使模具温度保持在 90～120℃之间。如果正好在冬季"三九"天，刚开始试模或生产，则模具不但不进行冷却，反而要进行加热，使其达到所需的温度。当然，在连续生产一段时间，模温超过 120℃时，则又要进行冷却。另外，还有的塑料要求模具温度保持在 100～150℃之间。所以，成型这类塑料的制品时，模具也需要加热。其加热的方法：一是在水道中通热水或高温蒸汽；二是在圆形模具中直接用电热环加热，在矩形模具中用电热管或电热板加热。

对于尺寸精度和内在质量要求高的制品，不但要设计热流道结构，而且要设置温度自控装置，使模具温度始终保持在所需要的范围内。

(8) 排溢部分：为了将合模后模具中残存的气体和注射成型过程中塑料分解、析出的气体从模具中排出，从而避免制品产生缺料、气泡等缺陷，根据制品的不同塑料，常常需要在分型面或型芯、型腔镶件及推杆的适当位置，加工一定深度(注意：其深度必须等于或小于制品塑料的溢边值)和一定宽度的排气槽。这在中型，尤其是大型模具中常用，而小型模具除了在南方的雨季，用以成型吸湿性强因而含水率高的塑料(如 ABS、PA)等特殊情况之外，由于分型面及型芯、推杆的配合面都有一定的间隙，可以起到排气作用，故无须再另行设计、加工排气槽。

为避免熔接痕的产生，必要时，在易于产生熔接痕的部位设置排气槽、溢料穴或冷料穴，将产生温度降和压力降的冷料头排出，以确保制品的品质。

相对廉价的透气陶瓷将逐步取代贵似白金的透气钢(即烧结的球状颗粒合金)，从而解决了塑料注射成型过程中困气严重而又因其结构所限，不便设计、加工排气槽的排气问题。

2.2.3　注射模的分类及其结构特点

1. 注射模分类方法

(1) 按注射模的结构分类：①二板模；②三板模；③热流道注射模；④热固性塑料注射模；⑤冷流道注射模；⑥具有侧向分型和抽芯结构的注射模；⑦具有自动脱螺纹结构的注射模；⑧其他具有特殊成型和脱模结构的注射模。

(2) 按所选用的注射机的不同类型分类：①卧式注射机用的注射模；②立式注射机用的注射模；③直角式注射机用的注射模。

2. 各类注射模的特点

(1) 二板模(亦称大水口模)：其特点是定模部分共有两块模板，即定模板(A 板)和定模固定板。这种结构是注射模中最简单、最常用的一种结构。

定模板(A 板)在大多数情况下是作为型腔板或型腔镶套固定板来设计和制造的。

(2) 三板模(亦称细水口模)：其特点是定模部分比二板模多了一块模板，即凝料推板(一共三块模板)，故称为三板模。

无论是二板模，还是三板模，每注射成型一模(即一次)制品，都将产生一件浇道凝料。浇道凝料是废料，虽然粉碎处理之后还可以回收再用，但其性能已有所降低。这实质上是一种损失和浪费，为减少或杜绝这种损失浪费，科技工作者发明了热流道技术。

(3) 热流道注射模(亦称无流道注射模)：其特点是在动模的浇注系统中设置加热装置，使浇道中的塑料能始终保持熔融状态，因此减少甚至杜绝了凝料的产生。

(4) 热固性塑料注射模：专门用来生产热固性塑料制品的注射模。其特点是型腔部分要加热，使之能达到热固性塑料的固化成型温度(通常为 150~180℃)，以便于进入型腔的热固性塑料能快速固化成型。热固性塑料注射模所用的注射机是热固性塑料注射专用的注射机，其料筒温度能始终保持在热固性塑料固化温度之下的注射机。

(5) 热固性塑料冷流道注射模：其特点是对热固性塑料注射模的浇注系统专门设置冷却装置进行冷却，使之能始终保持在 90~110℃之间，以保证其间的热固性塑料保持熔融状态，免其固化凝结。

(6) 其他结构的注射模：如具有侧向分型和抽芯结构的注射模、具有活动镶件的注射模、定模具有推出结构的注射模及具有其他各种特殊成型或抽芯脱模结构的注射模。这些结构的模具都是前五类模具的派生结构，其基本结构和基本原理相同。

小组讨论与个人练习

1．简述注射机的组成和各部功能。

2．简述注射模和注射机的主要配合关系。

3．如图2.7所示制品为一模四腔：①根据注射机的注射量；②根据注射机的锁模力，选择、确定注射机的型号、规格。

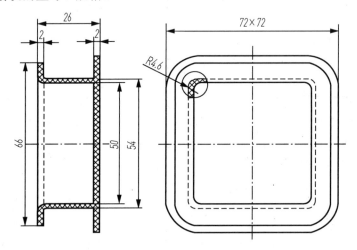

图2.7　正方形线圈骨架结构尺寸图

第 *3* 章

塑料制品的结构设计

> **本章重点**

- ◆ 塑料制品结构设计的要求。
- ◆ 塑料制品过渡圆角、脱模斜度及各种孔的设计方法。
- ◆ 塑料制品加强筋、支承面、凸耳凸台、螺纹及塑料齿轮的设计方法和技巧。
- ◆ 带镶件塑料制品及塑料制品上文字、标志与符号的设计方法和技巧。

合理、正确的工艺结构是注射模经济、合理的结构设计和塑料制品得以顺利成型的基本条件。所以，设计注射成型制品时，不仅要满足客户的要求，而且要符合成型工艺特点，并且尽可能使模具结构简化。只有这样，才能保证制品成型工艺的稳定，确保制品质量，提高生产率，降低成本。

设计注射成型塑料制品必须充分考虑以下因素：

(1) 成型方法：不同的成型方法，其制品的结构工艺性要求有所不同。所以，要着重分析注射成型制品的结构工艺要求。

(2) 制品的性能、结构形状、尺寸精度：要求应与塑料的物理性能、力学性能和工艺性能等相适应。

(3) 模具结构及加工工艺性：制品的结构形状应利于模具结构的简化，尤其要利于简化抽芯和脱模机构，同时还必须考虑模具零件，尤其是成型零件的加工工艺性。

3.1　对塑料制品结构设计的要求

塑料制品的结构必须便于成型。也就是说，塑料制品的结构在成型时，具有良好的适应性能。

塑料制品结构的好坏取决于塑料制品设计者。因此，设计者在设计制品时必须充分考虑并掌握制品的成型要素，即塑料的成型特性、制品的成型方法和特点及成型模具的结构特点和制造方法等。

塑料制品的结构不仅要充分体现其功能特点，满足其使用要求，而且必须符合塑料的成型工艺要求并尽可能使其成型模具结构简单，便于制造。只有这样，其成型工艺才能稳定、可靠，从而确保其制品的质量，进而降低成本。因此，塑料制品结构设计应遵循下述基本的三项原则。

(1) 结构越简单越好，并尽可能设计为回转体(即圆形)。越简单，其成型模具越易于设计和制造，也易于成型，成本也就越低。而且，圆形比其他任何形状都便于加工。

(2) 壁厚在合理范围内越薄越好，越均匀、越对称，越好。越厚，固化越慢、收缩越大，变形也就越大；越厚，冷却、固化、定型越慢，效率也就越低。壁厚越均匀、对称，越易于加工且变形也就越小，精度也越易于保证。

(3) 制品的外形尺寸以适中(3~300mm)最好。太大或太小，都会给模具设计和制造及制品成型带来麻烦和困难。

1. 力求使制品结构简单，易于成型

(1) 结构及其分型面应力求简单。一是便于设计和制造；二是利于成型时封胶，避免产生飞边，且便于飞边的去除，如图3.1所示。

(a) 不合理　　　　　　　　(b) 合理

图 3.1　成型面设计实例(一)

(2) 成型面应力求简单。成型面简单，成型零件结构随之简单，便于加工、装配且利于制品成型，如图 3.2 所示。

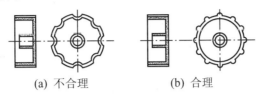

(a) 不合理　　　　　(b) 合理

图 3.2　成型面设计实例(二)

(3) 在制品结构设计中，在满足其功能和造型要求的前提下，尽可能避免侧向的凹、凸以避免模具侧向抽芯和推出结构的繁杂，以利于降低成本，如图 3.3 和图 3.4 所示。

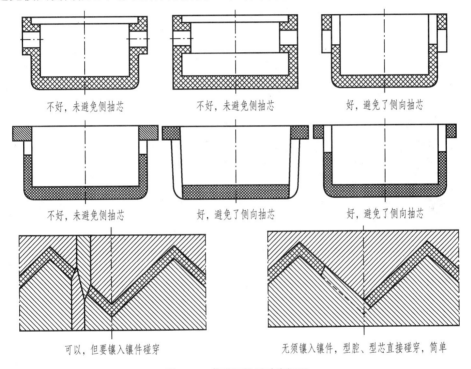

图 3.3　成型面设计实例(三)

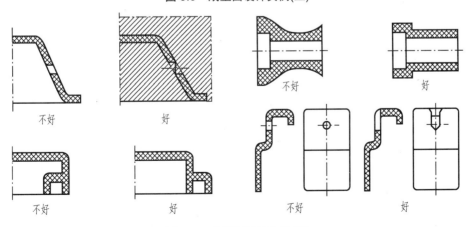

图 3.4　成型面设计实例(四)

(4) 当侧向的凹、凸结构无法避免时，则应将其结构简化。行之有效的方法一是设计为插穿结构；二是设计为斜推内侧抽芯脱模结构(均比较烦琐，但是由于需要，只能如此设计)，如图 3.5 所示。

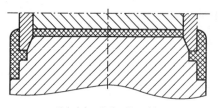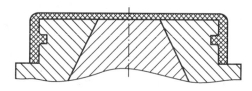

从上端出入镶件，制品形成
两个通孔，烦琐

用斜推内侧抽芯脱模，烦琐

图 3.5　成型面设计实例(五)

(5) 力求避免产生锐角部位。成型零件上的锐角部位不但强度低，极易损坏，而且在热处理中易于变形；在加工、装配、使用、维修的整个过程中也容易损坏，还容易伤及操作者，造成工伤事故，如图 3.6 所示。

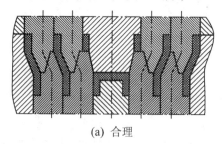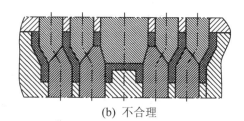

(a) 合理

(b) 不合理

图 3.6　成型面设计实例(六)

2. 壁厚应力求均匀

塑件的壁厚直接影响塑料制品的质量、制品的成型工艺性能和使用要求。当制品的壁厚不均匀时，熔融塑料在模具型腔内的流速不同，其受热或冷却也不均匀，制品容易产生应力而变形甚至开裂；而且容易在料流汇集处产生熔接痕，使制品的强度显著削弱甚至成为废品。为了避免此现象的产生，要求制品各部分的壁厚均匀。为了避免熔接痕的产生，有时采用改变制品厚度的方法。因此，合理地选择壁厚至关重要。

在使用中，要求壁厚具有足够的强度和刚度，以保证脱模时能承受脱模零件推出力的冲击；装配时能承受紧固力及在运输中的振动，以确保其不变形、不损坏。但壁厚也不能过厚，否则用料多，成本高，造成浪费。而且，注射成型、固化和冷却定型的周期都要加长，降低了生产效率，还容易造成冷却时收缩不均，产生应力，形成凹陷或变形，甚至导致薄壁处开裂。如果排气不好或塑料水分较多，壁厚处还会出现气泡等缺陷。但在成型工艺上，壁厚又不能过小。薄壁制品虽然用料少，成型时间短，可降低成本，但薄壁制品强度低，壁厚太薄时，熔融塑料在模具型腔中的流动阻力加大，尤其是形状复杂和大型的塑件，不易成型，容易因缺料造成废品。在模具加工中，过薄的型腔也会给制造带来一定困难。因此，制品的壁厚和均匀性直接影响制品的质量。所以，应改进壁厚使之均匀，其方法、技巧如图 3.7、图 3.8 和表 3-1 所示。

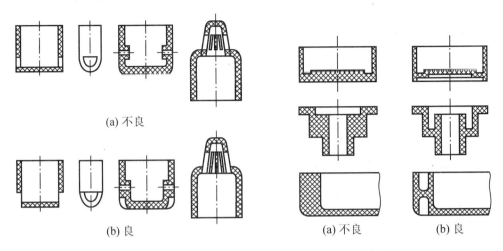

(a) 不良

(b) 良

图 3.7　壁厚设计实例(一)

(a) 不良　　　　(b) 良

图 3.8　壁厚设计实例(二)

表 3-1　使壁厚均匀的部分方法和技巧

不良	良	不良	良

制品最小壁厚的确定原则：

(1) 制品具有足够的强度和刚度，能满足功能要求。

(2) 脱模时能承受顶出零件的推力，而不变形。

(3) 能承受装配时的紧固力。

壁厚因其制品的大小和塑料品种的不同而不同。热塑性塑料制品的最小壁厚可达到 0.25mm，但一般为 0.6～0.9mm，常用壁厚为 1.6～3.6mm，如表 3-2 所示。

表 3-2　热塑性塑件最小壁厚及推荐壁厚　　　　　　　　单位：mm

塑料	最小壁厚	小型塑件推荐壁厚	中型塑件推荐壁厚	大型塑件推荐壁厚
聚酰胺(PA)	0.45	0.75	1.6	2.4～3.2
聚乙烯(PE)	0.6	1.25	1.6	2.4～3.2
聚苯乙烯(PS)	0.75	1.25	1.6	3.2～5.4
改性聚苯乙烯	0.75	1.25	1.6	3.2～5.4
有机玻璃(372#)(PMMA)	0.8	1.5	2.2	4～6.5
硬聚氯乙烯(HPVC)	1.15	1.6	1.8	3.2～5.8
聚丙烯(PP)	0.85	1.45	1.75	2.4～3.2
氯化聚醚(CPT)	0.85	1.35	1.8	2.5～3.4
聚碳酸酯(PC)	0.95	1.8	2.3	3～4.5
聚苯醚(PPO)	1.2	1.75	2.5	3.5～6.4
醋酸纤维素(CA)	0.7	1.25	1.9	3.2～4.8
乙基纤维素(EC)	0.9	1.25	1.6	2.4～3.2
丙烯酸类(PAA)	0.7	0.9	2.4	3.0～6.0
聚甲醛(POM)	0.8	1.40	1.6	3.2～5.4
聚砜(PSU)	0.95	1.80	2.3	3～4.5

热固性塑料的小型制品的壁厚为 1.6～2.6mm，大型制品的壁厚为 3.2～7.2mm，流动性差的如纤维增强塑料、布基酚醛塑料取大值，但最大也不宜超过 9.6mm。

实验证明，各种塑料在常规工艺条件下，流程与制品的壁厚成正比，如表 3-3 所示。

表 3-3　壁厚 S 与流程 L 关系式　　　　　　　　单位：mm

塑料品种	计算公式
流动性好(如聚乙烯、聚酰胺等)	$S=(\dfrac{L}{100}+0.5)\times0.6$
流动性中等(如有机玻璃、聚甲醛等)	$S=(\dfrac{L}{100}+0.8)\times0.7$
流动性差(如聚碳酸酯、聚砜等)	$S=(\dfrac{L}{100}+1.2)\times0.9$

3. 力求将制品设计为回转体或均衡、对称结构

回转体或均衡、对称结构的制品工艺性好，可承受较大的载荷，模具制造方便，且温度易于平衡，成型容易，制品变形小，精度易于保证。

4．对制品的整体外形尺寸、精度和表面粗糙度的要求

1）制品的整体外形尺寸

制品的整体外形尺寸(长×宽×高)与塑料的流动性有关。在注射成型中，当塑料流动性能差时(如玻璃纤维或石棉纤维增强塑料)及制品壁厚较薄时，其整体外形尺寸不能设计过大。此外，整体外形尺寸还受到成型设备的制约。

2）塑料制品的精度

塑料制品的精度参见国标《工程塑料模塑塑料件尺寸公差》(GB/T 14483--1993，见附录 13)。

脱模斜度不包括在公差范围之内，如有特殊要求，应在图纸上标明基本尺寸所在的位置，脱模斜度的大小必须在图纸上标出。

3）塑料制品的表面粗糙度

塑料制品的表面粗糙度主要取决于成型模具型腔的表面粗糙度。另外，塑料品种、成型工艺及成型模具型腔表面的磨损和腐蚀对制品的表面粗糙度也有一定的影响。一般情况下，模具型腔的表面粗糙度对其也有一定的影响。一般情况下，模具型腔表面的粗糙度要比所成型制品的表面粗糙度低 1～2 级。

轮廓算术平均偏差 R_s 取值如表 3-4 所示。

表 3-4　轮廓算术平均偏差 R_s 　　　　　　　　单位：μm

第 1 系列		第 2 系列			
0.012	0.80	0.008	0.063	0.50	4.0
0.025	1.60	0.010	0.080	0.63	5.0
0.050	3.2	0.16	0.125	1.00	8.0
0.100	6.3	0.020	0.160	1.25	10.0
0.20	12.5	0.032	0.25	2.0	16.0
0.40	25	0.040	0.32	2.5	20

在实际应用中，一般的制品可选用 Ra 为 1.6～0.2μm，有些制品则要求 Ra 为 0.1～0.025μm。

3.2　塑料制品的过渡圆角和塑料的脱模斜度

1．塑料制品的过渡圆角

塑料制品的转角处应设计为圆弧，如图 3.9 所示(图中 b 为制品壁厚)。设计过渡圆角的目的是避免应力集中，提高制品强度，改善流动状况。在制品结构无特殊要求时，制品各连接处的圆角半径不小于 0.5～1mm，内外表面的转角处可按图 3.9 设计。

2．常用塑料的脱模斜度

常用塑料的脱模斜度如表 3-5 所示。

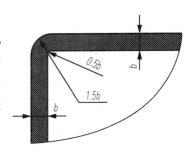

图 3.9　壁厚与过渡圆角

表 3-5　常用塑料的脱模斜度

塑料名称	脱模斜度	
	型腔	型芯
聚乙烯(PE)、聚丙烯(PP)、软聚氯乙烯(LPVC)、聚酰胺(PA)、氯化聚醚(CPT)	25′～45′	20′～45′
硬聚乙烯(HPVC)、聚碳酸酯(PC)、聚砜(PSU)	35′～40′	30′～50′
聚苯乙烯(PS)、有机玻璃(PMMA)、ABS、聚甲醛(POM)	35′～1°30′	30′～40′
热固性塑料	25′～40′	20′～50′

注：本表所列脱模斜度，利于开模后制品留在凸模上。

3.3　塑料制品各种孔的设计方法和技巧

塑料制品上有通孔、盲孔、异形孔和螺孔等。孔的设计原则如下。

(1) 形状宜简单，圆孔最好，易于成型。

(2) 位置应设计在不影响制品强度。

(3) 孔间距和孔边距应不小于表 3-6 中的推荐值。

表 3-6　热固性塑料孔间距、孔边距与孔径的关系　　　　　单位：mm

孔径 d	<1.5	1.5～3	3～6	6～10	10～18	18～30
孔间距、孔边距 b	1～1.5	2.1.5～2	2～3	3～4	4～5	5～7

注：1. 热塑性塑料为热固性塑料的 75%。

　　2. 增强塑料宜取大值。

　　3. 两孔径不一致时，则以小孔的孔径查表。

(4) 孔径与孔深的关系如表 3-7 所示。

如果制品上孔间距或孔边距小于表 3-6 中的数值时，可将图 3.10(a)所示的孔改为图 3.10(b)所示的孔结构形式。

表 3-7　孔径与孔深的关系

成型方式	孔的形式	孔的深度	
		通孔	不通孔
压缩模塑	横孔	2.5d	<1.5d
	竖孔	5d	<2.5d
挤出或注射模塑		10d	4～5d

注：1. d 为孔的直径。

　　2. 采用纤维状塑料时，表中数值乘以系数 0.75。

(5) 制品上承受载荷的受力孔或装配时须紧固受力的孔，应设计如图 3.11 所示的凸台加强，以保证使用的可靠性。

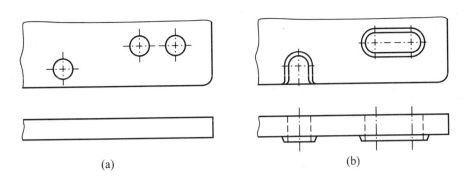

图 3.10　孔间距或孔边距过小时的改进设计

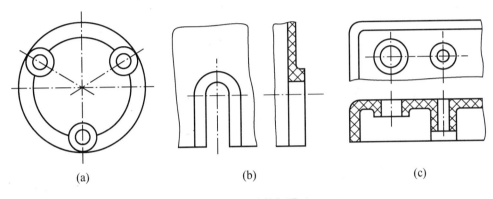

图 3.11　孔的加强

(6) 热固性压缩制品不宜将由两孔设计为相互垂直或斜交形式，然而在注射模中却可以采用，但应设计成图 3.12(b)所示的结构形式而切不可设计成图 3.12(a)所示的结构形式。抽芯时，先抽水平方向的型芯，后抽垂直方向的型芯。

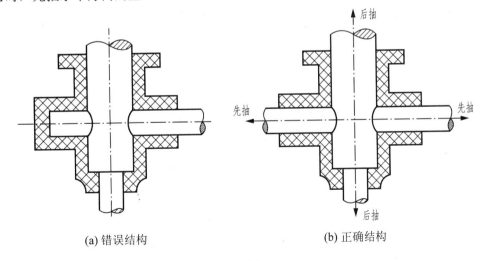

图 3.12　两孔结构形式设计实例

(7) 固定孔应设计成图 3.13(a)、(b)所示的结构形式，而不应设计成图 3.13(c)所示的结构形式。

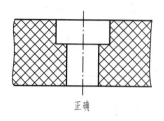 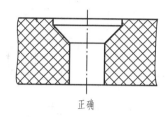 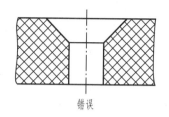

正确　　　　　　　　　正确　　　　　　　　　错误

图 3.13　固定孔结构设计实例

(8) 热塑性塑料制品的孔的极限尺寸如图 3.14 和表 3-8 所示。

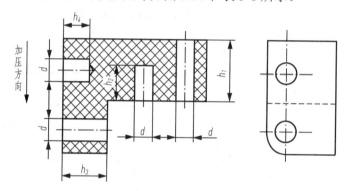

图 3.14　热塑性塑料制品孔的极限尺寸

表 3-8　热塑性塑料制品的孔的极限尺寸

塑料名称	孔的最小直径	孔的最大深度 h	
	d/mm	盲孔	通孔
聚酰胺	0.20	4d	10d
聚乙烯	0.20	4d	10d
软聚氯乙烯	0.20	4d	10d
聚甲基丙烯酸甲酯	0.25	3d	8d
聚甲醛	0.30	3d	8d
聚苯醛	0.30	3d	8d
硬聚氯乙烯	0.25	3d	8d
改性聚苯乙烯	0.30	3d	8d
聚碳酸酯	0.35	2d	6d
聚砜	0.35	2d	6d

(9) 通孔的成型方法如图 3.15 所示。对于图 3.15(a)所示结构的型芯端面，装配时应涂红粉。与上成型面合模后，印上的红粉面积应达到型芯端面积的 80%～85%。图 3.15(b)所示的型芯端面，也应如图 3.15(a)涂红粉检查修配，达到上述要求。图 3.15(c)所示的型芯端部应加工成 30°～60° 的圆锥，其尖端处为圆弧。锥面与上成型面的圆锥孔研配，使之密合；而且同样要涂红粉检验，其目的是避免飞边的产生。

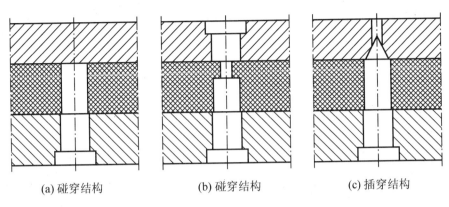

(a) 碰穿结构　　　　　(b) 碰穿结构　　　　　(c) 插穿结构

图 3.15　通孔的成型结构

（10）异形孔的成型方法如图 3.16 所示。装配时，配合面均应涂红粉检查修配，红粉接触面积为 85%，而且保证红粉接触均匀。镶拼型芯应避免成为锐角。

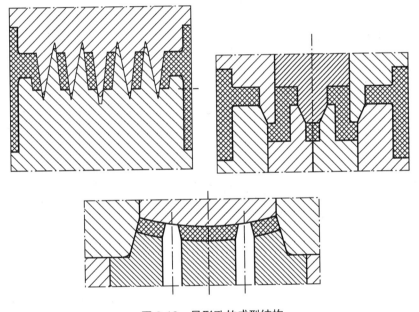

图 3.16　异形孔的成型结构

3.4　塑料制品加强筋、支承面、凸耳和凸台的设计方法和技巧

3.4.1　塑料制品加强筋的设计方法和技巧

为了使制品具有一定的强度和刚度，以满足使用功能的要求而又不使其厚度过厚，以免产生凹陷、气泡等缺陷，应在制品需要加强之处设计加强筋。加强筋的常用形状和尺寸如图 3.17 所示。图 3.18 所示为增加加强筋以减小壁厚，使壁厚均匀的实例。加强筋的设计原则是：①防止塑料局部集中，以免产生缩孔、气泡；②加强筋不宜过高、过密，两筋之间的距离应大于 2～3 倍壁厚；③加强筋的方向应与成型时熔体流动方向一致，以减少流动

阻力，利于成型；④加强筋端面应低于制品支承面 0.6～1mm。加强筋设计实例如图 3.19 所示。

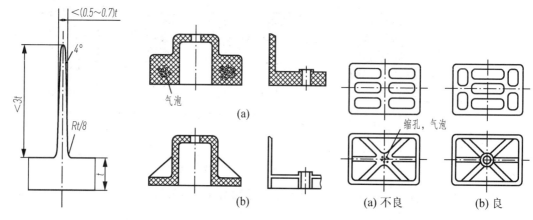

图 3.17　加强筋的结构尺寸　　图 3.18　加强筋的位置　　图 3.19　加强筋结构对比

3.4.2　塑料制品上支承面的设计方法和技巧

塑料制品支承面的设计示例如图 3.20 和表 3-9 所示。

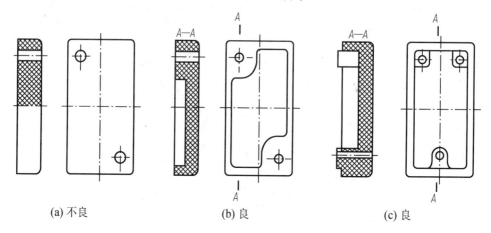

(a) 不良　　　　　　　(b) 良　　　　　　　(c) 良

图 3.20　塑料制品优、劣支承面的对比

表 3-9　塑料制品支承面示例

不良	良	不良	良

续表

不良	良	不良	良

为了防止塑料制品变形，不能以整个平面作为支承，而必须设计恰当的支承面。支承面设计原则是：①与制品的几何中心对称、均衡，以保证制品使用的稳定性；②应尽可能设计在靠近受力点处，并与受力中心对称、均衡，以免破坏其稳定状态；③利于制品成型时熔体的流动，以减少阻力。

3.4.3　塑料制品紧固用凸耳的设计方法和技巧

制品紧固用凸耳的结构和设计示例分别如图 3.21 和图 3.22 所示。

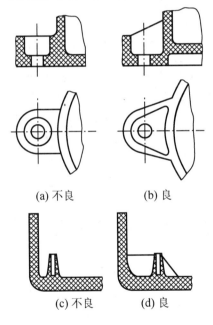

(a) 不良　　(b) 良

(c) 不良　　(d) 良

图 3.21　塑料制品紧固用凸耳

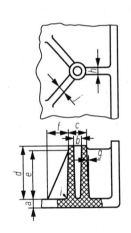

图 3.22　凸台的结构尺寸

a—塑件壁厚；b—装配孔孔径；
$c=2.5b$；$d=5a$；$e=0.9d$；$f=(0.3{\sim}1)e$；
$g=0.5°$；$h=0.6a$；$i=0.25a$；$j=0.6a$

3.4.4　塑料制品凸台的设计方法和技巧

塑料制品凸台结构分别如图 3.23 和图 3.24 所示，凸台的结构示例如表 3-10 所示。

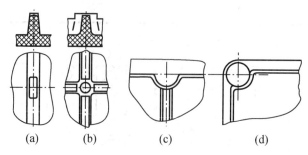

图 3.23　圆角上的凸台结构

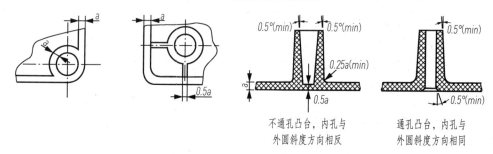

图 3.24　通孔与不通孔的凸台结构

表 3-10　凸台的结构示例

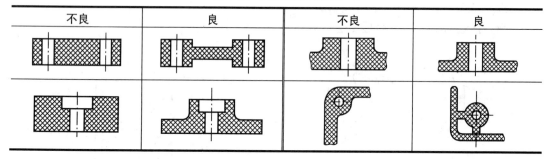

3.5　塑料制品螺纹及塑料齿轮的设计方法和技巧

3.5.1　塑料制品螺纹的设计方法和技巧

塑料制品上的螺纹可以在成型时直接成型，也可以只成型螺纹攻螺纹前的底孔，装配时用自攻螺钉直接旋入，加以固定；有的在成型之后进行(攻螺纹)，加以固定。而对于受力较大或经常拆卸的制品，则设计成螺纹的金属镶件，成型时直接镶入制品中。

塑料制品螺距的极限尺寸如表 3-11 所示，螺纹直径和螺距的关系如表 3-12 所示。

表 3-11　塑料制品螺距的极限尺寸

塑件材料	最小螺孔直径 d/mm	最小螺杆直径 d_1/mm	最大螺孔深度	最大螺杆长度	
				$d_1 \leqslant 5$mm	$d_1 \leqslant 5$mm
聚酰胺	2	3	$3d$	$1.5d_1$	$2d_1$
聚甲基丙烯酸甲酯	2	3	$3d$	$1.5d_1$	$3d_1$

续表

塑件材料	最小螺孔直径 d/mm	最小螺杆直径 d_1/mm	最大螺孔深度	最大螺杆长度	
				$d_1 \leqslant 5mm$	$d_1 \leqslant 5mm$
聚碳酸酯	2	2	3d	$2d_1$	$4d_1$
氯化聚醚	2.5	2	3d	$2d_1$	$3d_1$
改性聚苯乙烯	2.5	2	3d	$2d_1$	$3d_1$
聚甲醛	2.5	2	3d	$2d_1$	$3d_1$
聚砜	3	3	3d	$2d_1$	$3d_1$

注：1. 热固性塑料的内外螺纹直径不小于 3mm，螺纹长度不小于 1.5d，螺距应大于 0.5mm。

　　2. 螺纹精度一般不超过 GB/T 197—1981 规定的公差等级 5～6 级。

表 3-12　塑料制品螺纹直径和螺距关系　　　　　单位：mm

螺纹直径 d	螺距 P_s（始末部分长度尺寸）		
	<0.5	>0.5	>1
≤10	1	2	3
>10～20	2	2	4
>20～34	2	4	6
>34～52	3	6	8
>52	3	8	10

注：始末端部分的长度相当于车制金属螺纹时的退刀长度。

塑料制品的螺纹结构分别如图 3.25 和图 3.26 所示。

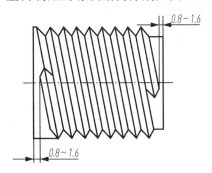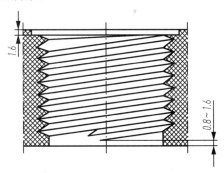

图 3.25　螺纹始端和末端的过渡结构

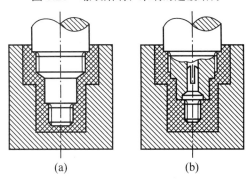

图 3.26　具有两段同轴螺纹的塑料制品

(a) 整体式两段外径不同的螺纹型芯，其螺距必须相同，否则无法脱模；

(b) 两段外径不同的螺纹，为镶入式结构，不同的螺距分两次脱模

3.5.2 塑料齿轮的设计方法和技巧

由于塑料齿轮可在无润滑条件下平稳运行，而且噪声低、惯性小，防腐蚀成本低，所以不但用于精密机械的传动，而且广泛用于电子、仪表和日用家电中。

塑料齿轮的设计原则是：①形状对称，壁厚均匀；②小齿轮(顶圆直径在 50mm 以下)设计为薄板形结构；③较大齿轮设计成整体辐板结构。

齿轮各部尺寸和齿轮与轴的固定形式如图 3.27 和图 3.28 所示。

$$H_1 \leqslant t_1，\quad t_1=3t；\quad H_2 \leqslant H，\approx D；\quad D_1=1.5\sim3D$$

式中，H_1 为辐板厚度；t_1 为轮缘宽度；t 为齿高；H_2 为轮毂厚度；H 为轮缘厚度；D 为轴径；D_1 为轮毂外径。

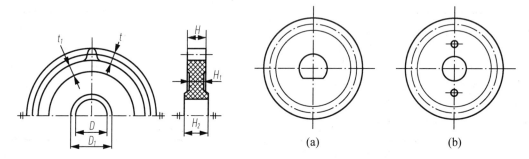

图 3.27　齿轮各部分尺寸　　　　　　图 3.28　塑料齿轮与轴的固定形式

齿轮设计应按图 3.29(a)设计，而切不可设计成图 3.29(b)、(c)所示形式。双联齿轮应按图 3.30(a)设计而不能按图 3.30(b)的结构设计。

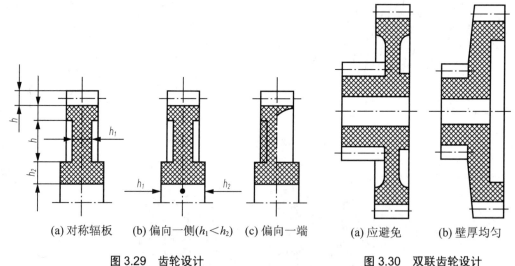

(a) 对称辐板　　(b) 偏向一侧($h_1<h_2$)　(c) 偏向一端　　　　(a) 应避免　　(b) 壁厚均匀

图 3.29　齿轮设计　　　　　　　　　图 3.30　双联齿轮设计

h—全齿高；$h_1 \geqslant 1.1h$；$h_2 \geqslant 1.2h$

3.6　带镶件塑料制品的设计方法和技巧

镶入塑料制品中的非塑料零件(多为金属件)称为镶件。镶件在塑料成型过程中被包入制品中，形成不可拆卸的联接件。镶件的镶入是为了增加制品某些部位的强度、硬度和耐蚀性，而有的则是为了保证其导电性能，还有的是为了提高精度或增加制品形状和尺寸的稳定性。镶件镶入部分的结构形式和常见的镶件种类分别如图 3.31 和图 3.32 所示。

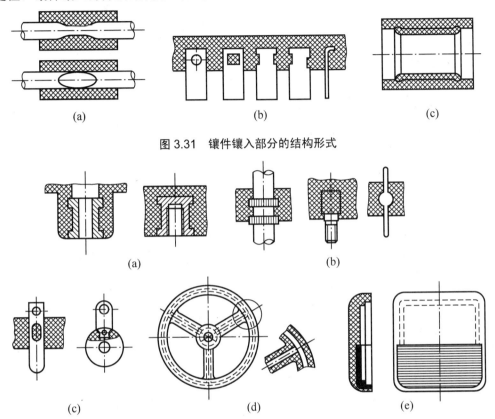

(a)　　　　　　　　　　(b)　　　　　　　　　　(c)

图 3.31　镶件镶入部分的结构形式

(a)　　　　　　　　　　(b)

(c)　　　　　　　(d)　　　　　　　(e)

图 3.32　常见的镶件种类

常见的圆柱形镶件如图 3.33 所示。其中 $H=D$，$h=0.3H$，$h_1=0.3H$，$d=0.75D$，$H_{max}=2D$（特殊情况下）。

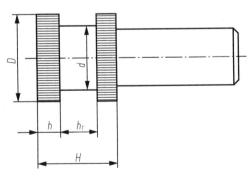

图 3.33　镶件尺寸

圆柱形镶件在模具内的固定方法如图 3.34 所示。

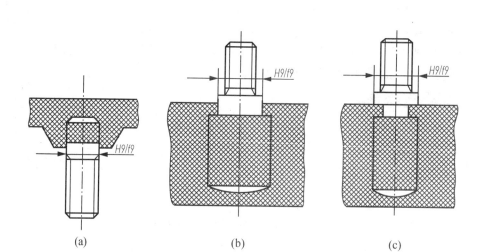

图 3.34　圆柱形镶件在模具内的固定方法

圆环形件镶在模具内的固定方法如图 3.35 所示。

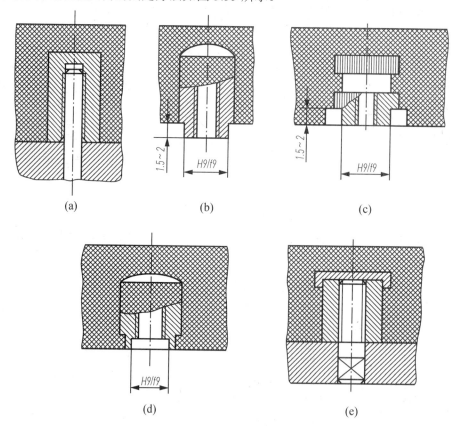

图 3.35　圆环镶件在模具内的固定方法

细长件镶在模具内的支撑方法如图 3.36 所示。

无论是杆形还是环形镶件，在模具型腔中的自由长度不允许超过定位部分直径的 2 倍，否则，成型时会因熔体的注射压力产生变形或位移。所以当镶件过长或过细时，为使其不产生变形或位移，应在模具中设计支撑件。支撑件将在制品上留下塑痕，其塑痕既不应影响制品的外观要求，又不能影响其使用功能。

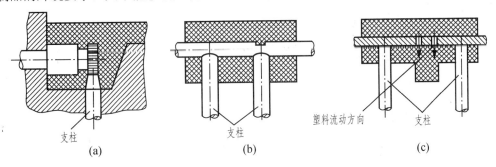

图 3.36　细长镶件在模具内的支撑方法

镶件的镶入会在周围塑料中产生应力，因此镶件四周应有足够的厚度。通常将镶件设计在制品的凸耳和其他突示部位。镶件设置位置及尺寸要求如图 3.37 所示。金属镶件周围塑料的厚度如表 3-13 所示。

图 3.37　镶件设置位置及尺寸要求

表 3-13　金属镶件周围塑料层厚度　　　　　　　　　　单位：mm

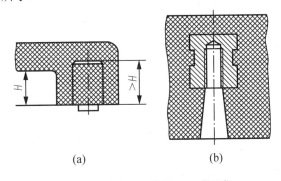

金属镶件直径 D	周围塑料层最小厚度 t	顶部塑料层最小厚度 t_1
<4	1.5	0.8
>4~8	2.0	1.5
8~12	3.0	2.0
>12~16	4.0	2.5
>16~25	5.0	3.0

3.7　塑料制品上文字、标志与符号的设计方法和技巧

塑料制品上的文字、标志或符号如图 3.38 所示。

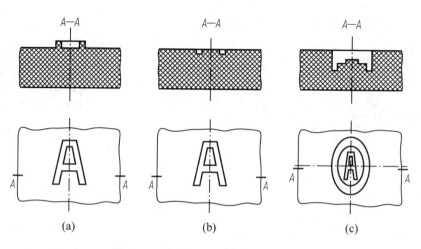

图 3.38　塑料制品上的文字结构形式

图 3.38(a)为凸字(反体凹字)，模具上用刻字机(雕刻机)直接刻出，易于加工，但制品的凸字容易损坏。图 3.38(b)为凹字，制品上的字凹入，不易损坏，且可以涂以色泽，使之鲜艳美观。但模具要加工成凸字则较困难，而且凸起处极易损坏，安全性太差。可用电火花打成凸字，或用冷挤成型或电铸成型。图 3.38(c)为凹坑凸字，即凸字在凹形坑中，不易损坏。制造时可在镶件上刻反体凹字，易于制造，又不易损坏，较常用。

小组讨论与个人练习

练习：塑料制品设计。每人设计一件塑料制品。

要求：

(1) 不允许雷同；不允许照样品测绘，而必须自己设计一件有用的制品。

(2) 可以对现有制品进行改进设计，也可设计一帧商标，但必须附有必要的说明。

(3) 绘制一张 1∶1 的制品二维结构图和一张三维造型图。要求视图正确，尺寸完整，结构清晰，图面整洁，字迹工整。

(4) 标题栏：制品名称，制品塑料的名称、代号，比例，设计者姓名、班级和学号。要求各项内容填写完整。

第二部分
设计方法和技巧

第 4 章

注射模型腔、型芯的设计方法和技巧

❥ 重点章节提示

1. 本部分重点讲授注射模型腔、型芯；侧向分型与抽芯及浇注系统等结构和零部件的设计方法与技巧，并用典型结构实例进行解析，由简至繁，由易至难，循序渐进，以求内容的系统、连贯、典型及技术的实用、先进，以期提高其教学实效。

2. 本章以设计绘图为主，辅以必要的计算。成型零部件的设计与实体模具和模型的测绘相结合，使之紧密联系实际，边学边练边用(宜先练习用手工绘图更具实效)。

3. 本章课程均在综合实验室进行，应用实体模具、1∶1 的仿真典型结构模型及多媒体三维动画，进行直观的场景式教学。教学与参观模展、与下厂实训相结合，干中学、学中干，使所学的理论知识、专业技能与生产实践紧密结合，学以致用，学用结合。

▶ 本章重点

- ◆ 分型面的选择和确定方法。
- ◆ 型腔和型芯结构的设计方法和技巧。
- ◆ 成型尺寸的计算方法和注意事项。

4.1　注射模设计的基本原则

(1) 模具在满足客户要求，确保制品质量和产量的前提下，其结构越简单越好。越简单越易于制造，也越易于保证质量，同时也因此缩短了制造周期，降低了模具的总成本。

(2) 模具的结构不但要便于制造(即便于制造中的装夹、校正、加工、检测、周转和装配)，还应便于拆卸、维修和更换。

(3) 模具应选用标准模架，并尽可能多地选用标准件，以便缩短制造周期，满足用户的急迫要求。

(4) 模具结构必须确保其长期、连续生产中的安全、可靠；确保其产量和质量的稳定、可靠。

(5) 模具从设计到制造，以及在长期、连续生产的全过程中，对人体和环境不应产生负面影响。

(6) 确保与选定的注射机配合良好，便于试模和投产时的安装和调试。

4.2　注射模设计前的准备工作及设计步骤

4.2.1　设计前的准备工作

(1) 吃透产品，将所有与产品有关的技术问题，彻底、透彻地弄清楚。

① 认真查阅产品塑料的说明书，包括型号、规格、批号、收缩率、色泽、成型性能和用途。

② 仔细阅读、校对产品图：查看尺寸是否完整，工艺结构是否正确，尺寸精度、表面质量和相关要求(如交货日期、验收标准等)是否合理。如发现疑点或问题，应及时与客户协商，妥善解决。

③ 如有样品，则应仔细观察、分析其结构、分型面、进料浇口、镶拼痕、推出脱模痕等，并进一步深入了解该产品的成型模具，在设计、制造、试模和生产的全过程记录以及产生的问题和处理情况。

④ 产品若是某设备或某组装部件中的配件，则应详尽了解其在组装部件中的功能、装配关系和具体要求，以便分清各部分结构和尺寸精度要求的主与次、基准与非基准、配合面与非配合面要求等，做到主次分明，心中有数，把握得当，设计正确。

(2) 收集并及时补充、完善所需的各类资料、数据，如与产品有管的相关标准(医疗食品器具的卫生检疫标准、车用配件的安全技术标准、制品客户所在国家的相关标准、出口商品的有关规定、包装与运输安全标准、环境的相关要求标准等)；塑料批次说明书；客户注射机说明书；模具车间相关设备的主要技术参数；工具库的工具、刀具、夹具、量具的规格、精度；材料库现有钢材的型号、规格数量等。这些都是设计、制造中随时都可能用到而必不可少的。

4.2.2　注射模的设计步骤

在充分做好相关准备工作之后，即可开始注射模的设计工作。

(1) 绘制制品的二维工作图和三维造型图(需经客户技术负责人审核、签字)。

(2) 确定型腔数。确定型腔数一是根据客户的要求；二是根据注射机的最大注射容量、最大锁模力等技术参数；三要根据制品的结构复杂程度和尺寸精度要求，以及供货日期和要求等。型腔数确定后，必须与客户协商，取得一致意见。

(3) 确定分型面。需多方向抽芯脱模、具有多个较为复杂的分型面的，有必要将各分型面单独画出审核。

(4) 绘制型腔、型芯的组装结构草图。

(5) 有侧向分型、抽芯结构时，可初步确定，绘制抽芯、锁紧、定位各部的结构尺寸、位置和装配草图。

(6) 初步选择一种合适的模架(选择、确定的方法和技巧在后面的章节中，有实例讲解)，将上述初步确定的结构置入其中，进行详细校核。必要时，进行调整和修改，或另选更大一型号或小一型号的模架，直至适中。

(7) 粗略布置并绘制推出脱模和复位结构各零件的尺寸、位置草图。

(8) 粗略布置并绘制循环冷却水路的位置、尺寸；再与推出、复位结构中各零件的相互位置进行调整、修改，直至正确、合理。

(9) 完成总装配图的草图绘制。

(10) 对于一般常见的、不太复杂而又有把握的结构，在完成总装配图的草图绘制之后，可标注零件序号，填写零件明细表，并填报标准模架和标准件的型号、规格、名称、数量及非标准零件(如型芯、型腔材料)的名称、型号、下料尺寸和数量，便于进行采购而无须会审(有特殊要求的，要加以说明)。

(11) 对于复杂且有一定难度的结构，应由技术负责人召集有经验的工程师、设计师、工艺师和车间师傅(包括关键加工工序的操作师傅等)，对整体结构及其主要零部件的结构设计和制造工艺进行分析、研究，以确定最终的设计和加工方案，使之更加合理、可靠。

(12) 按最终确定的整体结构方案，绘制总装图和型腔、型芯等非标零件的工作图及电极图等。经再次审核无误之后，会签，出图。

(13) 模具加工完成后，设计人员必须参加试模，并进行详细的记录。这也是设计者积累经验、提高水平的极其重要的必由之路。发现问题，并共谋解决问题的有效办法，其本身就是提高水平的阶梯。

4.3　分型面的选择、确定方法、技巧与实例

对于模具而言，分型面是指制品成型之后，动、定模从制品的哪个面分开，以便取出制品。此面即称为分型面——主分型面。

对于制品而言，分型面是指制品的哪部分在定模成型，哪部分在动模成型。所以，确

定了分型面，也就确定了制品在模具中的具体位置。

在点浇口结构中，当制品成型之后，定模型腔板 A 板与定模固定板之间的配合面在主分型面打开之前要首先打开，以便首先取出点浇口凝料(俗称"料把")。此面称为辅助分型面。

由于制品形状结构千变万化，纷繁复杂，所以取出制品的分型面既有平直的，又有斜面的；既有阶梯状的，又有弧形的、异形的、综合型的各不相同的分型面。

4.3.1 分型面的类型

(1) 平直分型面：在塑料制品中，大部分制品，尤其是壳盖类制品的分型面都在其大端的端部，如图 4.1 所示。

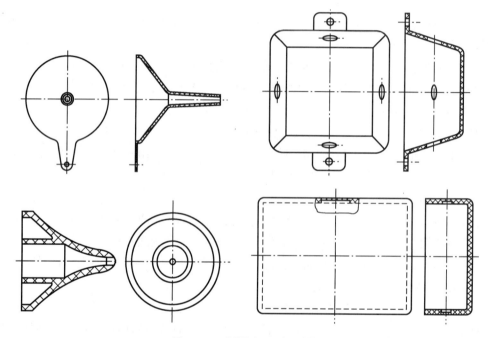

图 4.1　四例平直分型面结构

(2) 斜分型面：斜分型面如图 4.2 所示。

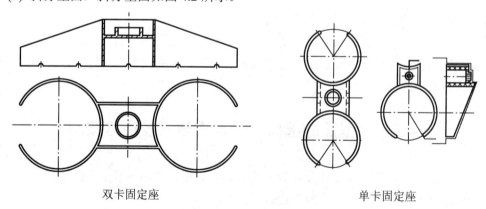

双卡固定座　　　　　　　　　　　　单卡固定座

图 4.2　三例斜分型面结构

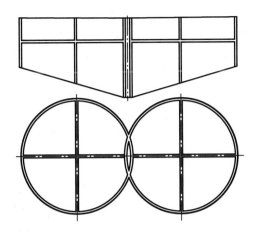

图 4.2 三例斜分型面结构(续)

(3) 阶梯分型面：阶梯分型面如图 4.3 所示。

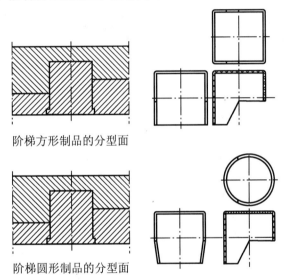

阶梯方形制品的分型面

阶梯圆形制品的分型面

图 4.3 两例阶梯分型面结构

(4) 曲面分型面：曲面分型面如图 4.4 所示。

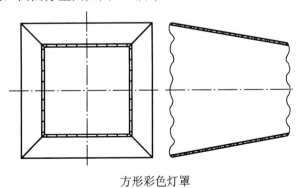

方形彩色灯罩

图 4.4 两例曲面分型面结构

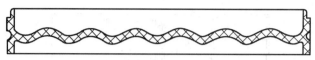

座机波形上盖

图 4.4　两例曲面分型面结构(续)

(5) 垂直与水平分型面：垂直与水平分型面如图 4.5 所示，动、定模首先在水平分型面分型之后，两块哈夫板从垂直分型面分型，抽离制品。

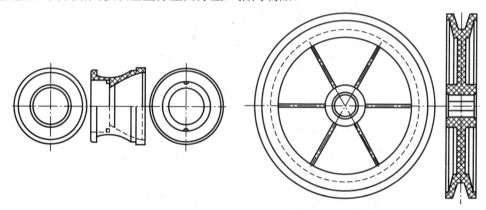

图 4.5　两例垂直与水平分型面结构

(6) 混合分型面：混合分型面如图 4.6 所示。

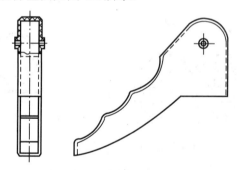

图 4.6　混合分型面结构

4.3.2　选择、确定分型面的方法

选择、确定分型面的目的：

(1) 选择、确定型腔和型芯在 A、B 板之间的具体位置，即选择、确定制品的哪一部分在定模成型，哪一部分在动模成型。

(2) 选择、确定动、定模从制品的哪个部位分开，以便取出成型后的制品。

选择、确定制品分型面的方法：

(1) 分型面必须在制品外表面的最大轮廓处；否则，制品不能从模具中取出，如图 4.7 所示。

(2) 制品分型后应留在动模，既利于脱模，又便于推出(因为动模有推出脱模机构而定模没有)；否则，定模上还要设计脱模机构，不仅模具结构复杂了，而且成本也更高了，如图 4.8 所示(这是由于制品内镶有金属螺母，使其收缩受限难以从定模型腔脱模，故型腔只能设计在动模)。

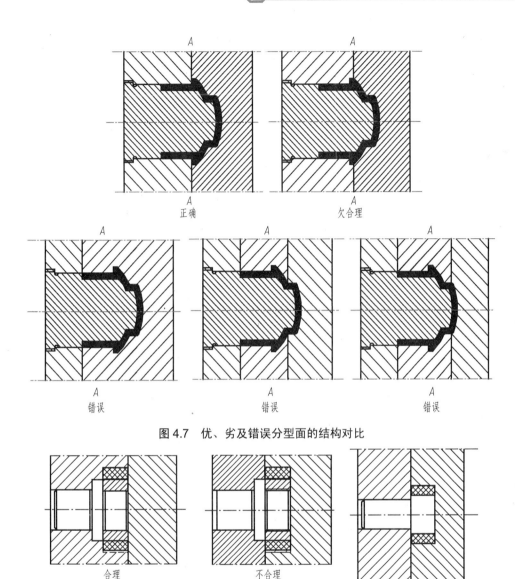

图 4.7　优、劣及错误分型面的结构对比

图 4.8　制品分型后能否留在动模利于脱模的正、误结构对比

(3) 分型面应利于保证制品尤其是同轴度精度高的制品的精度要求。制品全在动模、型腔一次装夹定位、加工，易于保证同轴度；而两次装夹定位，加工误差大，精度难以保证，如图 4.9 所示。

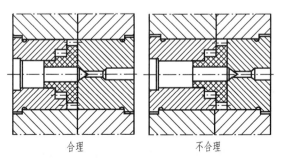

图 4.9　两例能否保证制品精度要求的正、误分型面结构对比

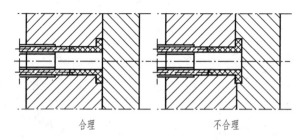

合理　　　　　　　　　　不合理

图 4.9　两例能否保证制品精度要求的正、误分型面结构对比(续)

(4) 分型面不应影响制品的表面质量(光滑的表面、圆弧过渡面均不可作为分型面，以免留下印痕)，如图 4.10 所示。

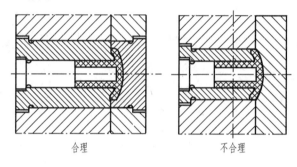

合理　　　　　　　　　　不合理

图 4.10　是否影响制品表面质量的分型面正、误结构对比

(5) 分型面应力求既简单，又便于加工和脱模，如图 4.11 所示。

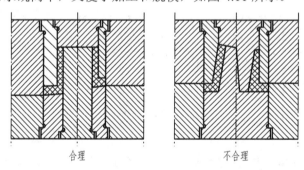

合理　　　　　　　　　　不合理

图 4.11　分型面既简单又便于加工和脱模的正、误结构对比

(6) 分型面不但要便于加工，还应利于成型时的排气，如图 4.12 所示。

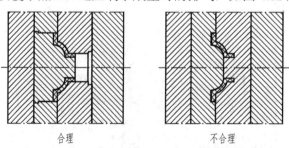

合理　　　　　　　　　　不合理

图 4.12　分型面既便于加工又利于成型时排气的正误结构对比

(7) 当两个方向都有侧抽芯结构时，应将抽芯距小的放在侧抽芯的位置。这是出于对型芯刚度和强度的考虑，同时也缩短了抽芯距，并缩小了抽芯结构的整体尺寸。抽芯的滑块应尽可能设计在动模，以简化模具结构，如图 4.13 所示。

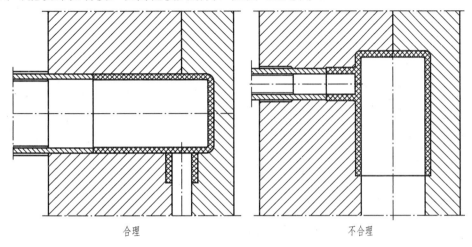

合理　　　　　　　　　　　　不合理

图 4.13　两个方向都有侧芯结构时，两种不同结构优劣的对比

(8) 当有金属镶件(或活动镶件)时，应将其放在便于安装、易于脱模的位置，如图 4.14 所示。

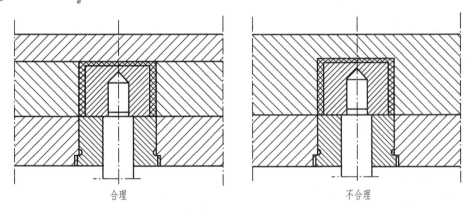

合理　　　　　　　　　　　　不合理

图 4.14　有金属镶件(或活动镶件)时，两种不同安装位置优劣的对比

(9) 当制品较长时，一要计算制品完全脱模时模具的最大开模距，校核其是否小于注射机的最大开模距；二要考虑脱模斜度的大小，既要便于脱模，又要保证制品大小两端的尺寸精度要求，如图 4.15 所示。

分型面不同，脱模斜度各异。既要保证制品精度，又要便于脱模。

(10) 若制品投影面积较大，在确定分型面时，不仅要考虑并校核型腔数，而且应校核所需的锁模力，是否与注射机相匹配，如图 4.16 所示。

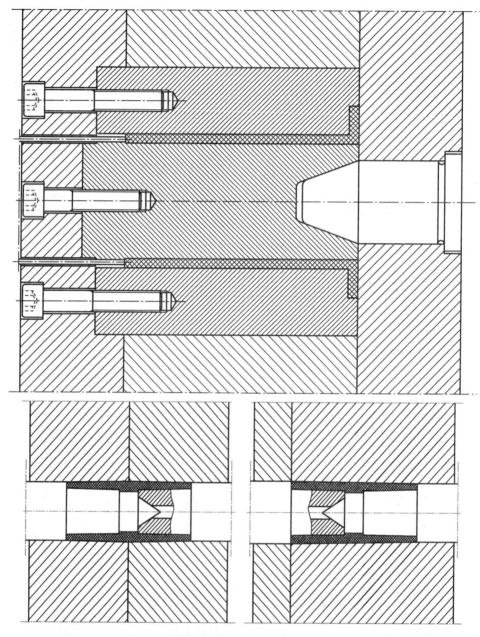

图 4.15 制品较长时，分型面和型腔、型芯的不同镶拼组合结构

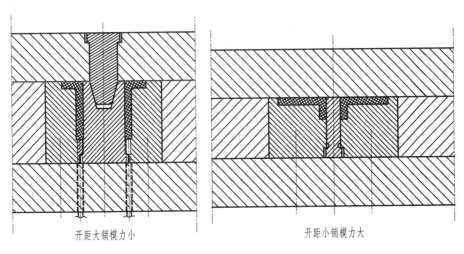

图 4.16　制品投影面积不同时，开距与锁模力大小的对比

(11) 小型芯的位置应利于将制品留在动模，如图 4.17 所示。

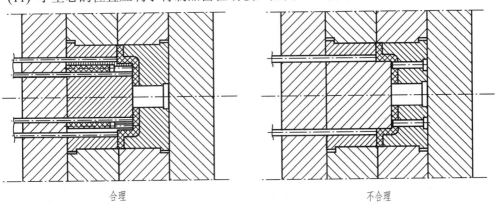

图 4.17　将制品留在动模，其小型芯位置正、误对比

4.3.3　选择、确定制品分型面的典型实例

典型分型面结构如图 4.18 和图 4.19 所示。

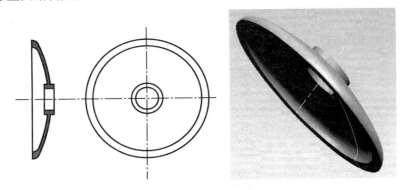

图 4.18　分型面结构

平直分型面——型腔与整体型芯的镶拼结构

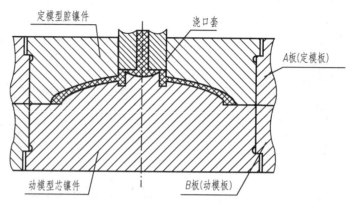

图 4.19 平直分型面(挂台式型腔、型芯镶件)

(1) 型腔与型芯常用的整体镶拼式典型结构有三种,即挂台式、螺钉固定式(通孔镶入)、螺钉固定式(盲孔镶入),如图 4.20 所示。

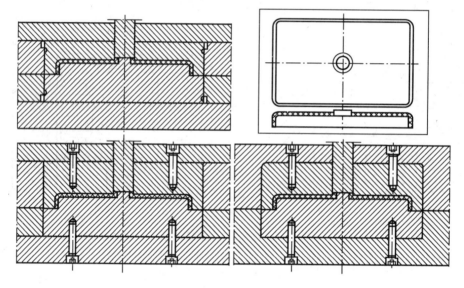

图 4.20 型腔、型芯镶件典型结构

(2) 局部镶拼式型芯的典型结构。在成型制品六方形内表面的型芯中,镶入成型制品中心圆孔内表面的圆形型芯,再将六方型芯镶入最外层的圆形镶套之中,如图 4.21～图 4.24 所示。

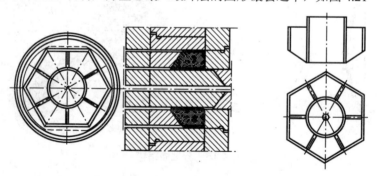

图 4.21 型腔、型芯的局部镶拼式结构

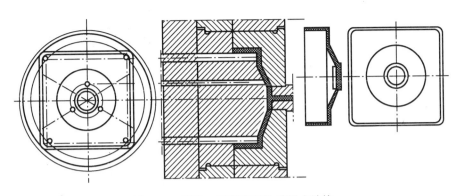

图 4.22　型腔、型芯的整体镶拼式结构

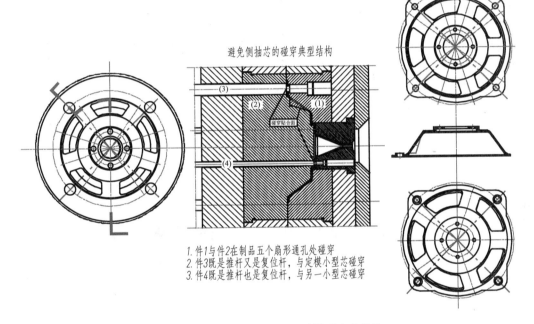

避免侧抽芯的碰穿典型结构

1. 件1与件2在制品五个扇形通孔处碰穿
2. 件3既是推杆又是复位杆，与定模小型芯碰穿
3. 件4既是推杆也是复位杆，与另一小型芯碰穿

图 4.23　型腔、型芯的整体镶拼碰穿式结构

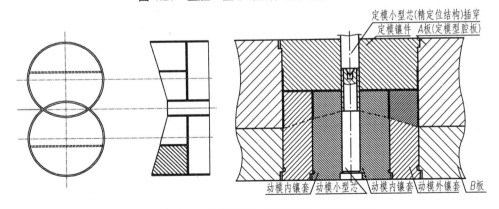

图 4.24　倾斜分型面型腔与型芯的局部镶拼结构

(3) 阶梯分型面型腔与型芯的镶拼结构如图 4.25 所示。

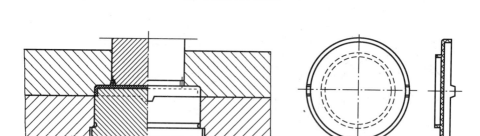

图 4.25　阶梯分型面型腔与型芯的镶拼结构

阶梯分型面型腔与型芯的镶拼组合结构如图 4.26 所示。

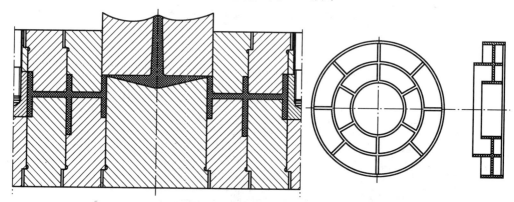

图 4.26　阶梯分型面型腔与型芯的镶拼组合结构

(4) 曲面分型面型腔与型芯的整体镶拼结构如图 4.27 所示。

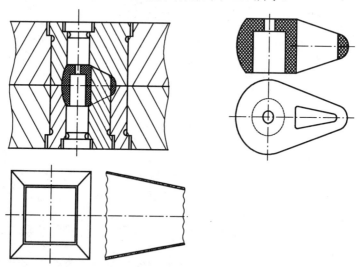

图 4.27　曲面分型面型腔与型芯的整体镶拼结构

曲面分型面型腔与型芯结构如图 4.28 所示。

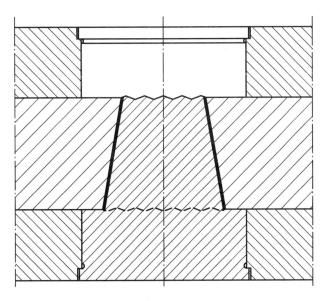

图 4.28　曲面分型面型腔与型芯的整体镶拼结构

垂直与水平分型面——哈夫结构的镶拼型腔，带分流锥和拉料槽的型芯结构：如图 4.29 所示。

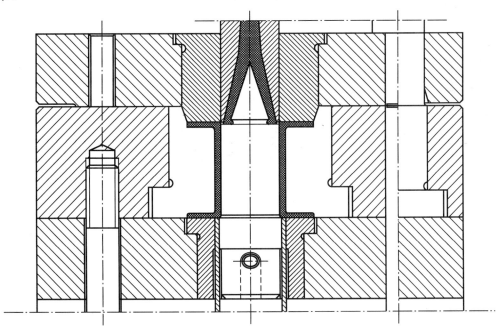

图 4.29　哈夫镶拼结构的垂直与水平分型面

(5) 混合分型面型腔与型芯斜推脱模结构如图 4.30 和图 4.31 所示。

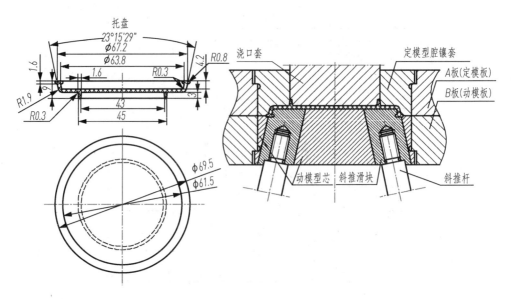

图 4.30　混合分型面型腔与型芯斜推脱模结构

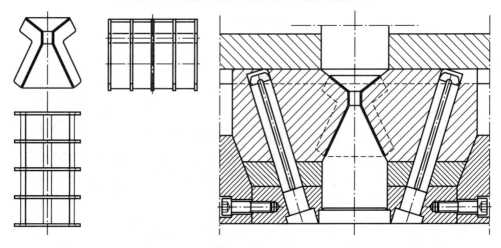

图 4.31　混合分型面型腔与型芯斜推模结构

4.4　型腔、型芯结构的设计方法、技巧及其典型结构设计实例

在注射模具中，用以成型塑料制品外表面的腔体零件称为型腔，如型腔板、型腔镶件、螺纹型环、型腔滑块等。用以成型塑料制品内表面的零件称为型芯，包括整体型芯和镶拼、组合式的型芯，也包括侧向分型抽芯、斜向分型抽芯的型芯。

4.4.1　对型腔、型芯的要求

由于成型零件在注射成型过程中，不但要连续、反复地承受一定的成型压力(一般在 $40\sim140\text{MPa/cm}^2$ 之间，有些塑料的成型压力高达 240MPa/cm^2)，而且要反复承受高温塑料熔融体射入型腔时的强烈冲击和磨损，而且，在制品推出脱模过程中，型腔和型芯也会与制品产生相互摩擦和相应的磨损。因此，型腔和型芯既要保证制品形状、结构的完整，又要保证其尺寸精度和表面质量的要求；而且，还应具有足够的硬度、刚度和强度及耐蚀、耐磨的性能和良好的抛旋光性和加工性。除此之外，型腔和型芯的结构在使用过程中还应满足以下要求。

(1) 应尽可能避免小于 90°的尖锐角，以避免在加工、工序间周转、检测和装配的全过程中，因一时不慎，伤及人体。同时，也可避免其本身在加工、工序间周转、检测和装配的全过程中，尤其是避免在热处理中对尖锐角造成损坏。

(2) 成型零件的加工工艺应简单、合理，省时省力，而又能达到所需的技术要求。

(3) 应有合理的制造和装配基准面,力求装配时定位可靠、方便、快捷。

(4) 在保证配合强度的前提下，应尽量减少相互配合面的面积(即适当留空)，以便于制造和装配。

(5) 局部镶拼件应便于装卸、维修和更换。

4.4.2　型腔结构的设计方法与技巧

型腔结构分为整体、整体镶拼、局部镶拼和全镶拼组合四种。

1. 整体式型腔结构

整体式型腔结构就是直接在模板上加工型腔，如图 4.32 所示。

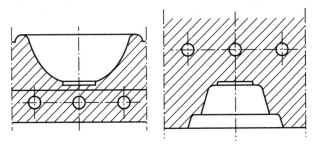

图 4.32　整体式型腔结构

整体式型腔常用于形状相对简单、产量不大的制品成型模具或新品试制模具。

在常用的日用品中，如脸盆、水桶、物品储放箱等塑料制品的成型模具一般大多采用整体式型腔结构。

整体式型腔结构的主要优点是强度好，制造简单，周期短，成本低。其主要缺点是不适宜大批量生产，一旦损伤，不便于局部修理、更换，而只能报废；也不适于有较高精度要求或形状、结构较复杂制品的成型模具。

2. 整体镶拼式型腔结构

整体镶拼式结构广泛用于批量、大批量生产，用于有精度、高精度要求或形状、结构复杂制品的模具。

整体镶拼式型腔结构的主要优点如下。

(1) 便于选用各类标准模架，进行整体型腔镶入，既缩短了设计和制造周期，又降低了成本。

(2) 便于进行拆卸、局部修理和更换。

(3) 适宜多型腔模具。

(4) 便于选用优质钢材,用于使用寿命长、大批量生产、有精度、高精度要求或形状、结构复杂制品的模具。其主要缺点是要在模板(A 板)上加工安装孔,而且有尺寸精度要求(常用精度为 H7);而镶入的整体型腔镶件也有尺寸精度要求(常用精度为 k6 或 m6)。

应特别加以说明的是,H7/k6 为零对零的过渡配合。当镶入的整体型腔镶件,需要拆下进行修理或更换,在拆下修好后再装入模板时,只要不是野蛮操作(即用锤子随意敲击),而是置于压力机的压力中心位置,缓缓压出或压入,在装拆之后,仍能保持其原 H7/k6 的配合精度。而 H7/m6 为过盈配合(即型腔镶件配合部位的尺寸比模板上加工的安装孔的尺寸大),装配时是强行压入,拆下时也是强行压出。拆下之后,H7/m6 的配合精度显然已经被破坏。所以,H7/m6 的配合精度只能用一次。

最常用的止转结构(图 4.33)有三种:①扁圆形挂台;②加止转销;③加止转键。

销钉和平键止转结构,销钉加工更简便。12mm 以内的小型芯,常用平键止转结构。

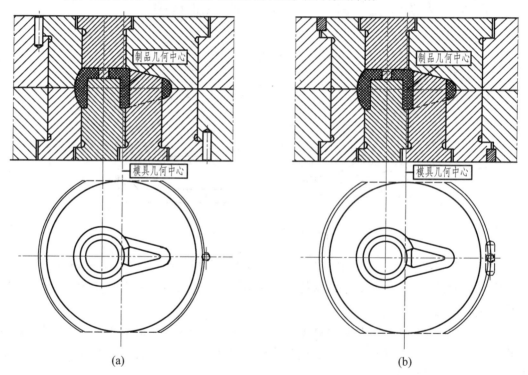

(a)　　　　　　　　　　　　　　(b)

图 4.33　止转结构

型芯镶件镶入盲孔模板时,除了用螺钉紧固还需用销钉止转。另外,尚须留拆卸孔,如图 4.34(a)所示。

不对称的矩形型腔或型芯镶件镶入模板时,其长、宽尺寸的配合精度均为 H7/k6,无须止转,但四角要避空,以保证四个配合面的良好配合,如图 4.34(b)所示。

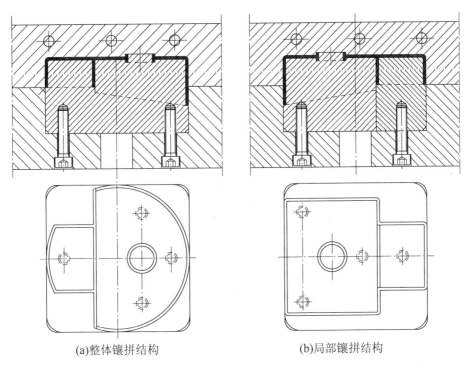

(a)整体镶拼结构　　　　　　　　　(b)局部镶拼结构

图 4.34　盲孔整体镶拼与局部镶拼结构的对比

3. 局部镶拼式型腔结构

常见局部镶拼式型腔结构如图 4.35 所示。

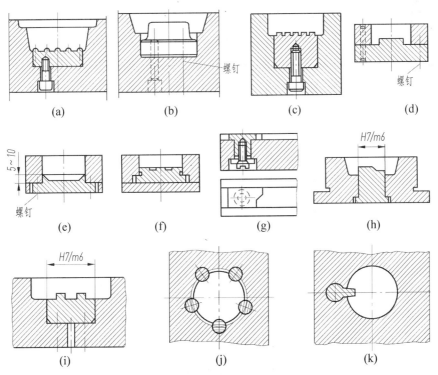

图 4.35　各类局部镶拼式型腔结构

4. 全镶拼组合式型腔结构

四壁镶拼结构的型腔如图 4.36 所示。为便于制造，便于研磨和抛光，便于减少热处理的变形和节约优质钢材，对比较复杂的或尺寸较大的大型型腔常采用四壁镶拼结构。同样为了上述目的，比较复杂的型腔也可以加工成通孔，再在底部进行镶拼。

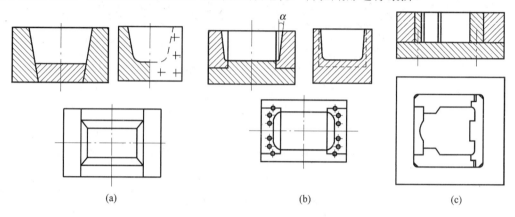

图 4.36　型腔侧壁镶拼结构

(1) 两瓣组合结构的型腔。此结构是专为两端带凸缘的塑料制品诸如线圈骨架之类的制品设计的，如图 4.37 所示。

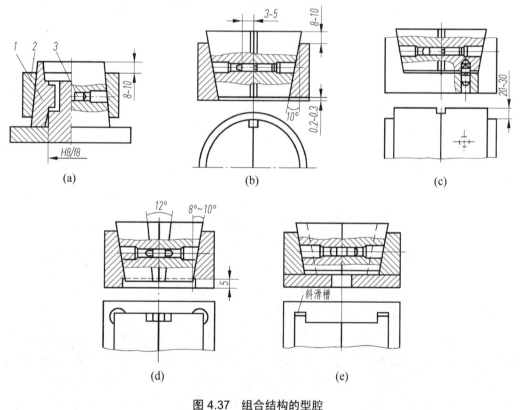

图 4.37　组合结构的型腔

1—斜滑块；2—模套；3—导钉

(2) 滑块的镶拼组合结构。常见的四种结构如图 4.38 所示。

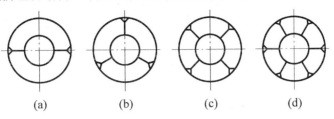

(a)   (b)   (c)   (d)

图 4.38   滑块的镶拼组合结构

5. 螺纹型环的镶拼组合结构

螺纹型环是塑料螺纹制品的专用组合式成型的型腔，其结构尺寸如图 4.39 所示。此结构是瓣合型镶拼结构。在全自动成型塑料螺纹制品的模具中，则多采用完整的螺纹型环成型。其具体结构将在脱螺纹结构一节中详述。

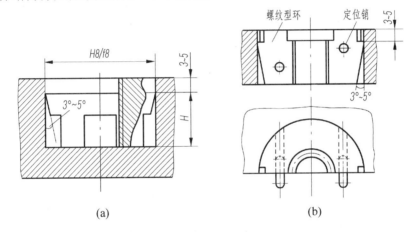

(a)   (b)

图 4.39   螺纹型环的镶拼组合结构

螺纹型环的结构和固定如图 4.40 所示。

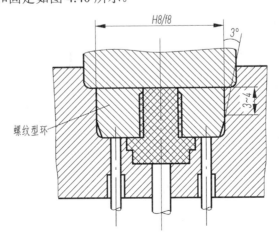

图 4.40   螺纹型环的固定结构

采用全镶拼结构改善加工工艺性实例如表 4-1 所示。

表 4-1　全镶拼结构实例

简图	说明
	型腔侧壁有凸筋，采用拼块镶入可简化加工便于修理
	型芯、型腔为球面，采用拼块镶入，便于加工与修理
	型腔底部有细小凸筋或深槽时，镶入成型拼块，可便于加工与修理
	难以加工的型腔，以两块对合的拼块镶入
	多型腔时，将定模板与动模板合起来一起加工各孔，各孔中各自镶入衬套，可保证各塑料的同轴度及各型腔的同心度
	多层套的拼镶可保证塑件各部位的同轴度，如用于多层的齿轮模具

4.4.3　型腔结构的设计实例

(1) 整体式型腔结构。整体式型腔结构如图 4.41 所示。

(2) 镶拼式型腔结构。这种结构又分为整体镶拼、局部镶拼和全镶拼式三种。

采用镶拼结构的目的就是降低制造难度，使之便于加工，质量也易于保证；以利于缩短工时，降低成本，提高效益。

(1) 整体镶拼结构。整体镶拼结构如图 4.42 所示。

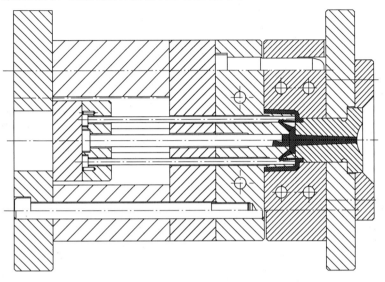

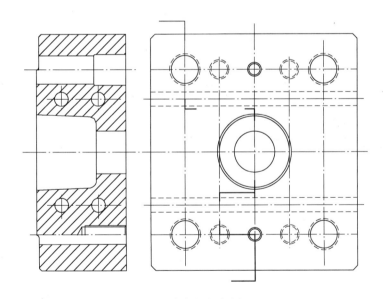

整体式定模型腔板（A板）

图 4.41　整体式型腔结构

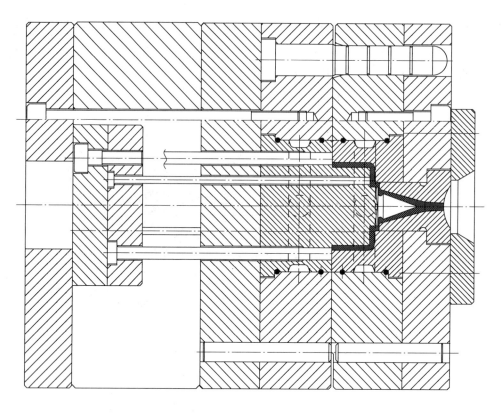

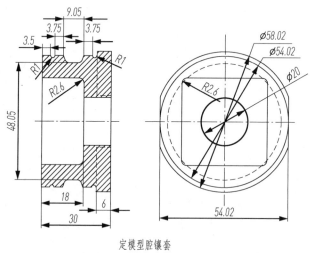

定模型腔镶套

图 4.42　整体镶拼式型腔结构

在整体镶拼结构中可以镶入圆形镶件，也可以镶入矩形镶件。型腔镶件固定板上的镶件固定孔可以是通孔(台阶孔)，如图 4.43 所示；也可以是盲孔，型腔镶套用螺钉固定在 A 板上，如图 4.44 所示；还可以加工成无台阶的通孔，同样用螺钉固定在定模固定板上，如图 4.45 所示。

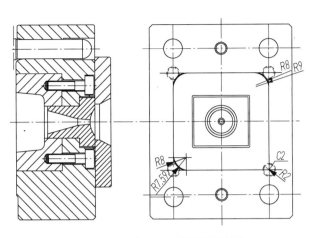

图 4.43　台阶式通孔整体镶拼结构

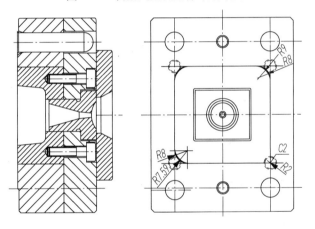

图 4.44　盲孔，螺钉固定式整体镶拼结构

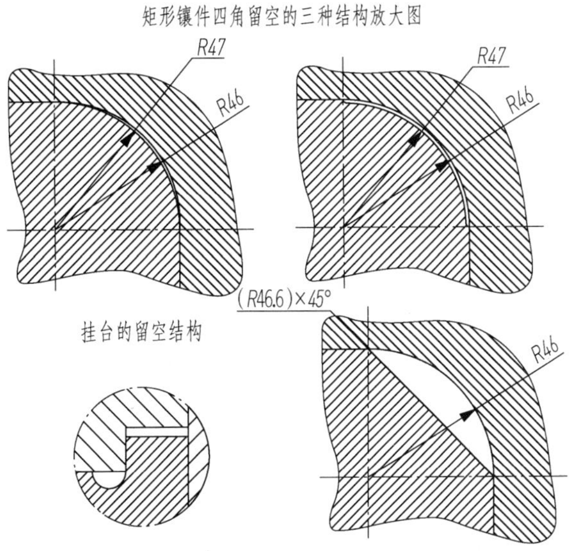

矩形镶件四角留空的三种结构放大图

挂台的留空结构

图 4.45　螺钉固定，无白阶通孔式整体镶拼结构

设计时应特别注意以下几点细节，否则将严重影响其镶拼的精度。轻则影响制品的质

量，重则严重影响型腔寿命。

① 镶件上应设计退刀槽。

② 台阶大端外圆与固定孔之间留空。

③ 矩形镶件，其俯视图中四个角要留空。固定孔为 R，镶件为 $R+1$，如图 4.44 和图 4.45 所示。

④ 盲孔镶入时，镶件的四角更要倒角让空。

⑤ 设计为螺钉固定的结构时，螺孔攻螺纹前的预孔应配钻加工，以保证螺孔的同轴度。

⑥ 当镶件较大时，配合面也较大，为了易于加工，易于达到其平面度、平直度、圆形镶件的圆柱度、平行度和与固定端面垂直度的要求，配合面也应酌情加工出一定宽度和深度的沟槽(即留空的空间)。

⑦ 异形或不对称型腔，若为圆形镶件，则必须设计止转结构(或止转销)，以防止注射中受力时发生位移，造成制品质量事故。

⑧ 采用盲孔镶拼结构设计，还应使镶拼件便于加工、拆卸修理和装配。

(2) 局部镶拼式结构。局部镶拼式结构如图 4.46 所示。

这种结构的主要优点是便于加工，并易于达到精度和配合要求，而且便于维修和更换，降低了制品的加工和维修成本，缩短了制品维修、更换的时间。这种结构多用于比较复杂、整体加工较难的多型腔结构和异形或非对称且差异较大的结构；易于磨损，需定期维修、更换的型腔结构。

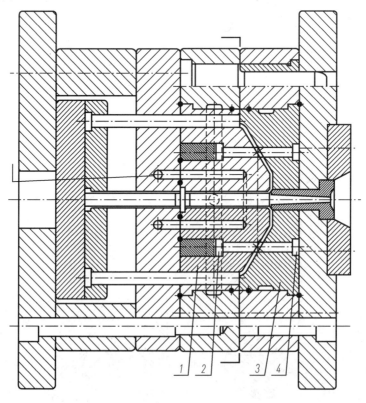

图 4.46 型腔和型芯的局部镶拼结构

1—动模型芯镶件；2—动模型芯；3—定模型腔镶套；4—定模型芯

4.4.4　型芯结构的设计方法与技巧

型芯结构分为整体式、整体镶拼式、局部镶拼式和镶拼组合式等。

(1) 整体式型芯：如图 4.47 所示。

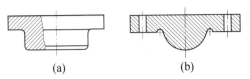

(a)　　　　　　　　　(b)

图 4.47　整体式型芯

(2) 整体镶拼式型芯：如图 4.48 所示。

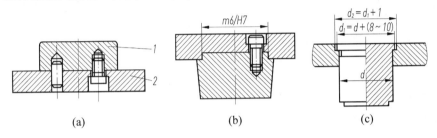

(a)　　　　　　　　　(b)　　　　　　　　　(c)

图 4.48　整体镶拼式型芯

(3) 镶拼组合式型芯：如图 4.49 和图 4.50 所示。

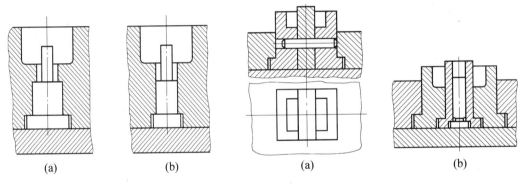

(a)　　　　　　　(b)　　　　　　(a)　　　　　　(b)

图 4.49　镶拼组合式型芯结构之一　　　　图 4.50　镶拼组合式型芯结构之二

(4) 相近型芯的组合结构：如图 4.51 所示。

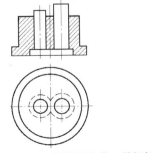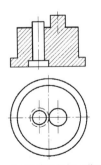

(a)错误(两镶拼型芯间的模板太薄，易损坏)　　　(b)正确(结实可靠)

图 4.51　相近型芯组合结构正、误对比

(5) 大型型芯(内有型腔)的镶拼结构：如表 4-2 所示。

表 4-2　大型型芯(内有型腔)的镶拼结构

结构	结构简图	简要说明
盲孔镶入		型芯镶入盲孔中，用螺钉坚固。适于形状复杂、加工量大的型芯。此结构加工方便，并可减轻其质量
		型芯镶入盲孔中。模板上有部分型腔。适于型芯外形为异形而较难加工的结构。镶入部分为圆形时，应加销钉止转
		将型芯小端镶如模板盲孔。此结构适于高型芯的外形加工
通孔镶入		型芯大端镶入模板的盲孔，便于加工并减轻型芯的质量。镶入后，以小端平面为基准面，与模板一同磨平。螺钉紧固后，一同配做成型部分尺寸，以保证其同轴度

(6) 小型芯和螺纹小型芯的结构和固定方法：如图 4.52～图 4.54 所示。

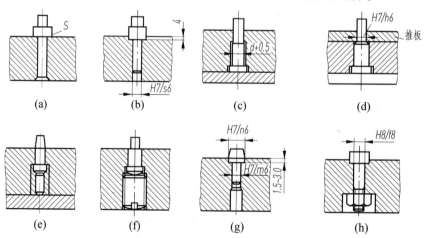

图 4.52　小型芯和螺纹小型芯的 12 种固定结构

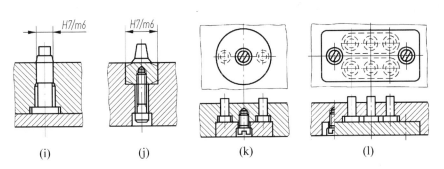

图 4.52 小型芯和螺纹小型芯的 12 种固定结构(续)

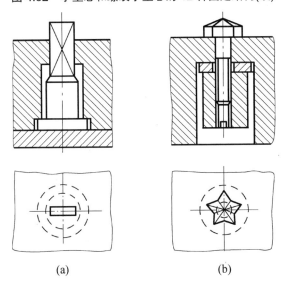

图 4.53 两种非圆形型芯的固定结构

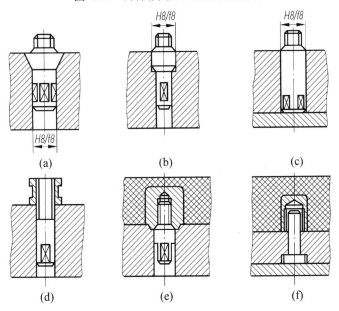

图 4.54 六种螺纹型芯的固定结构

(7) 螺纹型芯常用的安装、固定结构：如图 4.55 所示。

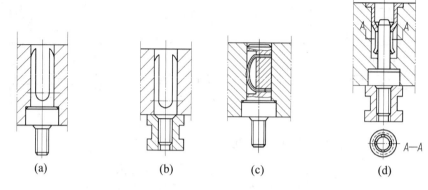

图 4.55　螺纹型芯的四种常用固定结构

在图 4.55 中，(a)、(b)图豁口销适用于直径小于 8mm 的型芯；(c)图适用于 5～10mm 的型芯；(d)图可以是三夹头或四夹头。不锈钢制的强力弹性夹头可用于 15～20mm 的型芯，一般夹头适于 8～12mm 的型芯；螺纹型芯与孔的配合为 H7/f8 精度要求高的可选用 H7/f7 的配合精度。

镶拼的注意事项如表 4-3 所示。

表 4-3　镶拼的注意事项

合理	不合理	说明
		防止产生横向飞边影响脱模
		防止镶拼交接处错位使镶拼痕留在制品表面
		避免镶件有尖角(镶件的锐角不但影响塑件外观，而且易损坏、易伤人)
		镶件与孔的配合长度应合理，而不应过长或过短

续表

合理	不合理	说明
		型芯较多，距离很近时，沉孔应加工成相通的大孔，既可节约工时，又能避免各沉孔分别加工时深度难以一致
		镶件嵌入沉孔内时，应设计拆卸镶件的孔

型腔、型芯和 A 板、B 板镶拼结构设计中的一些技巧如表 4-4 所示。

表 4-4 镶拼结构设计技巧

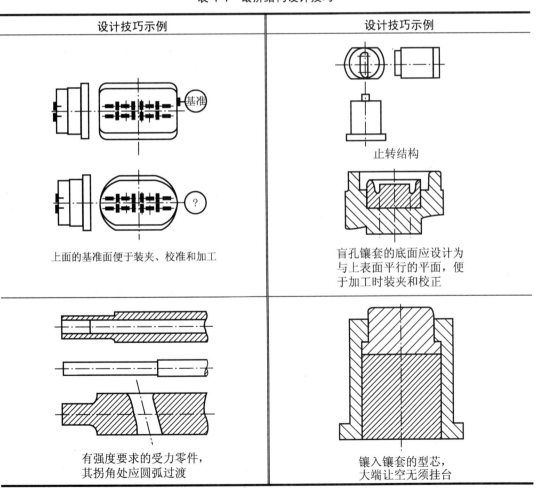

设计技巧示例	设计技巧示例
上面的基准面便于装夹、校准和加工	止转结构 / 盲孔镶套的底面应设计为与上表面平行的平面，便于加工时装夹和校正
有强度要求的受力零件，其拐角处应圆弧过渡	镶入镶套的型芯，大端让空无须挂台

设计技巧示例	设计技巧示例

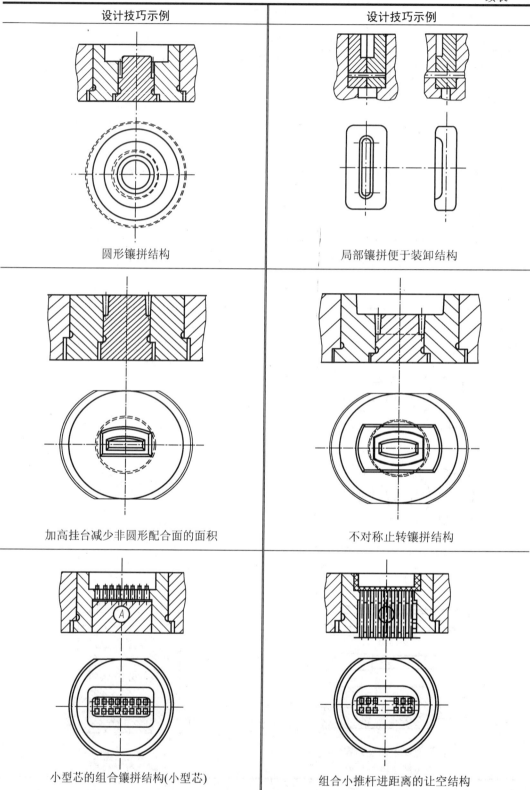

圆形镶拼结构

局部镶拼便于装卸结构

加高挂台减少非圆形配合面的面积

不对称止转镶拼结构

小型芯的组合镶拼结构(小型芯)

组合小推杆进距离的让空结构

续表

设计技巧示例	设计技巧示例

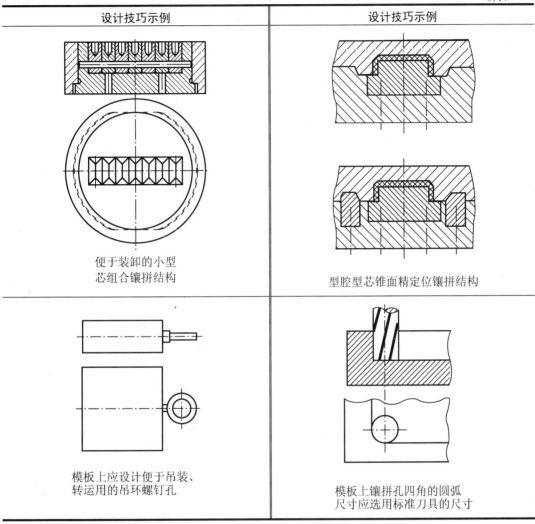

便于装卸的小型
芯组合镶拼结构

型腔型芯锥面精定位镶拼结构

模板上应设计便于吊装、
转运用的吊环螺钉孔

模板上镶拼孔四角的圆弧
尺寸应选用标准刀具的尺寸

4.4.5　型芯结构的设计实例

1. 整体式型芯的典型结构实例

整体式型芯结构如图 4.56 所示。整体式型芯即将型芯直接加工在模板上。其优点是牢固——强度高、刚度好，适于结构简单、产量不大的小模具或试制性模具。其主要缺点是材料损耗大，加工不便，而且一旦受损，不便于更换，因此应用较少。

2. 整体镶拼式型芯的典型结构实例

整体镶拼式型芯的结构如图 4.57 所示。

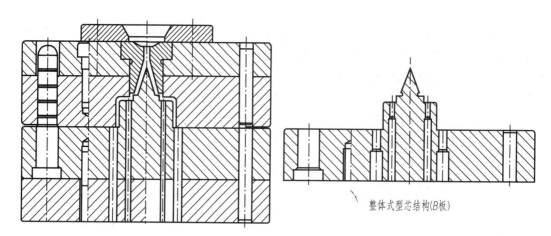

图 4.56 整体式型芯结构

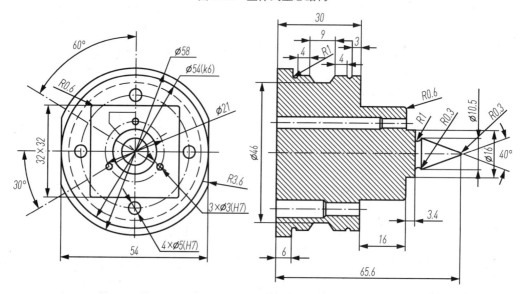

图 4.57 带分流锥的动模型芯镶件

整体镶拼式型芯应用较多，多用于形状结构复杂的型芯、非旋转型芯、异形的或不对称的型芯结构。采用整体镶拼式结构既便于加工制造，易于保证其形状和尺寸精度，又便于维护、修理和拆卸更换。

3. 局部镶拼式型芯的典型结构实例

局部镶拼式型芯的结构如图 4.58 所示。

4. 镶拼组合式型芯的结构设计实例

采用镶拼组合式结构，不仅是为了便于加工，保证其形状和尺寸精度，而且也便于维修和更换；而更主要的是为了解决制品的脱模问题并简化脱模结构。下面以图 4.59 和图 4.60 所示的结构设计为例进行分析。

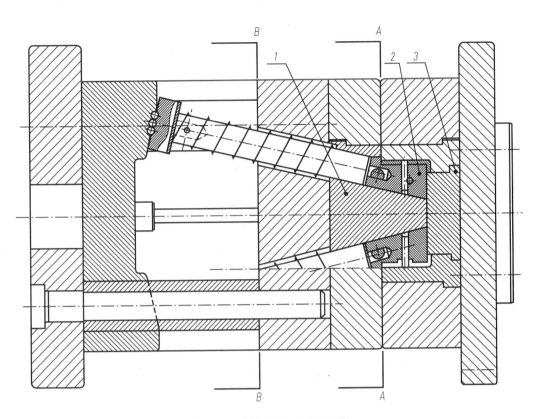

图 4.58 局部镶拼式型芯结构

1—镶件；2—内侧镶块；3—型芯镶件

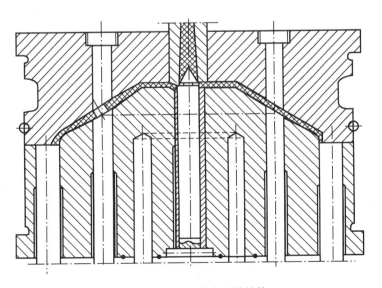

图 4.59 镶拼组合式型芯结构

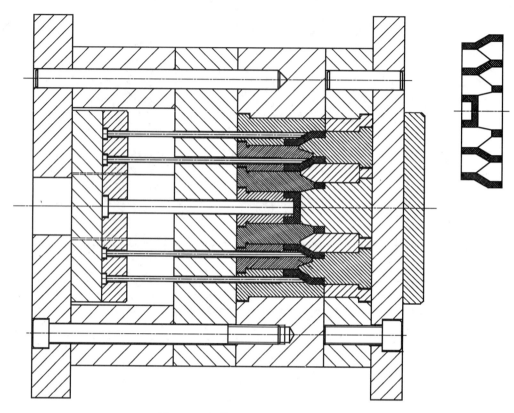

图 4.60　型芯、型腔全镶拼组合式结构

对以上两图的分析、比较结果如下:

在图 4.59 所示的典型结构中,小斜孔如果不采用动模斜孔小型芯和定模斜孔小型芯镶拼组合的碰穿结构,在开模分型时直接抽离制品,使之顺利脱模,则必须另外设置一套斜抽芯脱模结构,整套模具就复杂多了,成本也就高多了,而且在长期连续生产中,增加了维护保养、修理更换的难度和费用。

而在图 4.60 所示的典型结构中,由定模镶件和动模型芯镶件共同镶拼组合、成型制品的 S 形异形内孔。如果不采用图示的这种全镶拼结构,制品成型后,将无法抽芯和脱模。

需要特别加以说明的是,在注射模设计——尤其是型腔和型芯的镶拼结构设计中,切忌将镶件结构设计成小于 90°的锐角结构(而分流锥因其使用功能的特殊要求,属于例外,但尖端亦应有 R 为 0.3~0.6mm 的圆弧)。小于 90°的锐角镶拼结构件有以下缺陷。

(1) 在加工、热处理、检测、装配中,尤其在热处理中,须倍加小心,否则极易损坏。

(2) 易伤及操作者,造成工伤事故。

(3) 在使用、维护、修理中,也容易损坏,使用寿命短。

因此,在锐角镶拼处,应尽可能改进为非锐角结构。

图 4.61 是镶拼组合式型腔结构设计的又一实例(制品是双槽人字形线圈骨架)。其结构特点如下。

(1) 型腔斜滑块用左、右各四件叠层组合板镶拼组合而成,用销钉定位,螺钉紧固,便于制造抛光。

(2) 件 2 上有 T 形导滑槽，件 5 上有挂台。件 5 可在件 2 上平稳滑动。T 形槽斜向，与制品同角度。

(3) 开模时，件 2 的 T 形槽带着件 5 与动模分开，斜导柱使件 5 左、右两件分开，取出制品。

(4) 四件斜导柱的长度应保证件 5 完全脱离制品后，仍不脱离导柱(合模时件 2 才能使件 5 导滑板复位)。

(5) 安装模具时，必须使两件斜滑块成水平位置而切勿成上下位置。件 1 固定于动模上。开模时，滚柱沿导滑槽滚动，带动件 4 抽离制品，完成侧抽芯。

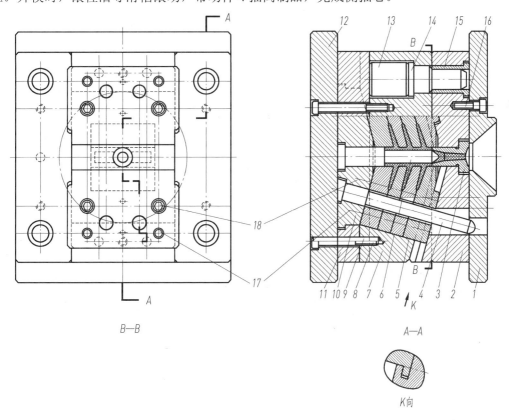

图 4.61　双槽人字形线圈骨架注射模

1—定模固定板；2—A 板；3—浇口套；4—斜导柱；5—型腔组合镶件；6—型芯；
7—B 板；8—螺杆；9—定位销钉；10—型芯固定板；11—垫板；12—动模固定板；
13—垫块；14—导柱；15—导套；16—螺钉；17—定位销

4.4.6　加强筋镶拼结构的设计实例

这类结构最主要的优点是便于抛光和脱模。其结构如图 4.62 所示。

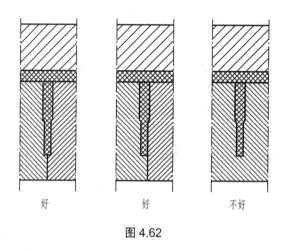

好　　　　　　好　　　　　　不好

图 4.62

4.4.7　小型芯安装、固定结构的设计实例

小型芯安装、固定结构设计实例如表 4-5 所示。

表 4-5　小型芯安装、固定结构设计实例

结构设计实例	说明
	最常用的安装、固定结构(碰穿结构)
	用于细长型芯防变形的插穿结构
	当型芯固定板较厚时，应减小型芯的配合长度
	用紧定螺钉代替挡板

结构设计实例	说明
	当型芯较细，模板较厚时，可采用此结构
	在推板脱模结构中的小型芯，可采用此结构
	小型芯截面不规则时，可采用此结构
	多个小型芯中心距较近时，可采用此结构 (此结构对圆形型芯有止转作用)
	此结构适用于非圆形或异形型芯的安装、固定
	最常用的型芯止转结构

4.4.8 活动螺纹型芯的结构设计实例

活动螺纹型芯的结构设计实例如图 4.63 所示。

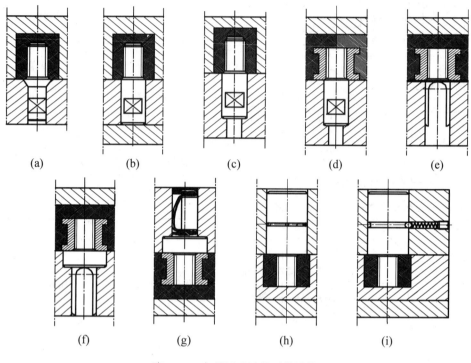

(a)　　　(b)　　　(c)　　　(d)　　　(e)

(f)　　　(g)　　　(h)　　　(i)

图 4.63　九种活动螺纹型芯结构

4.5　影响制品成型尺寸精度的因素

在型腔、型芯的尺寸中，用以成型塑料制品各部形状的尺寸即为成型尺寸，如圆形型腔和型芯的径向尺寸(直径)，型腔的深度、型芯成型部分的长度，矩形型腔、型芯的长、宽、深(高)度尺寸，两型芯之间的中心距尺寸，螺纹型环、型芯的径向尺寸(外径、中径和内径)和螺距等尺寸。

4.5.1 影响制品尺寸精度的主要因素

在成型过程中影响制品尺寸精度的主要因素有以下几点。

(1) 塑料品种和性质的不同，其收缩率和收缩率波动所引起的尺寸误差也各不相同。流动性好的塑料，收缩率大，收缩率波动也大，因此制品形状、尺寸的变化也较大；反之，流动性差的塑料，其收缩率也比较小，收缩率波动同样也比较小，因此尺寸也较为稳定。

(2) 制品的结构、形状尺寸、成型工艺(压力、温度、时间、速度)、模具结构、冷却速度、模温控制等都将直接影响制品收缩的大小。这诸多因素的共同影响，正是塑料收缩范围较宽、收缩率较难控制的原因。因此，根据制品材料和结构形状的特点，精确分析判断、计算并确定正确的成型尺寸是保证制品尺寸精度、减少修模次数的关键。

(3) 成型零件的制造误差和装配误差。

(4) 成型零件脱模斜度引起的误差。

(5) 成型零件在使用过程中因磨损和被腐蚀引起的误差。

(6) 开、合模压力的大小及分型面间隙的大小(即飞边的厚薄)所引起的制品高度方向的尺寸误差。

(7) 侧向分型与抽芯及复位所引起的误差。

成型尺寸的误差不是单一的某项误差，而是上述诸因素积累误差的总和。

随着现代科学技术的迅猛发展，人类对塑料、对模具的认识越来越深入，越来越接近客观实际。随着模具制造技术和制造设备精度的迅速提高，以及对塑料含水量的有效控制和塑料成型工艺控制的日趋精确，塑料制品成型尺寸精度已达到 0.01～0.003mm 的范围，从而满足了现代科技各行业对塑制品越来越高的各种要求。

4.5.2　确定模具成型尺寸的原则

为保证制品形状尺寸精度的要求，在设计成型零件时，应根据制品的结构形状和尺寸精度要求，对影响制品尺寸精度的上述各因素进行逐一分析，并在设计、计算中，进行有效的校正和控制，以确定正确的成型尺寸。

(1) 正确确定收缩率，确定的有效方法和技巧如下。

① 对于收缩范围较小的、非结晶型塑制品，取其平均收缩率即可。

② 对于收缩范围较大的、结晶型制品，确定收缩率时：

a. 制品壁厚较厚的取大值。

b. 形状复杂的取小值。

c. 有金属镶件的取小值，而同一尺寸内有两件镶件的可以不计收缩率。

d. 与进料方向平行的尺寸取小值，反之取大值。

e. 浇口截面积小的取大值(如点浇口)。

f. 邻近浇口附近的尺寸取小值，反之取大值。

g. 型腔修大容易，加深容易，取小值；型芯修小、修短容易，取大值，以便于在需要时进行修整。

(2) 在成型过程中，对于型腔，因高温、高压料流连续、反复射入型腔，对型腔和型芯的冲击所引起的磨损，以及制品脱模的反复摩擦所引起的磨损；塑料可能产生的腐蚀；长期在空气中，水分和气体对型腔、型芯可能引起的腐蚀(包括锈蚀)，使型腔尺寸趋于变大，其深度趋于变深，故称之为趋于变大的尺寸。而对于型芯，由于上述原因的相同影响，也会使其日趋变细、变短，故称之为趋于变小的尺寸。中心距则不会因上述因素的影响变大或变小，故称之为恒定尺寸，即不变的尺寸。

(3) 正确确定成型尺寸脱模斜度。为便于制品脱模，一般情况下，成型部位都要设计适当的脱模斜度。其方法和技巧如下。

① 当脱模斜度不包括在制品公差范围内时，制品外形只检测大端尺寸，型腔以大端为准，脱模斜度向小端缩小，图上标注小端尺寸；而制品的内孔尺寸(内表面尺寸)，只检测小端尺寸，故型芯以小端为准，脱模斜度向大端扩大，图上标注大端尺寸。

② 在一般情况下，因脱模斜度引起的尺寸差异，不包括在制品的公差范围内，而只根

据需要，选取适当的脱模斜度。常用塑料的脱模斜度如表 4-6 所示。

表 4-6　常用塑料的脱模斜度

塑料名称	脱模斜度	
	型腔	型芯
聚乙烯(PE)、聚丙烯(PP)、软聚氯乙烯(LPVC)、聚酰胺(PA)	$25'\sim45'$	$20'\sim45'$
硬聚氯乙烯(HPVC)、聚碳酸酯(PC)、聚砜(PSU)	$35'\sim40'$	$30'\sim50'$
聚苯乙烯(PS)、有机玻璃(PMMA)、ABS、聚甲醛(POM)	$35'\sim1°30'$	$30'\sim40'$
热固性塑料	$25'\sim40'$	$20'\sim50'$

注：本表所列脱模斜度，适于开模后制品留在动模型芯上的情形。

(4) 当成型零件在成型过程中有相对运动时，如动、定模开模、合模的分型面，活动型芯、侧向抽芯的型芯、滑块等。在反复的开、合过程中，合模面也会因制造精度(平面度、平直度、平行度)的差异、压力大小的差异、密合程度的不同和清洁程度的差异而产生不同的误差，从而影响制品高度方向的尺寸精度，如图 4.64 所示。

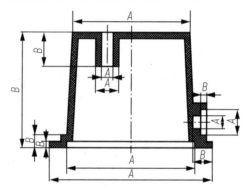

图 4.64　动、定模开模、合模方向对制品高度尺寸影响示意图

A 种尺寸为不受型腔、型芯开、合模相对运动影响的尺寸；而 B 种尺寸则受其影响，是趋于变大的尺寸，应减去一个附加值。附加值的大小根据制品精度要求的高低分别选取：1~2 级精度取 0.05mm，3~5 级取 0.1mm，6~8 级取 0.2mm。

4.6　成型尺寸最简便的计算方法与技巧

4.6.1　成型尺寸最简便的计算方法

1. 型腔尺寸最简单的计算方法

(1) 如前所述，型腔尺寸是趋于增大的尺寸，所以做小一点，修大容易。

(2) 由于磨损和腐蚀，型腔尺寸趋于增大，所以要做小一点，延长其使用寿命。

型腔成型尺寸是制品的外形尺寸，属于轴类的尺寸，是负公差。因此，根据上述两点，在计算时应取其最小尺寸计算。

① 型腔径向成型尺寸的计算公式：

$$L_{\text{M min}}=\left[L_{\text{S min}}+\left(L_{\text{S}}\times S_{\text{CP}}\right)\right]_{-0}^{+(\Delta/3-\Delta/6)} \tag{4.1}$$

② 型腔深度尺寸的计算公式。型腔的深度尺寸同样也是趋于增大的尺寸，做小一点(即浅一点)，修大(即修深)容易。由此得出其计算公式如下：

$$H_{\text{M min}}=\left[H_{\text{S min}}+\left(H_{\text{S}}\times S_{\text{CP}}\right)\right]_{-0}^{+(\Delta/3-\Delta/6)} \tag{4.2}$$

式中，$L_{\text{M min}}$ 为模具型腔径向的最小尺寸(mm)；$H_{\text{M min}}$ 为模具型腔深度的最小尺寸(mm)；$L_{\text{S min}}$ 为制品径向的最小尺寸(mm)；$H_{\text{S min}}$ 为制品高度的最小尺寸(mm)；L_{S} 为制品径向标注尺寸(mm)；H_{S} 为制品高度标注尺寸(mm)；S_{CP} 为制品塑料常温下的平均收缩率(mm)；Δ 为制品的尺寸公差(mm)。

模具型腔和型芯的制造公差，按制品尺寸公差等级的不同，分别选取：制品无配合精度要求的，取制品尺寸公差的 1/3；制品为一般精度要求的，取制品尺寸公差的 1/4；而精密制品则应取其尺寸公差的 1/8；高精度制品则应取其尺寸公差的 1/10。

2. 型芯尺寸最简单的计算方法

如前所述，型芯尺寸都是趋于减小的尺寸，所以为延长其使用寿命，径向尺寸和长度成型尺寸要适当放大一点；做大一点，修小容易。由此得出型芯径向和长度方向成型尺寸的计算公式如下。

(1) 型芯径向成型尺寸的计算公式：

$$l_{\text{M max}}=\left[l_{\text{S max}}+\left(l_{\text{S}}\times S_{\text{CP}}\right)\right]_{-(\Delta/3-\Delta/6)}^{+0} \tag{4.3}$$

(2) 型芯长度尺寸的计算公式：

$$h_{\text{M max}}=\left[h_{\text{S max}}+\left(h_{\text{S}}\times S_{\text{CP}}\right)\right]_{-(\Delta/3-\Delta/6)}^{+0} \tag{4.4}$$

式中，$l_{\text{M max}}$ 为型芯径向最大成型尺寸(mm)；$l_{\text{S max}}$ 为型芯长度最大尺寸(mm)；l_{S} 为制品长度标注尺寸(mm)；h_{S} 为制品孔深度标注尺寸(mm)；$h_{\text{M max}}$ 为型芯最大长度成型尺寸(mm)；$h_{\text{S max}}$ 为制品内孔深度最大尺寸(mm)。

3. 中心距尺寸计算

$$C_{\text{M}}=C_{\text{S}}+\left(C_{\text{S}}\times S_{\text{CP}}\right)\pm\frac{\delta}{2} \tag{4.5}$$

式中，C_{M} 为模具两型芯之间常温下的中心距离(mm)；C_{S} 为制品两孔之间在常温下的中心距离(mm)；δ 为模具两型芯或两成型孔之间中心距的制造公差(mm)，$\delta=\Delta/3-\Delta/6$。

4.6.2　成型尺寸计算的注意事项和技巧

(1) 常用塑料的脱模斜度查表 3-5。

(2) 型腔以大端尺寸为准，选好斜度后，算出小端尺寸，图上标小端尺寸。

(3) 型芯以小端尺寸为准，选好斜度后，算出大端尺寸，图上标大端尺寸。

(4) 收缩率较小的，如聚苯乙烯、PC 等，在成型一般的、尺寸不大的薄壁制品时，可以不计算收缩率。

(5) 对于高精度制品，计算时，取小数点后两位数的数值，第三位四舍五入。

(6) 对于一般精度制品，计算时，取小数点后一位数的数值，第二位四舍五入。

(7) 与主流道进料方向垂直的(横向方向)的收缩率应取稍大于平均数的值,与主流进料方向平行的(纵向方向)的收缩率应取稍小于平均数的值。

(8) 制品中有金属镶件时,收缩率取小值;有两件镶件,其距离较近时,则此尺寸不计算收缩率。

技 巧

与主(进料)流道垂直方向(横向)的收缩率应取稍大于平均数的值;与主流道平行方向((纵向)有收缩率应取稍小于平均数的值。例如,聚丙烯料壁厚在 3mm 以内时,收缩率为 1%~2%,平均收缩率为 1.5%,在计算横向的尺寸时可取 1.6%~1.7%(小尺寸取 1.6%,大尺寸取 1.7%);在计算纵向尺寸时,小尺寸取 1.4%,大尺寸取 1.35%);当壁厚为 4~5mm 时,其横向尺寸收缩率取 2.4%,纵向的高度尺寸收缩率取 2.2%。

4.6.3 塑料螺纹制品的成型方法

螺纹连接是塑料制品组成可拆卸连接的最常用的方法。它连接可靠,拆卸方便,可反复使用。

塑料制品螺纹孔的成型方法有两种:一种是在制品上直接成型螺纹孔或螺杆;另一种是用金属螺母或螺钉镶嵌在制品中,如图 4.65~图 4.69 所示。

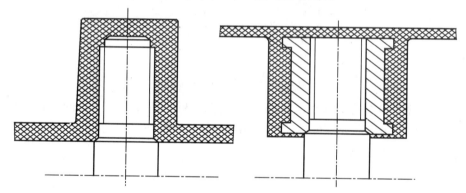

图 4.65　活动螺纹型芯成型制品螺孔的结构

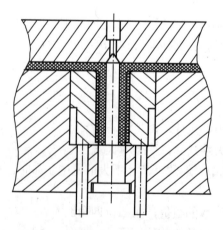

图 4.66　用螺纹型环成型制品外螺纹

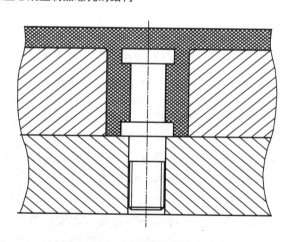

图 4.67　螺钉镶件的固定和定位

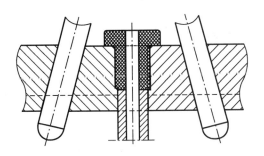

图 4.68　哈夫结构成型制品外螺纹

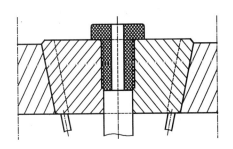

图 4.69　斜滑块成型制品外螺纹

制品内螺纹的成型结构如图 4.70 所示。制品外螺纹的成型结构如图 4.71 所示。塑料制品螺纹的成型及脱螺纹结构将在以后的脱螺纹典型结构中详述。在此从略。成型零件壁厚的参考尺寸见附录 12。

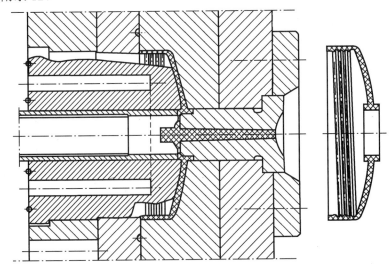

图 4.70　制品内螺纹的成型结构

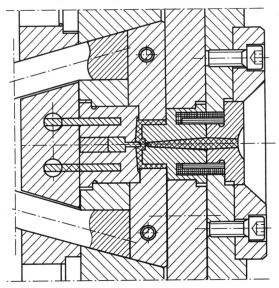

图 4.71　制品外螺纹的成型结构

小组讨论与个人练习

1．如何设计注射模才正确、合理？

2．简述分型面的定义和选择、确定分型面的主要方法。

3．简述成型零件的定义，对成型零件有哪些要求？

4．整体式、整体镶拼式和局部镶拼式结构各有何缺点？

5．计算成型尺寸应注意哪些问题？

6．计算图 4.72 所示制品的各成型尺寸(注：制品的精度为 MT3，小型芯的制造公差为 0.03mm)。

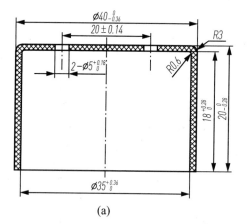

(a)

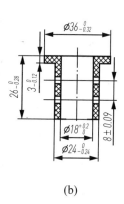

(b)

图 4.72　制品结构尺寸图

第 5 章

浇注系统的设计
方法与技巧

重点章节提示

本章课程在综合实验室进行。应用实体模具和1:1典型结构的仿真模型及实体样品和浇注系统的凝料样品，进行直观的场景教学。

本章重点

◆ 浇注系统的设计要点。

◆ 浇注系统的设计方法：①主流道的设计方法；②分流道的设计方法；③进料浇口的设计方法。

◆ 冷料穴的结构和尺寸。

◆ 浇注系统脱模结构的设计方法：①主流道和分流道拉料杆的选择；②点浇口、潜伏浇口的典型脱模结构。

◆ 型腔的排位，即型腔在模具中的正确位置。

◆ 热流道浇注系统的设计方法。

浇注系统就是注射模从浇口套小端进料孔至型腔之间，熔融塑料所流经通道的总称。它包括主流道、分流道、进料浇口、冷料穴，如图 5.1 所示。

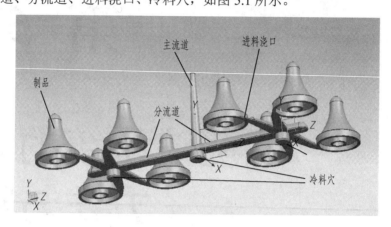

图 5.1　浇注系统结构图

浇注系统分为普通浇注系统和热流道浇注系统两类。

普通浇注系统就是熔融塑料所流经通道的温度与模具温度基本保持一致的浇注系统。当制品成型后冷却、固化、定型时，浇注系统中的熔融塑料也随之一同冷却、固化而成为冷凝料。当制品被推出脱模时，浇注系统中的冷凝料也必须与制品同步或之前、之后推出。而热流道浇注系统则是用电热组件，专为浇注系统中的冷凝料加热，使流道中的塑料始终保持熔融状态，防止其冷却固化的浇注系统。所以，凡是流道中被加热而始终保持熔融状态的这部分塑料都被相继注入型腔成为制品，而不会形成冷凝料。

浇注系统中的流道不仅仅是熔融塑料在注射成型过程中射入型腔的重要通道，熔融塑料在型腔中冷却、固化、定型的全过程中，流道中的熔融塑料还可以补充型腔中因冷却收缩造成塑料的不足，同时将注射压力和保压时的压力平稳、均衡地传递到各型腔之中，以保证制品填充的密实、形状的完整和内在质量的优异。

在现代塑料制品批量和大批量的全自动化生产中，热流道浇注系统起到十分重要的主导作用，而且将迅速取代普通的浇注系统。

5.1　浇注系统的设计要点

(1) 主浇道、分浇道越短越好，即从喷嘴至各型腔的距离越短越好，而且其距离最好一致，即采用平衡浇道。

(2) 进料浇口宜首先进入制品的最厚、最大之处。

(3) 其位置力求在分型面上，便于加工，而且有利于快速，均匀、平稳地充满型腔。

(4) 要利于排气，以避免产生缺料、气泡或熔接痕等成型缺陷。

(5) 主流道入口处，应在模具的几何中心位置。

(6) 易于清除，且尽可能隐蔽而无损于制品的外观和表面质量。

(7) 进料浇口不宜 90° 直冲型芯和镶嵌件，尤其是细长的小型芯和小镶嵌件。

(8) 对于大型制品和功能性制品，力求用模拟软件分析充填过程，以保证制品的内在质量和尺寸精度的要求。

（9）对于生产批量大的长线制品，设计时，应使浇注系统实现全自动与制品分离和脱模。

（10）应充分考虑到制品的后续工序，利于后工序的加工、周转、统计、装箱和管理。必要时可设计辅助流道，将制品连为一体。

5.2　主流道、浇口套的设计方法与技巧

5.2.1　主流道的设计方法与技巧

主流道实际上就是模具浇口套的内锥孔。设计主流道，实际上就是设计浇口套。浇口套是标准件，但是其结构形式和尺寸大小则必须由设计者选择、确定。中小模具最常用的浇口套结构形式、尺寸大小和配合精度如图 5.2 和表 5-1 所示。

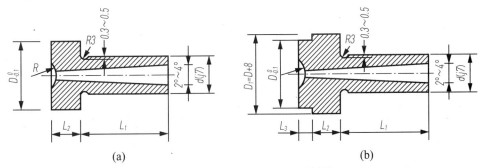

（a）　　　　　　　　　　　　　（b）

图 5.2　两种常用浇口套的尺寸结构

表 5-1　浇口套结构类型与外圆配合尺寸及其配合精度　　　　单位：mm

Ⅰ型			Ⅱ型		
d		与 d 配合的模板孔的极限偏差(H7)	d		与 d 配合的模板孔的极限偏差(H7)
基本尺寸	极限偏差(j7)		基本尺寸	极限偏差(j7)	
20	+0.013 −0.008	+0.021 0	16	+0.012 −0.006	+0.018 0
25	+0.013 −0.008	+0.021 0	20	+0.013 −0.008	+0.021 0
30	+0.013 −0.008	+0.021 0	25	+0.013 −0.008	+0.021 0
35	+0.015 −0.010	+0.025 0	30	+0.013 −0.008	+0.021 0
40	+0.015 −0.010	+0.025 0	35	+0.015 −0.010	+0.025 0

技　巧

（1）尺寸 L_1 较大时，内锥孔的锥度取大值；反之，取小值。

（2）塑料流动性较好的，取小值；反之，取大值。

注意：

（1）进料口处为球面(SR)。

（2）配合要求 H7/j7 或 H7/e6。

(3) 表面粗糙度：Ra 为 0.4～0.8mm。

5.2.2 浇口套的设计方法与技巧

(1) 500mm×500mm 以内的中、小模具球面内凹深 3mm，500mm×500mm 以上的大型模具取 4～6mm。

(2) 球面半径 SR_1 比相应注射机喷嘴的球面半径 SR 大 1～2mm。

(3) 小端孔径 d_1 比相应注射机的喷嘴直径 d 大 1mm。

(4) 内孔锥度为 3°～6°。

(5) 大端孔直径处倒圆角：R＝1～2mm。

技 巧

浇口套长度在 80mm 以内，内孔锥度取小值；反之，取大值(R 值相同)。

5.2.3 定位圈和浇口套的组装、配合结构的设计实例

定位圈和浇口套的组装、配合结构设计实例如图 5.3 所示。

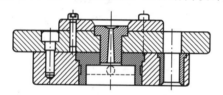

(a) 小模具常用的定位圈与定模固定板的固定结构

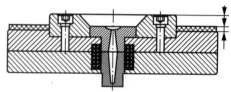

(b) 用于热流道的定位圈镶入结构

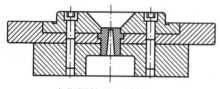

(c) 定位圈的另一种镶入结构

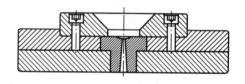

(d) 镶入定位圈与浇口套的又一种结构

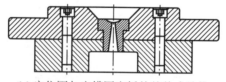

(e) 定位圈与定模固定板的整体式结构

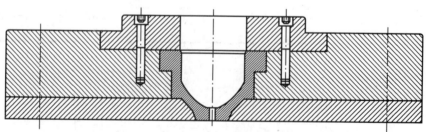

(f) 镶入式定位圈和加深型浇口套结构(多用于大模具)

图 5.3 六种定位圈和浇口套的组装、配合结构

（1）直浇道俗称大料把。在这种结构中，直浇道就是主流道(即浇口套的中心锥孔)，如图 5.4 所示。熔融塑料经过主流道直接进入制品型腔(即集主流道、分流道和进料浇口为一体)，所以没有分流道，也没有进料浇口。这种结构适于塑料桶、塑料碗、脸盆这类单型腔模具。

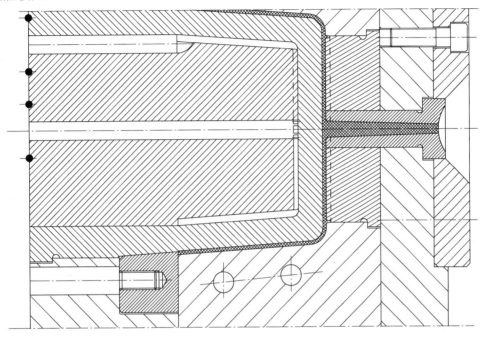

图 5.4　直浇口结构

（2）在单型腔模具的另一种直浇道结构中，既有主流道、分流道，也有进料浇口(图 5.5)，还有冷料井和拉料杆。其进料浇口有盘形、爪形和轮辐形浇口等。

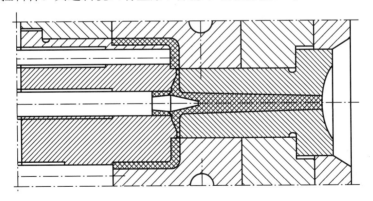

图 5.5　具有分流道和进料浇口的主流道结构

这类结构的特点是，熔融塑料从主浇道大端射出之后，前端产生温度降的冷料头被储存在冷料穴中，使冷料头后面无温度降的熔融塑料，经进料浇口因产生剪切、挤压和摩擦而升温，之后再进入型腔，从而避免了熔接痕的产生。

（3）有的单型腔模具由于制品结构或质量和精度的特殊需要，采用多点进料，所以同样有主流道、分流道、冷料穴和进料浇口，如图 5.6 所示。

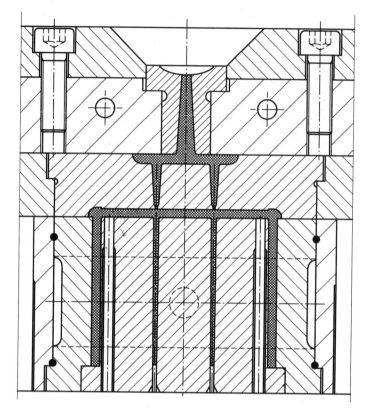

图 5.6　具有分流道、冷料穴和多个点浇口的主流道

5.3　分流道的设计方法与技巧

1.　分流道的设计要点

(1) 分流道的设计：一要短，使流经分流道塑料熔体的温度和压力的损失最小；二要降低流道的粗糙度，提高其表面质量，使其流动时的摩擦阻力最小；三是比表面积要尽可能小，面积小，摩擦阻力小；四是尽量少折弯，降低压力降。

(2) 分流道的断面厚度一定要比制品的厚度大，使分流道的冷却固化时间比制品的固化时间短，以利于压力的传递和保压、补缩。

(3) 尽可能采用平衡进料，以利于熔融塑料能迅速而又均匀地同时进入各型腔，同时冷却、固化、定型，以避免因温差造成的变形，降低废品率。

(4) 在保证模具结构强度的前提下，力求紧凑、集中。

(5) 分流道应尽可能设计在分型面上，以便于加工并尽可能便于选用标准工具加工，以降低其制造成本。

2.　分流道的设计方法与技巧

分流道的截面形状分流道的截面形状有下列三种。

(1) 圆形：这种分流道的直径处为分型面，即上半圆分流道在 A 板上，而下半圆分流道则在 B 板上。这种分流道在塑料通过容量相同的情况下，其内表面积最小。因此，其散热面积和摩擦阻力也最小，所产生的温度降、压力降也最小，是所有分流道截面形状中最好的一种。但是，在整圆的直径处分型，没有脱模斜度，很难脱模。所以，不采用整圆而采用稍小于整圆的、近似于椭圆的截面，便于分型，如图 5.7 所示。

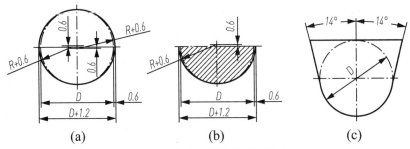

图 5.7　三种分流道的截面形状尺寸

(2) 半圆形：原理和作用与圆形的分流道相同。半圆形分流道可以设计在定模 A 板上，也可以设计在动模 B 板上。

(3) 圆底梯形：稍次于圆形、半圆形的分流道，但也较常用。同样，既可以设计在定模 A 板上，也可以设计在动模 B 板上，如图 5.8 所示。

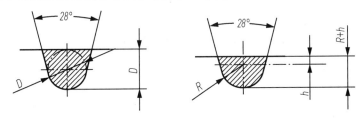

图 5.8　圆底梯形分流道的结构尺寸

注意：分流道的截面尺寸必须比进料浇口的截面尺寸大，以利于成型和补缩。

5.4　进料浇口的设计方法与技巧

5.4.1　常用进料浇口的种类和作用

熔融塑料经主流道、分流道最后进入型腔的、短小的进料口，简称进料浇口。

最常用的进料浇口有直浇口、侧浇口(其中包括侧浇口的派生浇口，如扇形浇口、盘形浇口、爪形浇口、轮辐式浇口和薄膜浇口)、点浇口及其派生浇口——潜伏浇口。

进料浇口是熔融塑料由分流道进入型腔的通道和大门，而直浇口则是例外。如前所述，直浇口就是主流道。熔融塑料就是由主流道的大端直接射入型腔。因此，不但无分流道而其本身就是进料浇口，故称之为直浇口。直浇口制造简单，易于制品的成型，但是只适用于二板单型腔结构。

进料浇口的位置很重要，直接影响制品的表面质量和内在质量，甚至直接决定制品成型的好坏。其主要作用表现在以下三方面。

(1) 短而小的浇口可提高熔融塑料的温度，利于型腔的顺利充满、充实。因为熔融塑料通过浇口时，由于剪切和挤压作用而升温，所以不易产生熔接痕等缺陷。

(2) 通过改变浇口形状、尺寸和位置，可以调节和控制其进料方向、进料流量和速度，从而达到提高其成型质量的目的。尤其是非平衡进料结构，弥补其进料时间差的作用十分明显，被称为人工平衡进料。

(3) 防止熔融塑料倒流。在保压、冷却、固化的开始阶段，可防止暂时尚未冷却、固化的熔融塑料因其反作用力产生倒流至分流道中，造成制品缺料、凹陷等缺陷的产生。

5.4.2 进料浇口的设计要点

(1) 进料浇口应设计在制品最大、最厚之处，并力求浇口至型腔各部的流程最短、距离一致，使熔融塑料减少其温度降和压力降，且利于补缩。

(2) 浇口应尽可能设计在分型面上，一是便于加工、修理；二是便于脱模，也便于使凝料与制品自动分离，实现全自动生产。

(3) 浇口截面形状和尺寸大小，应根据制品尺寸和壁厚来选取。制品尺寸大且壁厚较大的制品应取大值；反之，取小值。在选取时，宜小不宜大(留出修磨量)，因为小了可以修大，而大了就无法修小。

(4) 应避免在浇口处产生喷射、蛇流。

(5) 浇口的数量在满足成型质量的前提下，越少越好，以避免熔接痕的产生。

(6) 浇口位置应利于排气、溢料。当型芯为细长型芯时，浇口切忌90°直冲型芯，而应选择切线方向进料，以免使型芯变形或损坏。

(7) 浇口位置应设计在不影响制品外观质量的部位(比较隐蔽)和不影响制品装配精度的部位。例如，螺纹制品的浇口切忌设计在螺纹上；而化妆品、装饰品的外表面切忌设计进料浇口，而应设计在内表面或侧面不显眼之处。

5.4.3 进料浇口的形状、尺寸及其位置

(1) 直浇口：浇口套中心内锥孔的主流道，其尺寸即主流道尺寸，如图 5.9 和图 5.10 所示。

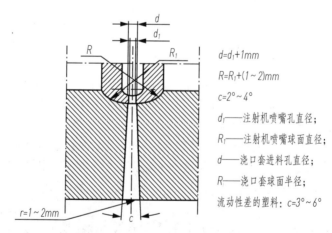

图 5.9 主流道(即直浇口)的结构和尺寸

直浇口多用于类似于碗底状，有一圈凸台，且所在表面要求不高或可以贴商标遮掩制品的底面，如碗、脸盆、桶之类的制品。

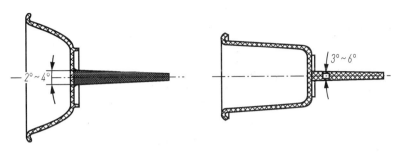

图 5.10　直浇口结构

(2) 侧浇口：从制品侧面(内侧或外侧)进料的浇口，如图 5.11 和图 5.12 所示。

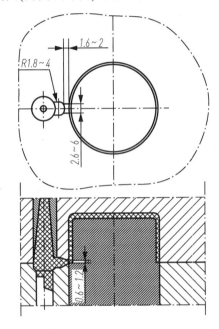

图 5.11　侧浇口的结构和尺寸

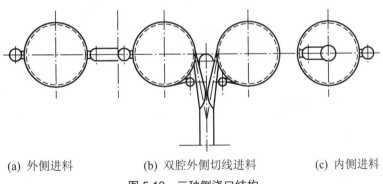

(a) 外侧进料　　　　　(b) 双腔外侧切线进料　　　(c) 内侧进料

图 5.12　三种侧浇口结构

(3) 点浇口：点浇口直径一般为 0.6～1.2mm，长度为 1mm 左右，$r=1～2$mm，锥度(单面)为 2°～4°，如图 5.13 和图 5.14 所示。

(4) 潜伏浇口：潜伏浇口是点浇口的派生结构(点浇口大都在定模型腔板上，与制品呈垂直状态；而潜伏浇口则呈倾斜状态，可在动模也可以在定模)，如图 5.15～图 5.17 所示。

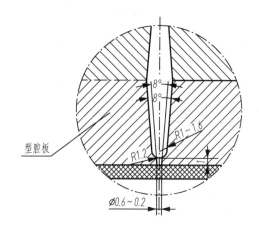

图 5.13　中小制品的点浇口结构尺寸

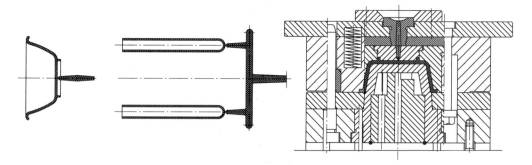

图 5.14　点浇口结构

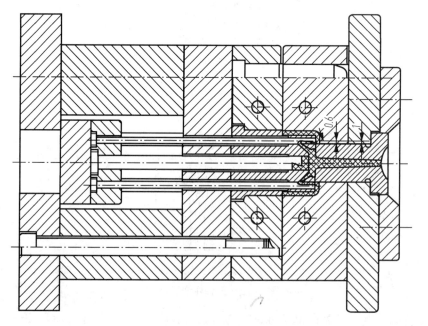

图 5.15　合模成型状态中的潜伏浇口结构

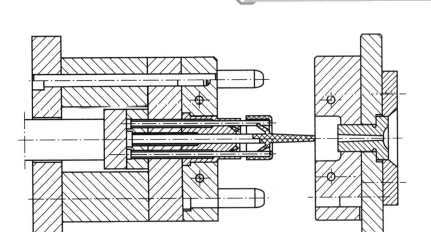

图 5.16　推出制品时，浇道凝料与制品自动分离

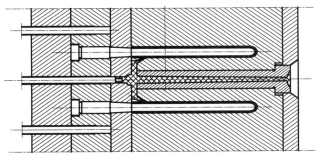

(a) 合模状态

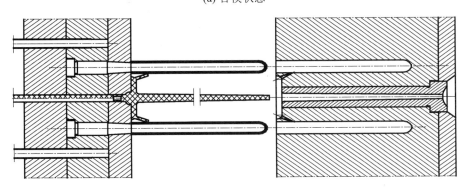

(b) 开模状态

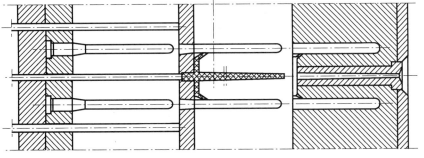

(c) 推出制品状态

图 5.17　开模拉断式潜伏浇口结构

(5) 轮辐式浇口：其结构形状与轮辐相似而得名，是侧浇口的派生结构，多用于圆形制品的轮辐式加强筋结构中，如图5.18所示。

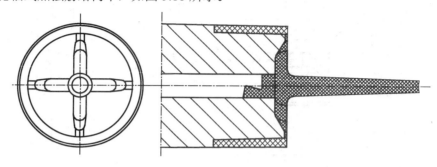

图 5.18　内孔进料的轮辐式浇口结构

(6) 爪形浇口：多呈120°分布的分流锥三处侧进料浇口，形似禽之爪而得名，多用于圆筒形制品的端面进料或内壁进料，如图5.19和图5.20所示。

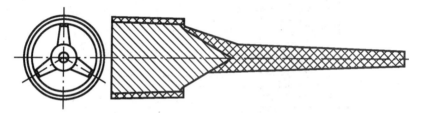

图 5.19　内孔进料的爪形浇口结构

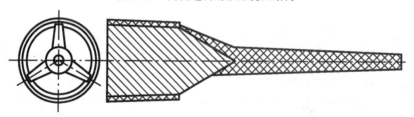

图 5.20　小端进料的爪形浇口结构

(7) 盘形浇口：呈360°的圆盘形薄膜进料，由制品中心内孔进料和制品端面进料的结构。薄膜厚度多为0.6～1.2mm，也是侧浇口的派生结构，如图5.21所示。

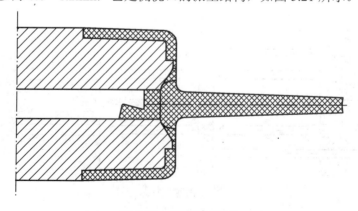

图 5.21　盘形浇口结构

（8）薄膜浇口：侧浇口的派生结构也是从制品侧面进料。所不同的是，薄膜浇口深度浅而宽，适用于面积相对较大而厚度相对较小的扁平形制品。其深度一般为 0.4～0.8mm；制品较大时为 1.2mm，宽度为制品宽度的 80%左右，如图 5.22 所示。

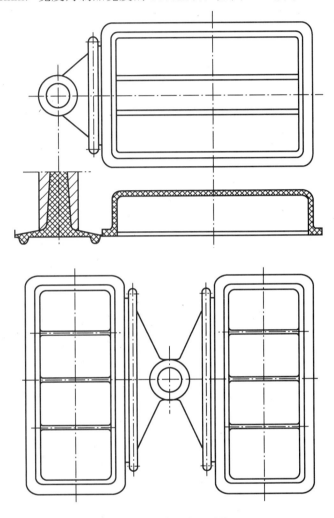

图 5.22　薄膜浇口结构

各类浇口结构和尺寸如表 5-2 所示。

表 5-2　浇口结构和尺寸

浇口形式	经验数据	经验计算公式	备　　注
直接浇口	$d=d_1+1$（d_1 为注射机热喷嘴射出孔的直径） $d=2°～4°$ $R=1～1.6$mm $SR=SR_1+1$（SR 为注射机热喷嘴的球头半径） L 为浇口浇口套的全长	流动性差的塑料取 $\alpha=3°～6°$	

浇口形式	经验数据	经验计算公式	备　注
侧浇口	$\alpha=2°\sim4°$ $\alpha_1=2°\sim3°$ $r=1\sim3mm$ $l=0.5\sim0.75mm$ $C=R0.3mm$ 或 $0.3\times45°$	$h=nS$ $b=\dfrac{n\sqrt{A}}{30}$	
搭接浇口	$l_1=05\sim0.75mm$	$h=nS$ $b=\dfrac{n\sqrt{A}}{30}$ $l_2=h+\dfrac{b}{2}$	此种浇口对 PVC 不适用；为去浇口方便，可取 $l_1=0.7\sim2mm$
薄片浇口	$l\geqslant1.3mm$ $b=0.75\sim1.0B$ $C=R0.3mm$ 或 $0.3\times45°$	$h=0.6\sim1.2mm$	
扇形浇口	$l=1.3mm$ $C=R0.3mm$ 或 $0.3\times45°$	$h_1=nS$ $h_2=\dfrac{bh_1}{D}$ $b=\dfrac{n\sqrt{A}}{30}$	浇口截面积不能大于流道截面积
环形浇口	$1mm\geqslant l\geqslant0.75mm$	$h=0.6\sim1.2mm$	

浇口形式	经验数据	经验计算公式	备　　注
盘形浇口	$0.75\text{mm} \leqslant l \leqslant 1\text{mm}$	$h=0.7nS$ $h_1=nS$ $l_1 \geqslant h_1$	
护耳浇口	$L \geqslant 1.5D$ $B=D$ $b=(1.5\sim2)h_1$ $h_1=0.9S$ $h=0.7S=0.78h_1$ $l \geqslant 15\text{mm}$	—	
点浇口	$l=0.5\sim0.75\text{mm}$ 有倒角 C 时，$l=$ $0.75\sim2\text{mm}$ $C=R0.3\text{mm}$ 或 $0.3\times45°$ $\alpha=2°\sim4°$ $\alpha_1=6°\sim15°$ $L<\dfrac{2}{3}L_0$ $\delta=0.3\text{mm}$ $D_1 \leqslant D$	$d=nK\sqrt[4]{A}$	K——系数，为制品壁 S 的函数(见注)
潜伏浇口	$l \leqslant 1.9\text{mm}$ $L=2\sim3\text{mm}$ $\alpha=25°\sim45°$ $\beta=15°\sim20°$ L_1 保持最小值	$d=nK\sqrt[4]{A}$	软质塑料 $\alpha=30°\sim45°$；硬质塑料 $\alpha=30°\sim45°$；L 在允许条件下尽量取大值，当 $L<2\text{mm}$ 时采用二次浇口
塑料	PE、PS、SAN、HIPS	PA、PP、ABS	CA、PMMA、POM	PVC、PC
N	0.6	0.7	0.8	0.9

续表

浇口形式			经验数据		经验计算公式		备 注	
S/mm	0.75	1.00	1.25	1.50	1.75	2.00	2.25	2.50
K	0.178	0.206	0.230	0.252	0.272	0.291	0.309	0.326

注：h——浇口深度(mm)；b——浇口宽度(mm)；d——浇口直径(mm)；S——制品壁厚(mm)；A——型腔表面积(mm^2)；n——塑料型常数；K——系数，为制品壁厚的函数，$K=0.206\sqrt{S}$，或按表选用。

进料浇口的位置如表 5-3 和图 5.23 所示。

表 5-3　进料浇口位置选择实例一

塑料形状及浇口位置	说明
平板形 	1. 选用多点浇口，使各方向收缩均等 2. 选用宽薄膜浇口，使熔体流向一致
圆环形 A．切线方向进料 	A．料流以旋转方向充模，可以避免明显的汇流融合
B．多点内侧进料 	B．进料点越多，则流程短，虽有汇流，但融合较好
C．直浇口内侧进料 	C．由于浇口截面积大，温度高，融合良好
D．多点平面进料 	D．浇口剪切速率大，融合一般良好
矩 形 环 A．外侧一点进料，在流程末端溢流 	A．防止远端融合不良

续表

塑料形状及浇口位置	说明
矩　形　环	
B．多点在隅角处进料 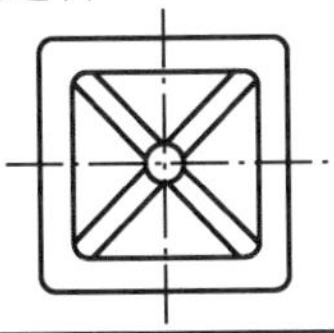	B．避免直边因收缩差异而产生的变形
壳　　体	
A．底部一点进料 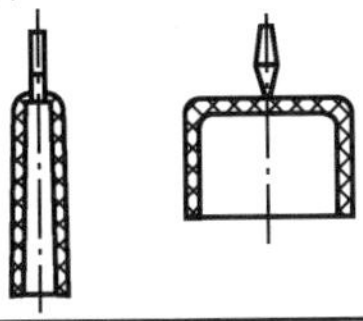	A．流动好，不产生融接现象，排气好
B．底部有孔的过壳体，可在孔内用盘状浇口进料 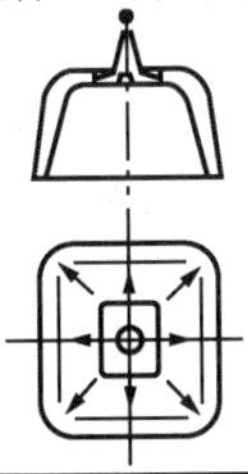	B．流动良好
有隔板深壳体	用多点进料，避免型芯倾斜而导致壁厚不均，甚至于不能脱模

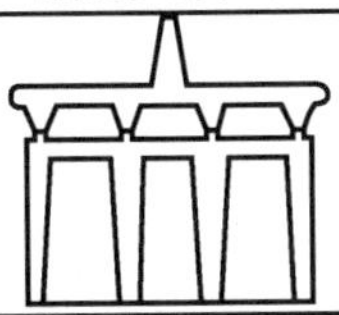

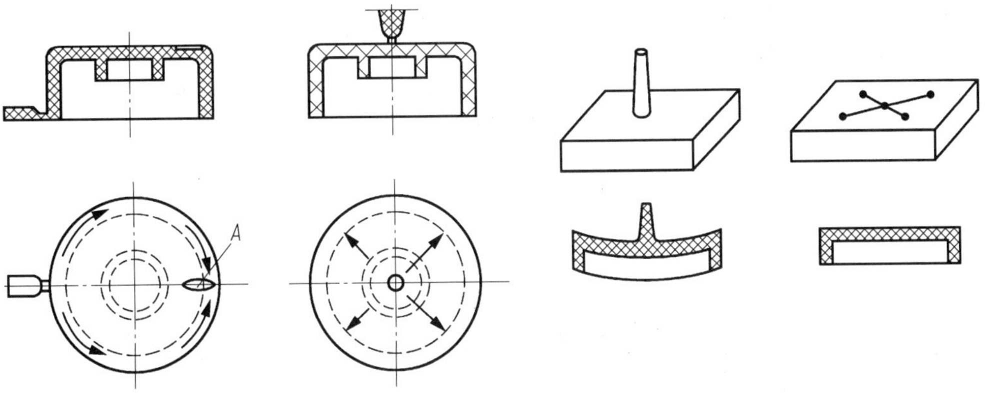

(a)　　　　(b)　　　　(c)　　　　(d)

图 5.23　进料浇口位置选择实例二

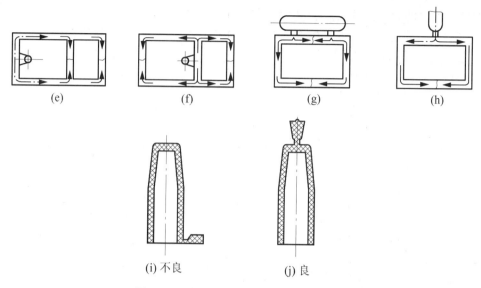

图 5.23　进料浇口位置选择实例二(续)

5.4.4　主流道拉料杆与冷料穴的设计方法

主流道冷料穴的主要作用是储存已产生明显温度降的冷料头，防止其进入型腔，避免制品产生熔接痕(即熔合缝)。

拉料杆与主流道的冷料穴紧密相连，其主要作用是将主流道冷凝后的凝料从浇口套小端拉断，与制品一同脱离型腔和浇口套，以便在推出制品时推出脱模。

图 5.24 所示为主流道的冷料穴和六种拉料的结构尺寸。

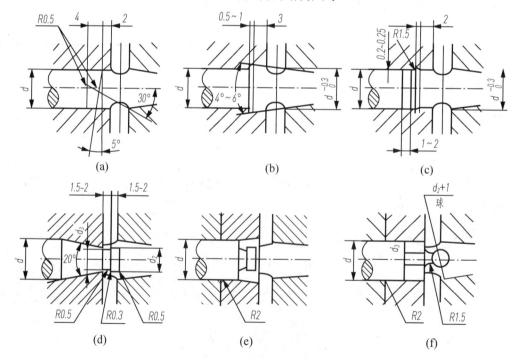

图 5.24　主流道拉料杆与冷料穴的结构尺寸

主流道的拉料结构及其尺寸如表 5-4 和图 5.25 所示。

表 5-4　主流道的拉料结构及其尺寸

基本尺寸	拉料杆直径 d		拉料穴处直径 d		d_2	d_3
	尺寸	极限偏差 (f7)	尺寸	极限偏差 (H8)		
4	4	-0.010 -0.022	4	$+0.018$ 0	2.8	2.3
5	5		5		3.3	2.8
6	6		6		3.8	3.0
8	8	-0.013 -0.028	8	$+0.022$ 0	4.8	4.0
10	10		10		5.8	4.8
12	12	-0.016 -0.034	12	$+0.027$ 0	7.2	5.2

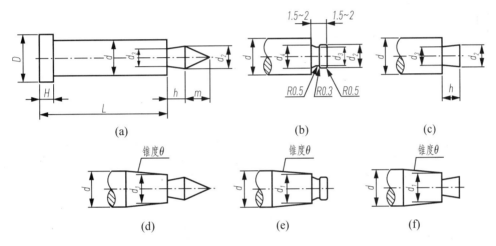

图 5.25　拉料杆的六种结构

拉料杆的结构和尺寸如表 5-5 所示。

表 5-5　拉料杆的结构和尺寸

基本尺寸	拉料杆直径 d		D	H		d_1	d_2	d_3	d_4	n	m	$\theta\,/(°)$
	尺寸	极限偏差 (m6)		尺寸	极限偏差							
2.0	2.0	$+0.009$ $+0.003$	5.0	4.0		—	1.5	1.0		1.0	1.0	—
3.0	3.0		6.0			—	2.3	1.8		1.5		
4.0	4.0	$+0.012$ $+0.004$	8.0	6.0	0 -0.1	3.0	2.8	2.3	$d_3 \leqslant d_4 < d$	2.5	5.0	10°
5.0	5.0		90			3.5	3.3	2.8		3.0		
6.0	6.0		10.0			4.0	3.8	3.0				
8.0	8.0	$+0.015$ $+0.006$	13.0	8.0		5.0	4.8	4.0		4.0	7.0	20°
10.0	10.0		15.0			6.0	5.8	4.8		5.0		
12.0	12.0	$+0.018$ $+0.007$	17.0			8.0	7.2	5.2				

主流道拉料杆(冷料穴)与模板的配合要求如图 5.26 和图 5.27 所示。

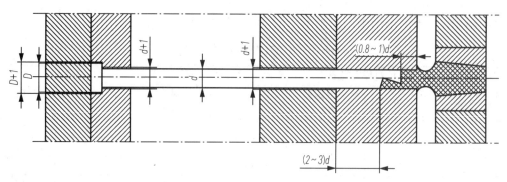

图 5.26　主流道拉料杆与模板的配合要求

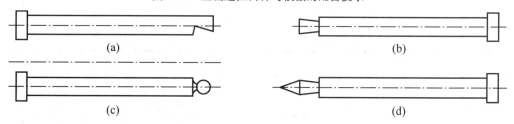

图 5.27　主流道拉料杆常用的四种结构

(1)　如图 5.27(a)所示，Z 形拉料杆制造简单，应用广泛。但是，在推板推出脱模结构中不宜采用。

(2)　如图 5.27(b)和(c)所示，倒锥形拉料杆和带分流锥的倒锥形拉料杆易于制造，广为应用。无论推板、推杆还是推管推出脱模结构，均可应用。但在推板推出脱模结构中，拉料杆应固定在 B 板(即动模型芯固定板)上，而不可固定在推杆(或推管)固定板上，否则主流道凝料与制品不能自动分离。

(3)　如图 5.27(d)所示，球头形拉料杆很好用，但是需专用的样板车刀车出。无论推板、推杆还是推管推出脱模结构都能用。同理，在推板推出脱模结构中，应固定在 B 板(即动模型芯固定板)上，而不可固定在推杆(或推管)固定板上，否则主流道凝料与制品不能自行分离。

5.4.5　分流道拉料杆与冷料穴的设计方法

分流道拉料杆与主流道拉料杆的结构、尺寸稍有不同，而冷料穴相同。分流道拉料杆常用的结构如图 5.28 所示。

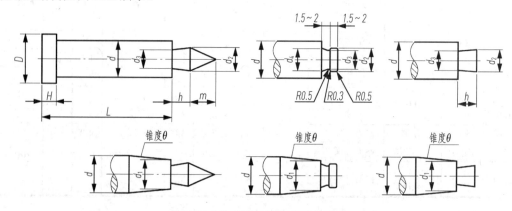

图 5.28　分流道拉料杆的结构尺寸

分流道拉料杆的常用结构的尺寸如表 5-6 和表 5-7 所示。

表 5-6　分流道拉料杆的常用结构的尺寸(一)　　　单位：mm

基本尺寸	拉料杆直径 d		拉料穴处直径 d		d_2	d_3
	尺寸	极限偏差(f7)	尺寸	极限偏差(H8)		
4	4	-0.010 -0.022	4	$+0.018$ 0	2.8	2.3
5	5		5		3.3	2.8
6	6		6		3.8	3.0
8	8	-0.013 -0.028	8	$+0.022$ 0	4.8	4.0
10	10		10		5.8	4.8
12	12	-0.016 -0.034	12	$+0.027$ 0	7.2	5.2

表 5-7　分流道拉料杆的常用结构的尺寸(二)　　　单位：mm

基本尺寸	拉料杆直径 d		D	H		d_1	d_2	d_3	d_4	n	m	$\theta^{l}/(°)$
	尺寸	极限偏差(m6)		尺寸	极限偏差							
2.0	2.0	$+0.009$ $+0.003$	5.0	4.0		—	1.5	1.0		1.0	1.0	—
3.0	3.0		6.0			—	2.3	1.8		1.5		—
4.0	4.0	$+0.012$ $+0.004$	8.0	6.0	0 -0.1	3.0	2.8	2.3	$d_3 \leqslant d_4 < d$	2.5	5.0	1°
5.0	5.0		90			3.5	3.3	2.8		3.0		
6.0	6.0		10.0			4.0	3.8	3.0				
8.0	8.0	$+0.015$ $+0.006$	13.0	8.0		5.0	4.8	4.0		4.0	7.0	2°
10.0	10.0		15.0			6.0	5.8	4.8				
12.0	12.0	$+0.018$ $+0.007$	17.0			8.0	7.2	5.2		5.0		

分流道拉料杆与模板配合的结构、尺寸如图 5.29 所示。

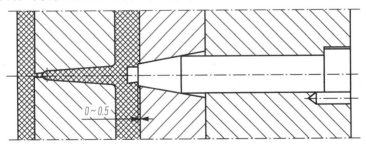

图 5.29　分流道拉料杆与模板配合的结构、尺寸

5.5　型腔排位的原则及其典型实例

无论是单型腔还是多型腔，其排位都必须遵循以下原则：

(1) 对于圆形单型腔，其圆心的位置应在模具的几何中心上(即主流道的中心位置)。

(2) 对于矩形对称单型腔，其对角连线的交点应在模具的几何中心上(即 A 板、B 板俯视图对角连线的交点)如图 5.30 所示。

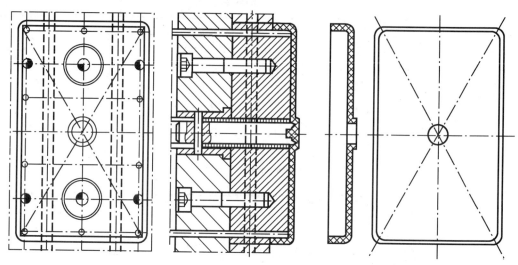

图 5.30　矩形对称单型腔的正确位置

(3) 对于圆形或矩形、不对称单型腔，其重心点应在模具的几何中心上，如图 5.31 和图 5.32 所示。

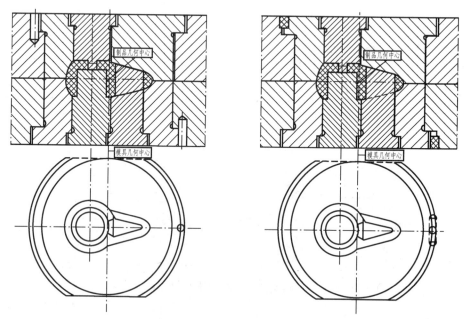

图 5.31　圆形或矩形不对称单型腔的正确位置(一)

(4) 圆形或矩形同一制品、单数(5、7、9、13 等)的多型腔应设计为圆形，均布排列于以模具几何中心为圆心的圆周上，如图 5.33 所示。

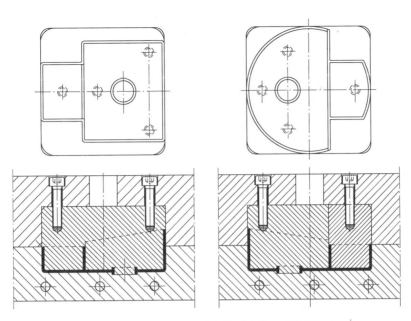

图 5.32　圆形或矩形不对称单型腔的正确位置(二)

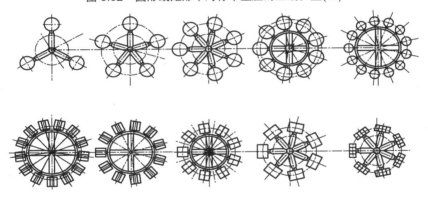

图 5.33　单数型腔的均布排列

(5) 圆形或矩形同一制品、双数(如 2、4、6、8、12、16 等)的多型腔可设计为圆形，也可设计为矩形排列结构，但是都应对称、均衡地排列在模具几何中心的两侧或四周，如图 5.34 和图 5.35 所示。

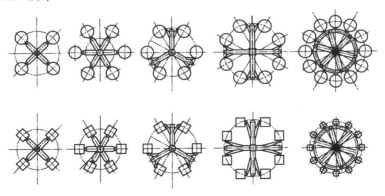

图 5.34　双数型腔的圆形对称、均布排列结构

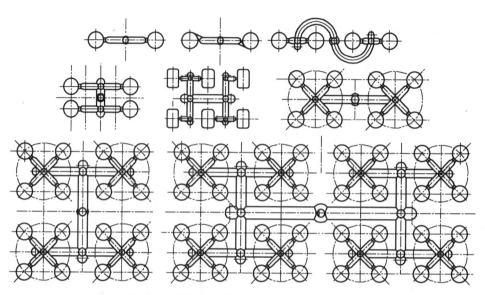

图 5.35　双数型腔的矩形对称、均布排列结构

　　以上(单、双数)圆形、矩形多型腔的对称、均布排列结构，对于流道而言，属于平衡进料，即从主流道至每个型腔的流程，完全相等。因此，使每个型腔的温度与压力都均匀一致，从而达到平衡，以免因温度和压力的差异而引起制品的变形和成型时产生溢边，严重时甚至造成模具的损坏。

　　(6) 图 5.36(a)、(b)、(c)、(f)、(g)均为矩形排列的平衡进料结构，而成一字形排列的图 5.36(d)、(e)均为非平衡进料结构。

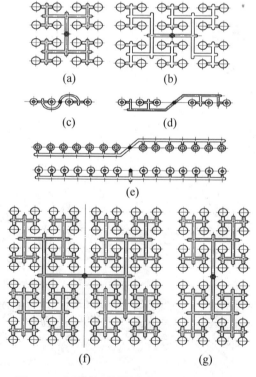

图 5.36　矩形排列的平衡与非平衡进料结构

(7) 不对称三角铁形同一制品的双型腔应按图 5.37 所示的对角排列结构来排列。

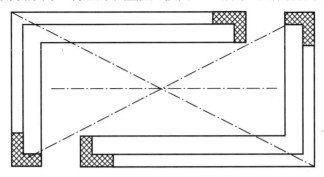

图 5.37　同一制品的不对称双腔、对角排列结构

(8) 六型腔同一制品平衡与非平衡进料结构的对比如图 5.38 所示。

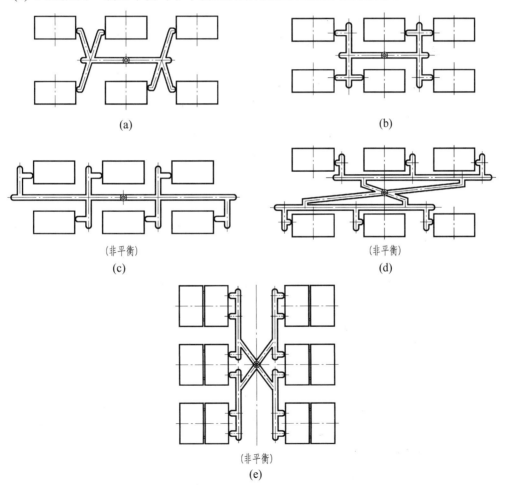

图 5.38　六型腔同一制品平衡与非平衡进料结构的对比

塑料制品的注射成型，其型腔的排列并非全是平衡进料结构。很多中、小制品，尤其是小型制品，为了尽可能简化流道系统，减少材料的消耗，从而简化模具结构，也不乏采用非平衡进料结构(但有时要经过计算和对进料浇口的断面尺寸进行修理，使之接近于平衡)。

同一制品多型腔的非平衡排列如图 5.39 和图 5.40 所示。

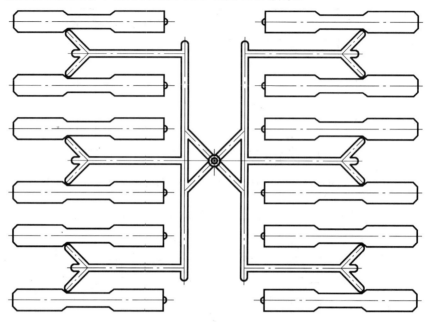

图 5.39　多型腔的非平衡排列

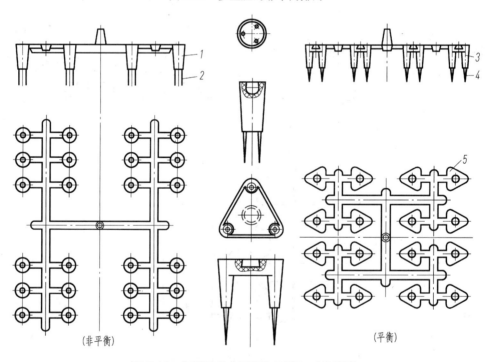

图 5.40　多型腔的非平衡与平衡、对称排列
1、5—制品；2—推杆；3—进料分流道；4—点浇口

制品不同的多型腔与流道的排列结构，应按照先大后小的原则，即大制品排列在靠近主流道的近处，小制品排列在远处，如图 5.41 所示。

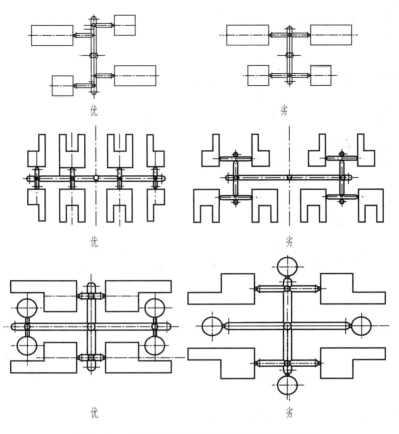

图 5.41　不同制品的多型腔与流道的排列结构

　　制品两侧截面积差异悬殊时，单型腔成型，侧向压力不均，不但容易产生溢料，严重时会使模具产生弹性变形而无法开模，甚至损坏。改为双型腔后，模具两侧压力均衡，可避免上述问题的产生，如图 5.42 所示。

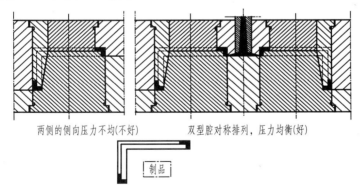

图 5.42　制品两侧截面积差异悬殊时，型腔排列的正、误对比

本 章 总 结

1. 本章所讲述的浇注系统，属于冷流道浇注系统，即成型后的制品冷却时浇注系统也

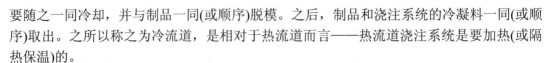

要随之一同冷却，并与制品一同(或顺序)脱模。之后，制品和浇注系统的冷凝料一同(或顺序)取出。之所以称之为冷流道，是相对于热流道而言——热流道浇注系统是要加热(或隔热保温)的。

2. 浇注系统即主流道、分流道、进料浇口和冷料穴有机组合的总称。其设计要点是，为了保证制品成型质量，流道越短越好，越简单越好，并尽可能设计在分型面上，以便于加工、修整和冷凝后的脱模。

3. 主流道一定要比分流道粗、大，而分流道则一定要比制品的壁厚，比进料浇口大，以利于成型和保压时的补缩。分流道的截面以圆形、半圆形为好。

4. 进料浇口要薄一点、宽一点，一是便于清除，而且留下的疤痕不明显，不影响制品的外观；二是薄了可快速冷却，可有效防止保压初始期间熔融塑料倒流，避免制品缺料或凹陷。

本章所讲述的主流道、分流道和进料浇口的结构和尺寸适于最常用、常见的中、小制品，而大型或微型塑制品则应酌情予以调整。

5. 主流道、分流道和进料浇口的尺寸与塑料的流动性紧密相关，流动性好的，尺寸可适当小些；反之，尺寸应稍大些。

6. 进料浇口实际上只有直浇口(即主流道)、点浇口和侧浇口这三种。潜伏浇口就是具有一定倾斜角的点浇口；而盘形、爪形、轮辐形、扇形和薄膜浇口其实都是侧浇口，只是形状各异，位置也不尽相同而已。

小组讨论与个人练习

1. 简述浇注系统的定义，以简图说明浇注系统的总体结构。
2. 说明浇注系统的设计原则。
3. 分析并说明圆形、半圆形圆底梯形分流道各自的特点。
4. 以简图说明进料浇口位置对制品成型质量的影响。
5. 以简图说明侧浇口、点浇口、潜伏浇口和薄膜浇口各自的特点和应用范围。

第 6 章

侧向分型与抽芯结构的
设计、计算方法与技巧

本章重点

- ◆ 改进制品或模具结构，避免侧向分型与抽芯的方法和技巧。
- ◆ 各种侧向分型与抽芯结构的特点及其设计方法和技巧。
- ◆ 抽芯距的计算方法和技巧。

所谓侧向分型与抽芯，就是在与开模方向不同的其他方向完成分型和抽芯。也就是说，当制品侧面有凸台或侧孔、侧凹，或者制品为两头大中间小的结构(线圈骨架类结构)时，在成型之后，成型侧向凸台或侧孔、侧凹及成型线圈骨架类结构外表面的零件从凸台或侧孔、侧凹的两侧打开；从线圈骨架外表面的最小尺寸处分开、抽离制品，以便将制品平稳、顺利脱模并推出。

在绝大多数情况下，侧向分型与侧向抽芯是同步进行的，即在开模进行侧向分型的同时，将侧向型腔、型芯零件抽离制品。但由于制品结构的不同，有的制品则要先抽芯，再分型。例如，有的制品的侧向凸台中具有较长且较大的通孔，而凸台四周的壁厚较薄，为了防止凸台四周的薄壁在通孔抽芯时发生变形或断裂脱落，造成废品，就必须首先将其成型通孔的型芯抽离。当抽芯时，成型凸台的型腔零件不动(起保护作用)，等成型通孔的型芯抽离通孔之后，再进行凸台的分型和抽芯脱模。

所以，侧向分型与抽芯的结构就是在与开模方向不同的其他方向完成分型和抽芯的结构。

另外，侧向分型与抽芯的结构还包括推动成型侧面凸台、侧孔或侧凹的侧面型腔、型芯的零件(如斜导柱、斜推杆等)及再次合模成型时，将侧面型腔、型芯零件推回到原来成型位置的所有零件。

侧向分型与抽芯结构虽然解决了制品侧面凸台、侧孔(或侧凹)的分型和抽芯脱模问题，但同时使模具的零件数量和种类增加了，结构也复杂了，因此，其成本无疑也就增加了。而且，凡有侧向分型与抽芯结构的模具在制造、装配及长期、连续的生产过程中，发生故障、造成废品甚至停产修理的可能性都增加了。因此，在一般情况下，每增加一个侧向分型与抽芯结构，即使是不太复杂的，其总成本将增加 10%～15%，结构复杂的甚至高达 30%以上。因此，设计、制造侧向分型与抽芯结构是不得已而为之。所以，无论设计塑料制品或设计成型模具都要尽可能避免采用侧向分型与抽芯结构，以求简化模具结构，降低模具制造难度，缩短制造周期，降低模具成本。

6.1 避免侧向分型与抽芯的方法和技巧

各制品的典型结构如图 6.1 所示。

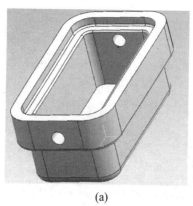
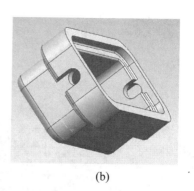

(a)   (b)

图 6.1 制品的典型结构造型

对于图 6.1(a)所示的制品脱模时，必须将两侧成型通孔的小型芯抽离制品，制品才能顺利脱模。而图 6.1(b)所示制品两侧通孔的结构无须进行侧抽芯，可直接由动、定模的成型镶件成型并形成通孔，如图 6.2 所示。

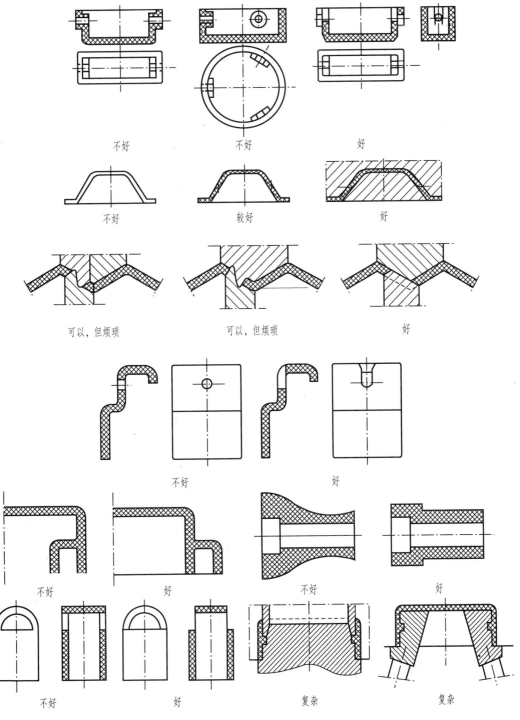

图 6.2　制品可否避免侧抽芯的结构优、劣对比

6.2 侧向分型与抽芯结构的设计实例

6.2.1 手动侧向抽芯结构的设计实例

手动抽芯结构的优点是结构简单，易于制造和维修，制造周期短，成本低；缺点是效率低，操作者的劳动强度大，因此只适用于要求不高、产量不大的新品试制或小批量生产之用。

最常用、最简单的手动抽芯脱螺纹典型结构如图 6.3 所示(镶入的螺纹板，其螺距必须与制品螺纹孔的螺距相同)。

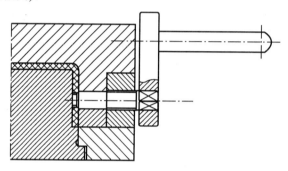

图 6.3　手动抽芯脱螺纹结构

6.2.2 弹簧侧抽芯结构的设计实例

(1) 弹簧外侧分型抽芯结构的设计实例：弹簧外侧分型抽芯结构如图 6.4 所示。

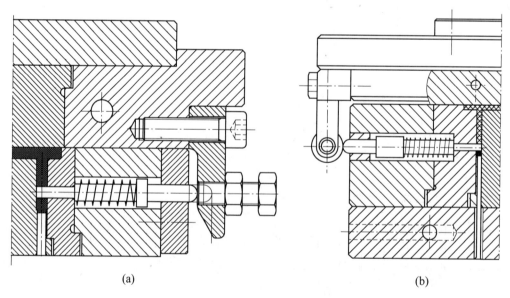

(a)	(b)

图 6.4　两例弹簧外侧分型抽芯结构

(2) 弹簧内侧分型抽芯结构的设计实例：弹簧内侧分型抽芯结构如图 6.5～图 6.7 所示。

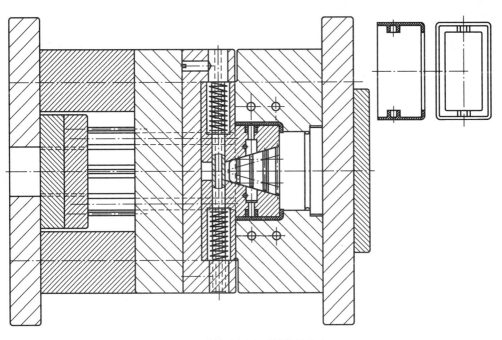

图 6.5　弹簧内侧分型抽芯结构之一

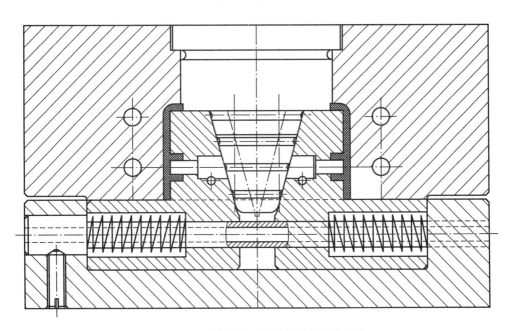

图 6.6　小型芯内侧分型抽芯结构局部放大

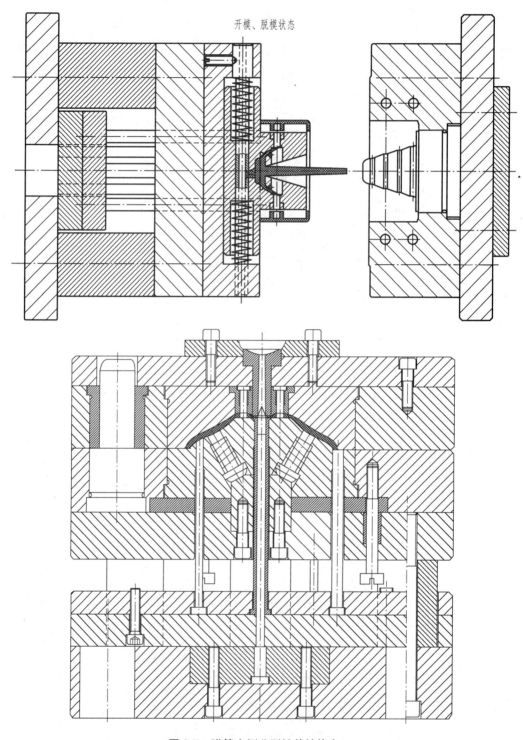

开模、脱模状态

图 6.7　弹簧内侧分型抽芯结构之二

6.2.3　斜导柱侧抽芯结构的设计实例

斜导柱外侧分型与抽芯的典型结构如图 6.8～图 6.11 所示。

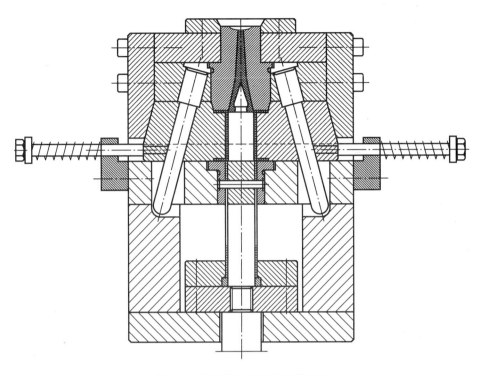

图 6.8　斜导柱外侧分型抽芯结构

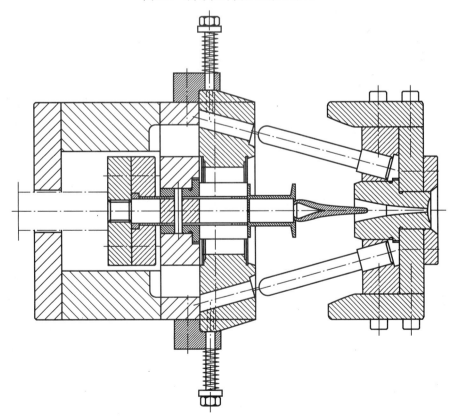

图 6.9　开模后，斜导柱将哈夫滑块拉开，完成外侧分型

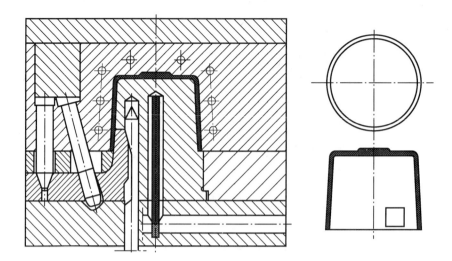

图 6.10 斜导柱内侧分型抽芯结构

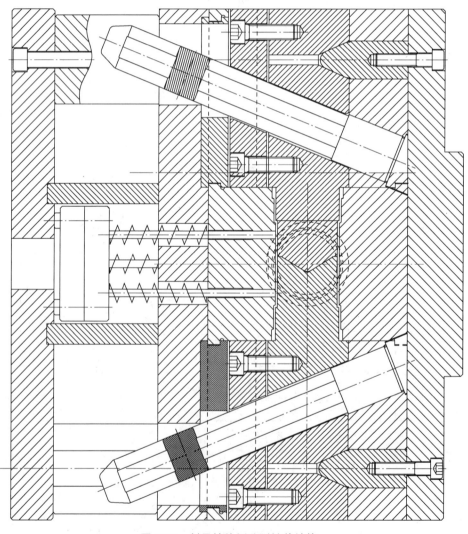

图 6.11 斜导柱外侧分型抽芯结构

斜导柱侧向分型与抽芯结构简单，易于制造，动作稳定，可靠，但是受到其倾斜角度的制约。倾斜角过大，水平抽芯分力小，导柱磨损严重；而倾斜角偏小，虽然水平抽芯分力大，有利于抽芯，导柱磨损也相对较小，可是只适用于小抽芯距的结构。倾斜角小而又用于大抽芯距的结构，其斜导柱就很长。因此，斜导柱的最佳倾斜角度是 15°～18°。(斜导柱就是标准件导柱，无须设计，选购则可。)

斜导柱(图6.12)直径的计算公式是

$$d = \sqrt[3]{\frac{PH}{0.1[\sigma]_{弯}\cos\alpha}}\ (\text{cm}) \tag{6.1}$$

式中，P 为斜销所受最大弯曲力(kN)；H 为抽芯孔中心到 A 为点的距离；$[\sigma]$ 为许用应力，碳钢为 13.7kN/cm³(137MPa)；α 为斜导柱倾斜角。

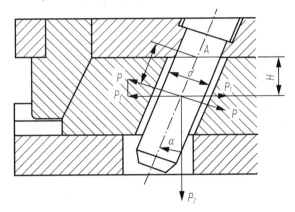

图 6.12　斜导柱结构尺寸

滑块和斜导柱有关参数的经验值如表 6-1 所示。

表 6-1　滑块和斜导柱有关参数的经验值

滑块宽度/mm	20～30	30～50	50～100	100～150	>150
斜导柱直径/in	1/4～3/8	3/8～1/2	1/2～5/8	1/2～5/8	5/8～1
斜导柱数量/mm	1	1	1	2	2
滑块肩宽/mm	3～5	5～7	7～8	8～12	10～15
滑块肩高/mm	5～8	8～10	8～12	10～15	15～20

注：1in≈2.54cm。

6.2.4　油缸大抽芯距侧抽芯结构的设计实例

最常用、最简单的油缸侧抽芯结构如图 6.13 和图 6.14 所示。

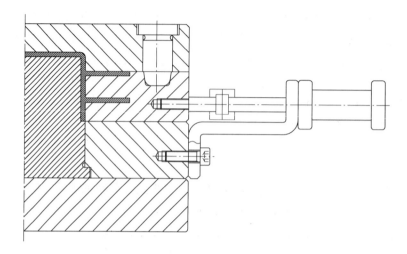

图 6.13　油缸侧抽芯结构

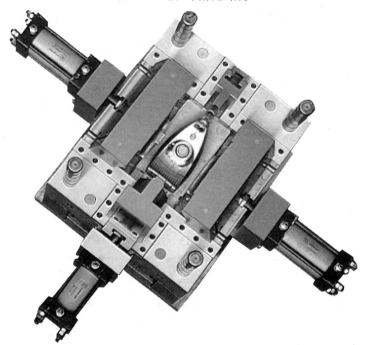

图 6.14　三个油缸侧抽芯的实体模具结构

6.2.5　斜滑块侧抽芯结构的设计实例

斜滑块侧抽芯结构如图 6.15～图 6.17 所示。

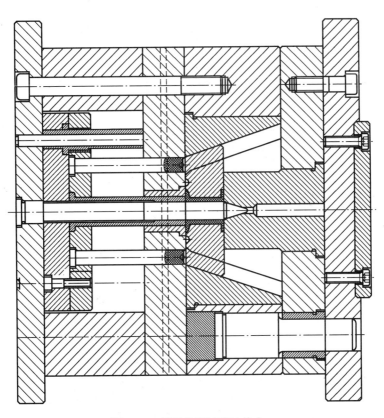

图 6.15 斜滑块侧抽芯结构之一

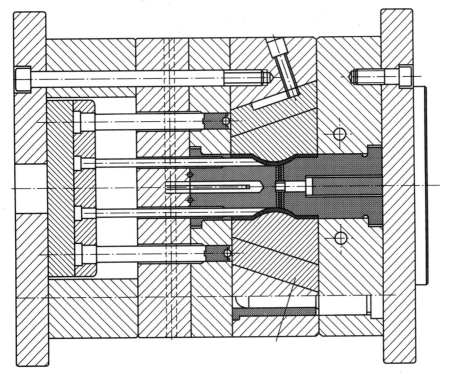

图 6.16 斜滑块侧抽芯结构之二

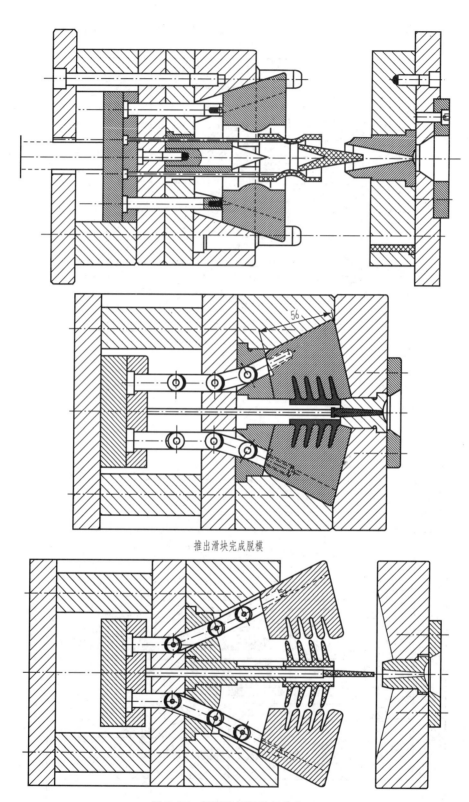

推出滑块完成脱模

图 6.17　斜滑块侧抽芯结构之三

6.2.6　斜推侧抽芯结构的设计实例

斜推两侧内抽芯的典型结构如图 6.18 所示。

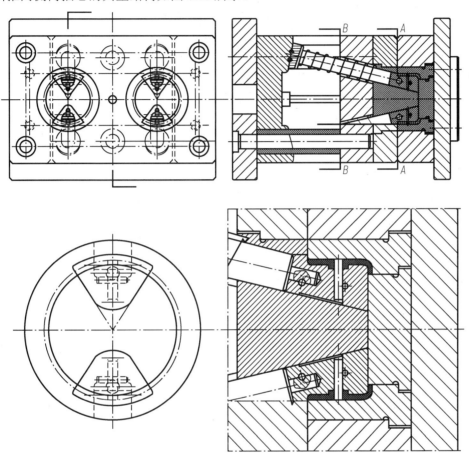

型腔、型芯组装结构放大

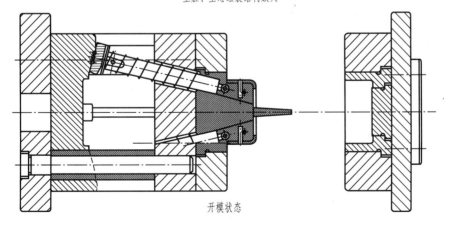

开模状态

图 6.18　斜推两内侧抽芯结构

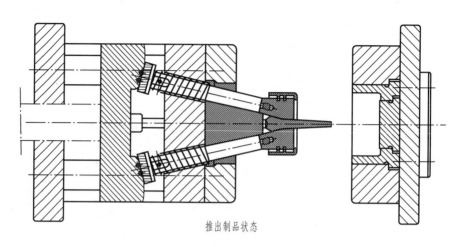

推出制品状态

图 6.18　斜推两内侧抽芯结构(续)

用斜推杆在推出制品的同时，型芯镶件从制品内侧抽离，完成脱模。制品若用机械手取出，则可进行全自动生产。

此结构简单，易于制造、维修和更换，应用广泛，可用于批量和大批量生产。此结构只适于抽芯距不很大的制品。抽芯距过大，推出的距离随之加大，而且两件镶件在推离制品之后不能相碰，并且要计算开模距(使之不大于所匹配注射机的最大开距)。

斜推杆与动模中心型芯的配合精度为 H7/f7；斜推杆与模具垂直中心线的最佳倾斜角为 $15°\sim18°$。此结构用压缩弹簧，迫使斜推杆大端的滚珠或滚轮，时时紧贴在与斜推杆轴心线成 $90°$ 的推板倾斜面上。

斜推哈夫板脱外螺纹的简易热流道结构如图 6.19 所示。

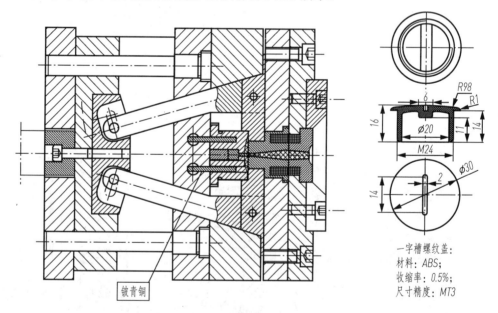

铍青铜

一字槽螺纹盖：
材料：ABS；
收缩率：0.5%；
尺寸精度：MT3

图 6.19　斜推哈夫板脱外螺纹的简易热流道结构

6.2.7　平移式推杆内侧分型与抽芯结构的设计实例

平移式推杆内侧分型与抽芯结构如图 6.20 所示。

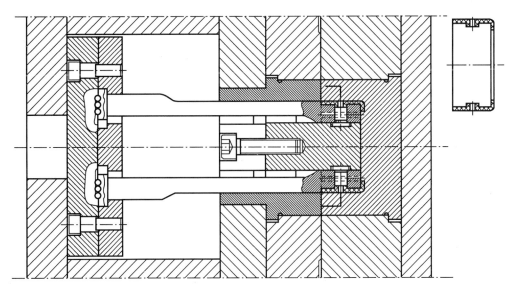

图 6.20　平推式推杆内侧分型抽芯结构

此结构与前一结构有异曲同工之妙，而比前者更易于制造。

6.2.8　变角弯销侧抽芯结构的设计实例

变角弯销侧抽芯结构如图 6.21 所示。

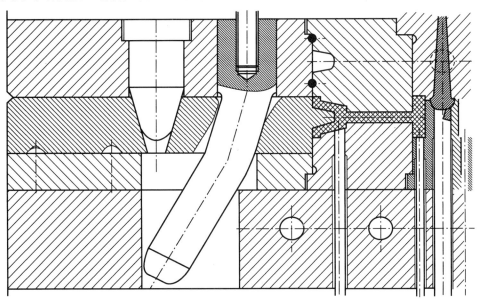

图 6.21　变角弯销侧抽芯结构

6.2.9　导滑板侧抽芯结构的设计实例

导滑板侧抽芯结构如图 6.22 所示。

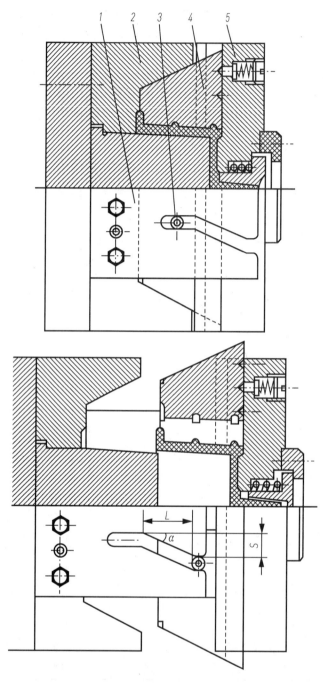

图 6.22　导滑板侧抽芯结构

1—导滑板；2—动模板(B 板)；3—导滑销；4—滑块；5—定模固定板

　　滑块 4 可在定模固定板 5 上左、右滑动(安装模具时，使两个滑块 4 呈水平位置而切勿呈上下位置)，小滚柱 3 装于滑块 4 两侧并置入导滑板 1 的导滑槽中。导滑板 1 固定于动模上。开模时，滚柱沿导滑槽滚动，带动滑块 4 抽离制品，完成侧抽芯。

6.3　包紧力、抽芯距的计算方法

6.3.1　包紧力的计算方法

制品注射成型之后，经保压冷却而定型。在冷却过程中，制品因产生收缩紧紧包附在型芯上。此包附之力简称为包紧力。而制品在成型之后推出脱模时，由于其包紧力使脱模受阻。在制品推出脱模时，首先要克服此包紧力使制品顺利脱模；其次还要克服不同塑料对侧型芯所具有的不同的黏附力；而不同钢材、不同硬度和粗糙度及长短粗细各异的型芯与制品之间，其摩擦阻力也各不相同；模具侧抽芯零件在抽离移动中，也有一定的摩擦阻力。用以克服上述种种阻力使制品顺利脱模的力，即为脱模力。

脱模时，一般情况下型芯是不动的(二次推出脱模的情况有所不同)，因此，脱模力在刚刚开始脱模的瞬间较大。之后，型芯与制品之间已经有了间隙，所需的脱模力也就大大减小了。计算时按最大的初始脱模力计算。其计算式如下：

$$N = FP(\mu\cos\alpha - \sin\alpha) \tag{6.2}$$

式中，N 为初始脱模力(N)；F 为侧型芯被制品包紧的总面积；P 为单位面积的包紧力(一般取 8～12Pa/mm)；α 为脱模斜度(°)；μ 为摩擦因数(取 0.15～0.20)。

6.3.2　抽芯距的计算方法

(1) 一般抽芯距(图 6.23)的计算：

$$S = s_1 + s_2 + (1\sim2)\text{mm} \tag{6.3}$$

式中，S 为抽芯距。

(2) 圆形线圈骨架抽芯距(图 6.24)的计算：

$$S = \sqrt{R^2 - r^2} + (2\sim3)\,\text{mm} \tag{6.4}$$

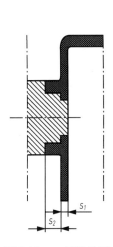

图 6.23　一般抽芯距

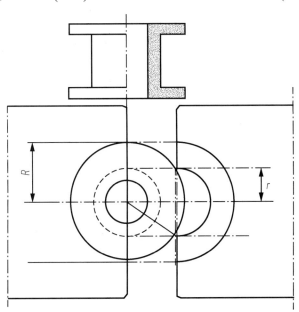

图 6.24　圆形线圈骨架抽芯距

(3) 矩形线圈骨架抽芯距(图 6.25)的计算:

$$S=h+k, \quad k=2\sim3\text{mm} \tag{6.5}$$

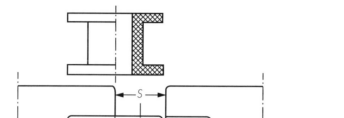

图 6.25　矩形线圈骨架抽芯距

6.4　滑块的常用导滑结构的设计实例

滑块的常用导滑结构如图 6.26 所示。

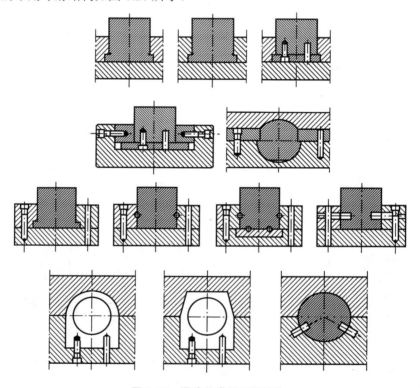

图 6.26　滑块的常用导滑结构

6.5　斜滑块的常用导滑结构的设计实例

斜滑块的常用导滑结构如图 6.27 所示。

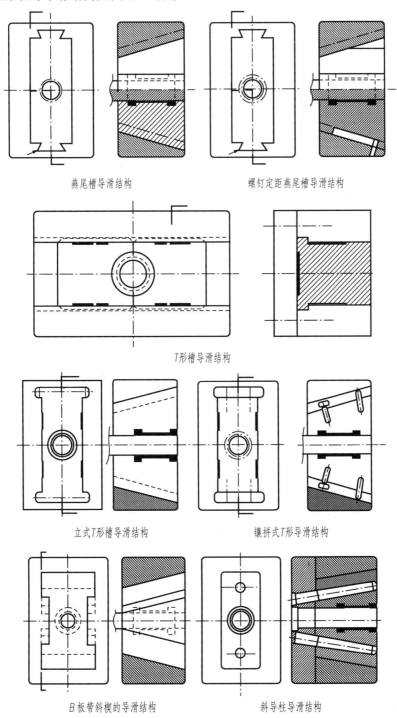

燕尾槽导滑结构　　　　　螺钉定距燕尾槽导滑结构

T形槽导滑结构

立式T形槽导滑结构　　　　镶拼式T形导滑结构

B板带斜楔的导滑结构　　　斜导柱导滑结构

图 6.27　斜滑块的常用导滑结构

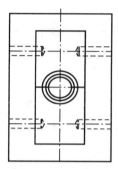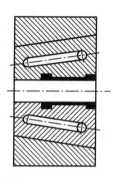

销钉导滑结构

图 6.27　斜滑块的常用导滑结构(续)

6.6　侧型芯与滑块的常用连接结构的设计实例

侧型芯与滑块的常用连接结构如图 6.28 所示。

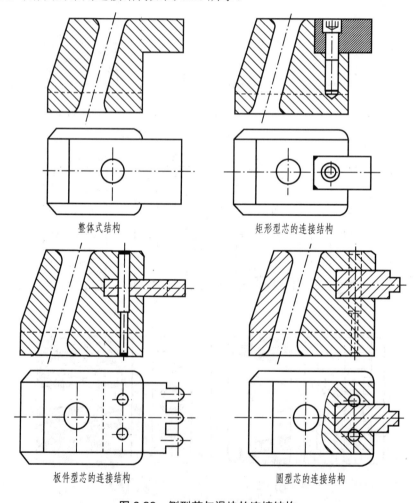

整体式结构　　　　　　　　　矩形型芯的连接结构

板件型芯的连接结构　　　　　　圆型芯的连接结构

图 6.28　侧型芯与滑块的连接结构

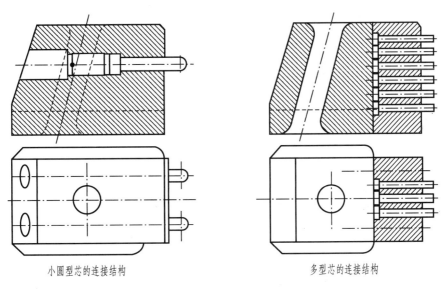

小圆型芯的连接结构　　　　　　　　多型芯的连接结构

图 6.28　侧型芯与滑块的连接结构(续)

6.7　常用的滑块锁紧结构的设计实例

常用的滑块锁紧结构如图 6.29 所示。

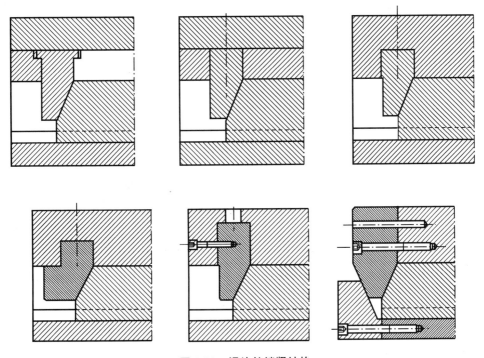

图 6.29　滑块的锁紧结构

锁紧结构实例如图 6.30～图 6.32 所示。

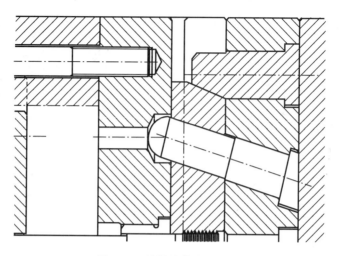

图 6.30　锁紧结构实例之一

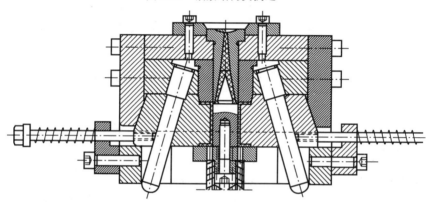

图 6.31　锁紧结构实例之二

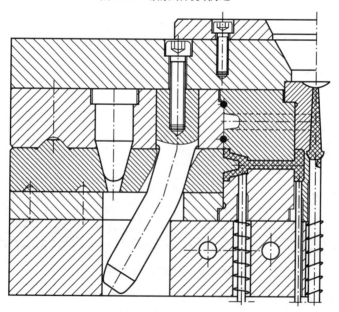

图 6.32　锁紧结构实例之三

6.8 确定斜导柱的倾斜角和导滑长度

斜导柱的倾斜角最好在 15°～18° 之间。倾斜角大了，会加加剧其磨损；小了，加长了导滑长度。当确定了倾斜角之后，可用快速作图法确定其斜导柱的导滑长度(即工作长度)，如图 6.33 所示。

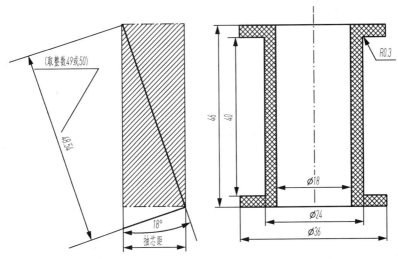

图 6.33　斜导柱的倾斜角和导滑长度的确定方法

6.9 脱螺纹的典型结构的设计实例

(1) 手动脱螺纹结构。在模外将螺纹型芯用专用的手动脱螺纹模架卸下，然后装入模内成型，如图 6.34 所示。

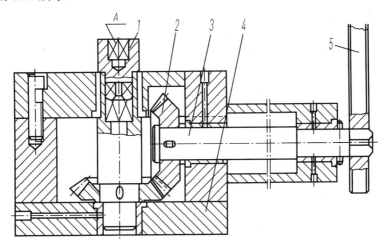

图 6.34　手动脱螺纹模架结构

1—接头；2—齿轮；3—轴；4—平板；5—手柄

要卸的螺纹型芯插入件 1 的方孔 A 中。旋转件 5 即可脱出制品。

(2) 瓣合斜滑块脱螺纹结构。在推出制品时，利用斜推杆，将瓣合螺纹型环分开，脱出制品，如图 6.35 所示。

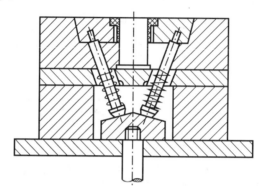

图 6.35　瓣合斜滑块脱螺纹结构

上述两种结构仅适于制品精度要求不高，生产批量很小的试制性制品，优点是模具简单，易于制造，加工周期短，成本低。

采用模内脱出螺纹型芯或型环的自动脱螺纹结构时，要求制品外表面具有止转结构，如花纹图案、条沟、凸筋等。

螺纹塑料制品的止转花纹如图 6.36 所示。

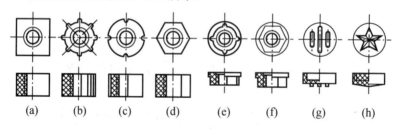

(a)　　　(b)　　　(c)　　　(d)　　　(e)　　　(f)　　　(g)　　　(h)

图 6.36　螺纹塑料制品的止转花纹

模内旋转脱模多属机械式自动脱模，效率高精度高，适于大批量生产。

(3) 横向脱螺纹的自动脱螺纹结构如图 6.37 所示(件 2 两端螺距相同)。

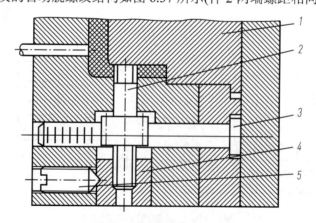

图 6.37　自动脱横向螺纹的结构

1—定模型芯；2—螺纹型芯；3—导柱齿条；4—套筒螺母；5—紧固螺钉

(4) 轴向螺纹的自动脱模结构：如图 6.38 所示。

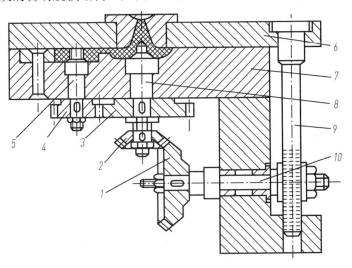

图 6.38　自动脱轴向螺纹的结构

1、2—(大、小)锥齿轮；3、4—(大、小)圆柱齿轮；5—螺纹型芯；
6—定模固定板；7—定模型腔板；8—主轴拉料杆；9—齿条导柱；10—齿轮轴

(5) 油缸拉动齿条带动齿轮脱螺纹结构如图 6.39 所示。

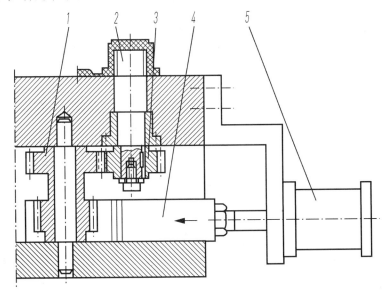

图 6.39　油缸拉动齿条带动齿轮脱螺纹结构

1、3—齿轮；2—螺纹型芯；4—齿条；5—液压缸

(6) 导柱式齿条带动齿轮和多个螺纹型芯、(多型腔)自动脱螺纹结构如图 6.40 所示。

(7) 大螺距的螺旋杆带动齿轮自动脱螺纹结构如图 6.41 所示。

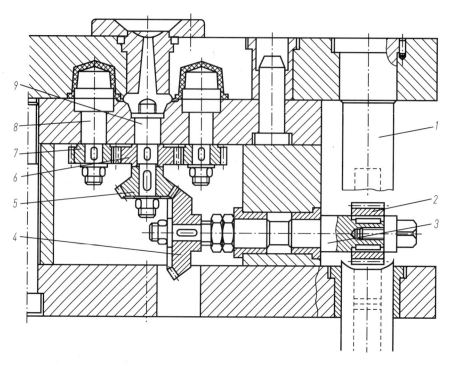

图 6.40　导柱式齿条齿轮自动脱螺纹结构

1—齿条；2、4、5、6、7—齿轮；3—轴；8—螺纹型芯；9—拉料杆

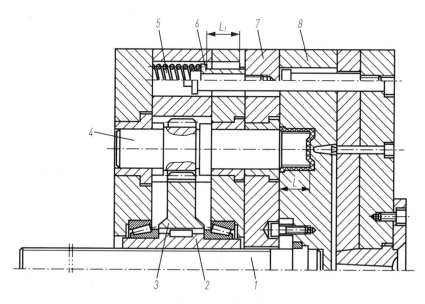

图 6.41　大螺距的螺旋杆带动齿轮自动脱螺纹结构

1—螺旋杆；2—螺旋套；3—齿轮；4—螺纹型芯；5—弹簧；
6—推管；7—推板；8—凹模；$L_1 \geqslant L$

(8) 另一种齿条齿轮自动脱螺纹结构如图 6.42 所示。

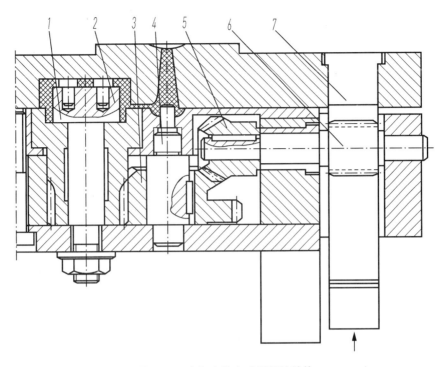

图 6.42　齿条齿轮自动脱螺纹结构

1—型芯；2—螺纹型环；3、5、6—齿轮；4—拉料杆；7—齿条

本 章 总 结

从本章中所列举的图例中不难看出：

1．在侧向分型与抽芯的结构中，除了用弹簧、油缸和齿轮齿条进行侧向分型和抽芯之外的所有结构，都是利用各种不同抽芯零件上的斜面，在开模或推出制品的过程中，将型芯抽离制品的方法来完成的。而斜面倾斜角度的大小，又直接关系抽芯距和开模(或推出)距离的长短，以及侧向分力的大小、斜面磨损的轻重和使用寿命的长短。

2．在侧向分型与抽芯的结构设计中，还要注意分型与抽芯零件在完成分型与抽芯后，定位的可靠与合模时复位的安全(不发生干涉)。

3．注意分型与抽芯零件在合模成型中锁紧的安全和可靠。

小组讨论与个人练习

1．举例说明：应如何改进制品结构，才能避免侧向分型与抽芯？

2．各举一例并以简图说明内侧与外侧抽芯结构。

3．计算图 6.43 所示制品的抽芯距，并选择其侧向抽芯的正确结构。

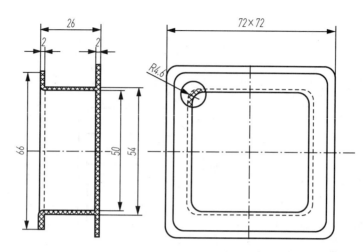

图 6.43　正方形线圈骨架

第 7 章

导向、定位结构，推出脱模和
复位结构的设计方法和技巧

本章重点

- ◆ 定位圈、导柱与导套的结构设计实例。
- ◆ 精定位的结构特点和应用实例。
- ◆ 其他定位零件的结构设计实例。
- ◆ 推出、脱模与复位结构的设计要点。
- ◆ 最常用的推杆推出、脱模与复位结构的设计方法和技巧。
- ◆ 最常用的推板推出、脱模与复位结构的设计方法和技巧。
- ◆ 最常用的推管推出、脱模与复位结构的设计方法和技巧。
- ◆ 推杆与推管联合推出、脱模与复位结构的设计方法和技巧。
- ◆ 推板与推杆联合推出、脱模与复位结构的设计方法和技巧。
- ◆ 推板与推管联合推出、脱模与复位结构的设计方法和技巧。
- ◆ 强脱模结构。

7.1　导向与定位结构的设计方法和技巧

注射模具的导向与定位结构至关重要，它不仅直接影响模具的加工、装配质量，影响模具的试模以至生产中的安全和顺利进行，而且直接影响制品的质量。因此，设计导向与定位结构时切不可掉以轻心。

所谓导向与定位，其一是指注射模在装入注射机进行试模或生产时，整体模具与注射机的相互位置必须进行有效的、较为准确的导向和定位，以确保注射模的几何中心，能与注射机的注射压力中心同轴，即确保模具浇口套主流道与注射机喷嘴的喷射孔对准，使熔融塑料从喷嘴射出后，能准确、无余地射入浇口套中心的主流道中。而达此目的同时，也保证了注射机的中心液压推杆与模具动模固定板中的推杆通过孔对准，以便注射机的中心液压推杆的顺利进入，推动推出机构，将成型后的制品顺利推出。唯一起此作用的、最典型的零件就是定位圈。定位圈在确定了与之匹配的注射机的型号、规格之后，其尺寸精度就确定了。

其二是指注射模在成型制品的过程中，凡有相对运动的零部件，为确保其运动全过程中相互位置的准确无误和稳定不变，也必须进行有效、准确的导向和定位。

在这类零件中，最常用、最普通的导向零件就是导柱、导套，边锁、弹簧定位销及定位挡板(挡销)等。

对于精度较高的制品和模具、从制品外表面圆弧中心分型的模具，为了保证制品的外观，动、定模之间除了设置最普通、最常用的导柱、导套之外，还必须设置二次精定位零件或二次精定位结构。二次精定位常用的零件有圆锥形导柱、导套，滚珠导柱、导套，圆锥定位柱、定位套、锥面定位块等。

其三是指为了确保两个或多个模具零件在加工或装配过程中(即配做过程中)的尺寸和相互位置精度的一致，也必须采用可靠的零件进行定位。最常用的零件就是定位销——圆柱定位销和圆锥形定位销，其中，圆柱定位销的应用比圆锥形定位销更为广泛。

其四是当制品的结构为非对称、均衡结构时(尤其是在成型具有大面积侧向分型抽芯结构的制品时)，型腔、型芯(或侧型芯)在成型时将承受很大的侧向压力，易使型腔、型芯产生弹性变形甚至位移。因此，必须在关键部位进行定位(加固、锁紧)，以防止其发生变形和位移。常用的这类零件有锥面定位块、锥面锁紧块、圆锥定位销、方形和锥形对插锁紧块、模内锥面定位件等。

其五是当模具结构中有滑块、斜滑块之类的、在开模和推出过程中与其他零部件有相对运动的侧向分型与抽芯结构时，也必须进行有效而可靠的导向和定位，以确保制品能顺利且安全地脱模，确保模具能顺利且安全地复位。最常用的结构如T形或燕尾导滑槽，而这类结构中最常用的零件有弹簧定位珠、弹簧定位拉杆、定位挡板、挡销等。

其六是当制品中有类似螺纹小型芯和螺母、焊片之类的金属镶件时，在注射前装入镶件时，也应进行定位，以防止其注射成型过程中产生位移。小型镶件多采用磁铁吸附的简易结构，既简单好用又耐用。中型乃至大型金属镶件，则可酌情选用弹簧卡箍、卡圈之类的定位件定位。

根据导向与定位零件各自不同的功能和作用，分为上述这六种类型。在这六种类型中，要求不高的、常用导向与定位零件如普通的导柱、导套，在选择、确定标准模架时，其直径和位置就已经完全确定而无须另行设计，但其长短必须由设计者根据结构的需要确定。又如，弹簧定位珠等零件都属于标准件，可直接选用不同规格的零件，也无须设计。而定位圈则必须由模具设计者在选择、确定注射机的型号、规格时进行核算，使定位圈与之匹配。同时，还必须根据模具的成型结构、浇注系统结构及浇口套的不同型号规格进行选定，使之匹配。另外，由于制品结构和精度的不同，有的模具还必须设计二次精定位结构或模内锥面精定位与导向结构。

7.1.1　导柱与导套的结构的设计实例

(1) 导柱、导套的导向与定位属于动模与定模之间的初定位。其定位精度不高，为间隙配合。凡精度不高的制品，其成型模具中的动、定模之间，均采用此零件进行导向和定位。导柱和导套除了用于导向和定位之外，在制品成型过程中，还承载一定的侧向压力。

(2) 导柱、导套属于标准件。标准模架中的导柱、导套，其结构、尺寸和配合精度已确定，无须设计。

(3) 导柱、导套在标准模架中位于模具四角的最远处，均为井字形，四导柱为对称排列。然而在生产实际中也常采用圆形模具，尤其是生产精度不高的中、小型尺寸圆形制品时，也常采用圆形的中、小型模具。在圆形模具中，应用三点定位原则，采用互为 120° 布局的三导柱定位结构，其效果甚佳。

(4) 为防止 120° 布局、完全对称、均衡的三导柱结构模具发生装模方向错误的事故，将其中一个 120° 角改为 118° 或 122°，这样可杜绝事故的发生。这与矩形模具的四导柱井字形对称排列，将其中一导柱的位置错开 2mm，以防止装模方向错误事故发生为同一原理。

(5) 导柱的安装方向应便于制品的脱模和取出。在此前提下，导柱一般安装在型芯高出分型面较多一侧的型芯固定板上。

(6) 导柱、导套固定部位的最佳长度为其固定直径的 1.5 倍；其导向部位的最佳长度为导向直径的 1.5～2 倍。导柱总长的顶端必须比型芯端面最高处高出 1～1.5d(d 为导柱导向部位的导滑直径)。在推板推出脱模结构中，导柱的长度必须确保推板将制品完全推离制品后，仍然保持在导柱的有效导滑直径上。

(7) 注意导套内的排气、排污，必要时开排气、排污槽。导柱与导套一般都采用 H7/f7 的配合精度。制品无精度要求的，可采用 H7/e6 或 H8/e6 的配合精度。导柱、导套与模板固定部分的配合精度为 H7/k6。

另外，在矩形模两次分型的点浇口结构中，定距拉杆应在模具两长边靠近导柱、导套的内侧。

7.1.2　精定位的结构特点及其应用实例

精定位结构通常是在采用普通导柱、导套初定位结构之后，为了保证制品的高精度要求，另外设置的无间隙精定位结构。常用精定位零件有圆形的圆锥定位副和矩形的锥面定位副两种。这两类精定位零件分别安装在动模和定模的分型面上，对称、均衡排列，用以精确弥补、校正导柱、导套初定位中。由于配合间隙所产生的定位误差，这两类精定位零件为标准件，如图 7.1 所示。

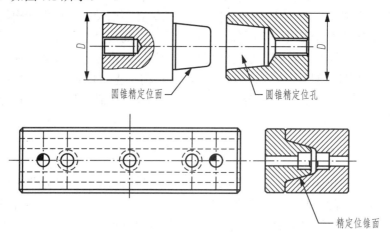

图 7.1　圆锥定位副和矩形的锥面定位副

（1）圆锥无间隙的精定位导柱、导套结构：应用锥面配合无间隙的精定位原理，将圆锥定位副的结构和导柱、导套间隙配合的初定位结构合二为一，设计了一套圆锥精定位导柱、导套结构。在需要精定位的结构中应用，效果甚佳，省去另加一套二次精定位零件的种种麻烦和成本，现已得到广泛应用。其结构如图 7.2 所示。

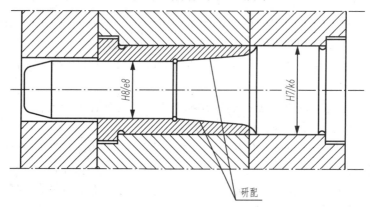

图 7.2　圆锥精定位导柱、导套结构

（2）简易卧销精定位结构：如图 7.3 所示，卧销 1 用螺钉 4 固定在动模板的半圆孔中。定模板 2 上有相应的略小于半圆的半圆孔。合模时，两对互成 90°的卧销与定模板上相对应的、略小于半圆的半圆孔密合并实现精确定位，使动、定模之间，前、后、左、右皆不可能产生相对位移。其定位的精度取决于卧销与卧销孔的研合精度(研合时涂红粉检查，红粉接触面越大，越均匀，则精度越高)。

卧销精确定位是在分型面上对动、定模施以导柱、导套初定位之后的二次精确定位。

（3）模内的精定位结构：对于尺寸较大的模具，仅靠上述的精定位零件定位是不可靠的，所以还必须在动、定模模内设计(圆形或矩形)型腔或型芯的锥面精定位配合结构。这种精定位配合结构不仅仅只是为了提高定位精度，同时也是为了提高其锁紧的强度和可靠性。当型腔、型芯镶件为圆形时，可采用图 7.4 所示的锥面精定位配合结构。当型腔、型芯镶件为矩形时，其精定位配合锥面应设置在矩形型腔、型芯镶件的四角处(注：当采用模内精定位结构时，采用标准模架中的普通导柱、导套定位即可)。

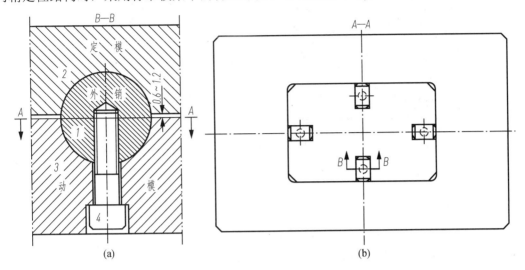

图 7.3　卧销精定位结构

1—卧销；2—定模板；3—动模板；4—螺钉

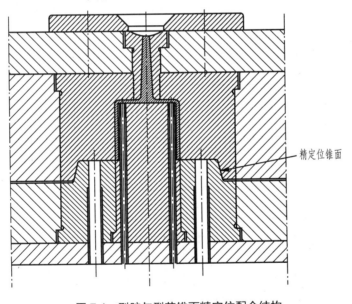

图 7.4　型腔与型芯锥面精定位配合结构

(4) 在模具推板和推杆(推管)固定板的推出结构中，有时也安装普通的导柱、导套进行导向和定位，以保证推出制品时的平衡，避免因推出时受力不均，导致制品变形。此结构中的导柱可安装在动模固定板，也可安装在支承板上。为了提高其稳定性，导柱小端最好采用插入另一模板中的插穿结构，如图 7.5 所示。

(5) 在精密和超精密模具中，推出脱模结构的导向可采用冷冲模结构中的"滚珠导套"结构。此结构为无间隙精定位、导向结构，其导柱和滚珠导套是永不脱离的无间隙配合。

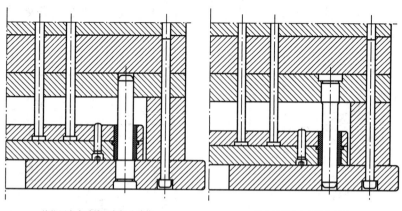

| 导柱固定在动模固定板的结构 | 导柱固定在支承板的结构 |

图 7.5　推板和推杆(推管)固定板中的导柱、导套结构

采用此结构时，支承块最好设计为全封闭结构，以防止灰尘、杂质侵入滚珠导套中，影响其正常的运动和配合，如图 7.6 所示。

在三板点浇口结构中，为保证 A 板、凝料推板相对运动的稳定和相互位置的准确，也必须用导柱、导套进行导向和定位，通常除了用普通初定位的导柱、导套进行导向和定位之外，在图 7.7 所示的结构中，利用定距拉杆代替导柱，保持对 A 板和凝料推板的导向与定位。

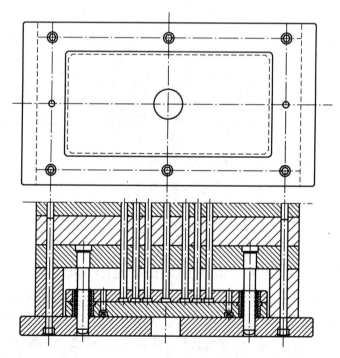

图 7.6　精密模具中的导柱和滚珠导套精密导向、定位结构

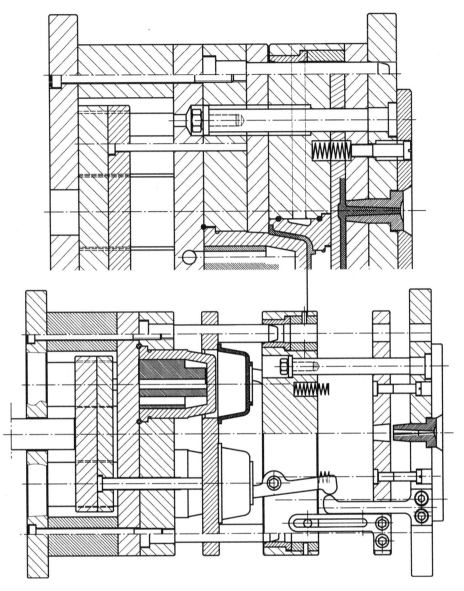

图 7.7　三板式点浇口结构中的导向与定位结构

7.1.3　滑块的定位结构的设计实例

1. 用弹簧定位珠定位的结构设计实例

弹簧定位珠常用于斜导柱抽芯的滑块(尤其是哈夫结构)中。其作用之一是保证滑块复位的准确无误；其二是使滑块在斜导柱抽离滑块时，保持其位置的恒定不动，以确保再次合模时，斜导柱能准确无误地插入滑块的斜导柱孔中，避免事故的发生。弹簧定位珠是标准件，设计时可根据滑块的大小选用不同规格的弹簧定位珠进行定位，如图 7.8 所示。

2. 用弹簧拉杆和定距挡板定位的结构设计实例

用弹簧拉杆和定距挡板定位的结构如图 7.9 所示。

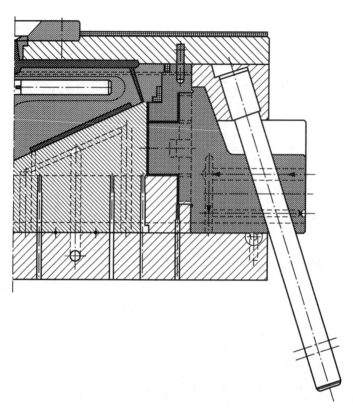

图 7.8 弹簧定位珠定位结构

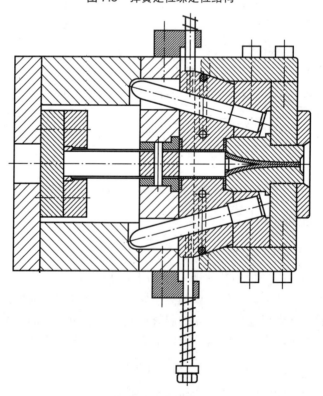

图 7.9 弹簧拉杆和定距档板定位结构

7.2 推出、脱模和复位结构的设计方法和技巧

简而言之，推出、脱模与复位结构就是制品经成型、冷却、固化、定型之后，将其从型腔中或型芯上推离，以便从动、定模之间的主分型面上取出，之后推出零件又能准确回复到合模成型时的正确位置的结构；进而言之，就是制品在固化、定型之后，由于冷却过程中的收缩，以一定的包紧力包附在型芯上，而推出脱模的零件，必须在不影响、不损坏制品表面质量和形状、精度的前提下，将其从型芯上或型腔中平稳、无损地推出至最佳位置，以便人工或机械手将其顺利取出，之后这些推出零件还必须安全平稳、准确地回复到原来成型制品时的正确位置的结构。

7.2.1 推出、脱模与复位结构的设计要点

(1) 开模时制品应尽可能留在动模，以便充分利用和发挥动模所具有的推出、脱模与复位结构的作用。

(2) 将制品推出脱模时，应使其受力均匀、平稳，确保制品在推出、脱模时不损坏、不变形，不因推出脱模而影响表面质量，并且能推至最佳位置，便于自由落下；便于人工或用机械手顺利取出，以缩短辅助时间，提高生产率。

(3) 结构简单，便于制造、调试、安装、拆卸和维修更换，且性能稳定、可靠，使用寿命长。

7.2.2 推杆推出脱模与复位结构的设计方法、技巧及其设计实例

在推出、脱模与复位结构中，最常用、最主要的零件有推杆、脱模推板(或推环)、推管、推块、推杆(或推管、复位杆)固定板、复位弹簧和复位杆等。

复位杆其实就是圆形推杆。推杆和复位杆均为标准件，可根据模具的结构按所需的直径和长度选用而无须设计。推杆和复位杆见附录 5 中的圆射销、扁销等。

推杆推出脱模结构是各种推出脱模结构中最简单方便、成本最低、应用最广泛的一种结构。

推杆的截面形状有圆形、方形、矩形等各种类型。设计时可根据制品的要求和不同的结构需要选择。其中，因其加工的简便，圆形推杆应用最广。但有时因制品结构要求或受模具结构功能要求的限制，不可能全是圆形截面。所以，方形、矩形(即扁形)推杆也经常应用，而异形推杆只在特别需要时按需设计、制造或订购。

锥面推杆主要用在深腔或薄壁制品的推出结构中，如图 7.10 所示。其优点是接触面积大，因此推出时，制品不易变形。锥面配合面经过研磨，间隙很小。推出时在型芯与制品内表面之间迅速进气，解决了因真空形成难以脱模的问题。在此结构中，锥面推杆与型芯之间的摩擦小，磨损小，使用寿命长，而且制品表面平整，便于脱模。

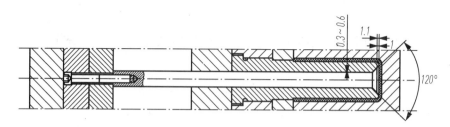

图 7.10 深腔和薄壁制品用的锥面推杆结构

推杆与型芯的配合为 H7/f7、H7/e6。与制品在主视图和俯视图上的位置尺寸如图 7.11 所示。

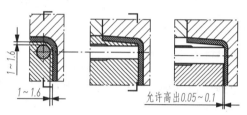

图 7.11 推杆的位置尺寸

几种推杆与型芯和模板之间的配合尺寸如图 7.12～图 7.15 所示。

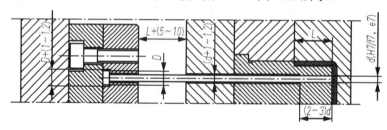

图 7.12 圆形直推杆与模板的配合尺寸

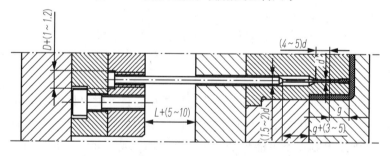

图 7.13 圆形台阶式小推杆与模板的配合尺寸

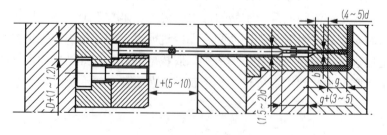

图 7.14 台阶式扁推杆与模板的配合尺寸

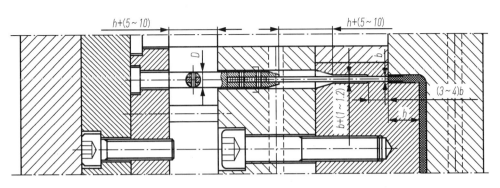

图 7.15　对接式扁推杆与模板的配合尺寸

推杆与推杆导滑孔的配合要求：一是推杆与型芯或模板的配合长度，为推杆配合直径的 1.5～2 倍(5mm 以内的推杆，其配合长度为其配合直径的 3～5 倍)。其余部分必须让空；二是与孔的配合为间隙配合，其间隙值应小于或等于制品塑料的溢边值；三是推杆小端端面与型芯的成型端面应齐平，允许高出 0.05～0.1mm，而绝不允许凹入；四是配合表面粗糙度为 $Ra3.2\mu m$。

设计时，选用推杆的要点：

(1) 推杆在模具整体结构中的布置必须对称、均衡。不对称、非平衡结构的，制品因受力不均产生变形，甚至被卡死而难以脱模。

(2) 在型腔、型芯和模板强度、刚度允许的前提下，推杆直径宜大不宜小、宜短不宜长、宜少不宜多。

(3) 推杆应尽可能设计在不影响制品表面质量和外观的部位。

(4) 必须将推杆设计在制品包紧力最大的部位，设计在制品壁厚最厚、最结实而不易变形的部位。

(5) 当模具有侧抽芯时，推杆在侧型芯合模复位时，相互之间不应产生干扰(即相碰)。若无法避免，应采用弹簧先复位或其他先复位结构。

(6) 推杆与制品直接接触的端部，最好与型芯的表面齐平(装配时应高出 0.1～0.2mm，装好后修平、抛光)。

(7) 推杆作用力的中心，在保证模具型腔或型芯强度的前提下，应尽可能靠近制品包紧力最大之处。

(8) 当制品斜面的倾斜度较大时，为防止制品在推出过程中产生相对滑移，应在推杆端部的斜面上加工 1～2 条较浅的防滑横槽(一般为 $R0.3mm$)，如图 7.16 所示。

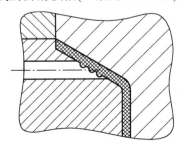

图 7.16　端面具有防滑横槽的推杆结构

推杆和复位杆最常用的安装、固定方法如图 7.17 所示。

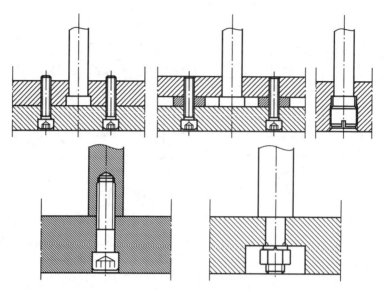

图 7.17　推杆、复位杆的安装结构

推杆推出脱模与复位的结构设计实例如图 7.18 所示。

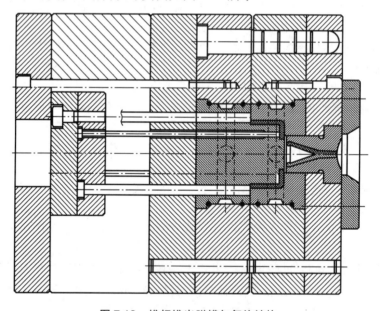

图 7.18　推杆推出脱模与复位结构

7.2.3　推板推出脱模与复位结构的设计方法、技巧及其设计实例

用推板将制品推出脱模，因其受力面积大(一整圈)且受力均匀、平稳，因此，最适于外形较为简单的如圆形、方形、矩形等非异形的薄壁制品的推出脱模。

在标准模架中，脱模推板也是模架中的一件标准模板，属于标准件，具有标准的外形尺寸、厚度和导套孔，无须另行设计。但也仅此而已，并无完整的动模推板所应具有的结构和尺寸精度，尚需设计加以完善。

在推板推出脱模典型结构中，推板、型芯、B 板和制品关键部位的结构、尺寸如图 7.19 所示。

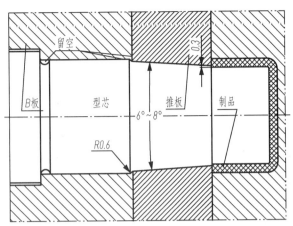

图 7.19　推板推出脱模结构中各部位结构、尺寸

推板推出脱模的典型结构实例如图 7.20 所示。

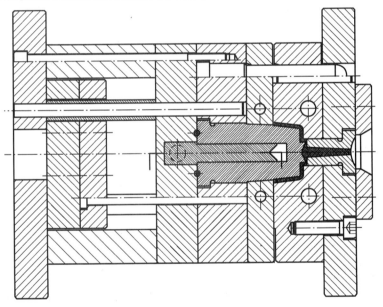

图 7.20　推板推出脱模结构

脱模推板在推杆的推动下，使制品推离型芯，完成脱模。脱模推板的复位，第一种是在合模时推板与 A 板接触后，动模继续前行，其反作用力将其复位；第二种是在推杆固定板上另外安装复位杆复位；第三种是在推板的推杆上安装弹簧，并且用螺钉将推板与推杆连接、固定成一个牢固的整体，即可完成自动先复位。

脱模推板(或推环)设计要点：

(1) 推动脱模推板(或推环)的推杆，必须对称、均衡布置，使脱模推板受力均衡而平稳，而推杆此时也兼有导向作用。

(2) 采用脱模推板结构时，一是导柱必须设计在动模这一侧；二是导柱的长度必须确保脱模推板将制品完全推离型芯完成脱模之后，脱模推板仍在导柱的导滑部位上，以确保合模、复位的可靠和安全。

(3) 在推出全过程中，脱模推板应始终保持平稳和灵活，既不允许产生摇摆、晃动，也不允许产生卡滞和偏磨现象。

(4) 脱模推板与型芯的配合间隙必须等于或小于制品塑料的溢边值，以防止飞边的产生和卡滞现象的发生。

(5) 脱模推板开合模中与型芯产生相对运动的部位，可采用镶拼优质模具钢，也可整板采用优质模具钢并进行相应的热处理，以提高耐磨性，延长其使用寿命。

(6) 脱模推板与推杆之间，既可将推杆设计成无螺纹的平头圆形直推杆，以浮动状态与脱模推板无间隙接触；也可设计成端部为螺纹的推杆，直接拧入脱模推板的螺纹孔中，使之成为一个牢固的整体；还可以设计为用平头螺钉，将脱模推板和推杆固定成一个牢固的整体。在这三种结构中，第一种广为应用，易于制造，成本相对于其余两种较低。

推板推出脱模的另一种典型结构实例如图 7.21 所示。此结构最突出的特点就是利用注射机的侧推杆，直接推动推板，将制品从型芯上"刮"下来，无须设置一套推出机构。这不但大大简化了模具机构，尤其是对于诸如圆珠笔杆这类长径比大、推出距大的深腔制品，可大大缩小其开模距，使开模距有限的中、小型注射机也能用这类制品的多型腔模具进行生产。

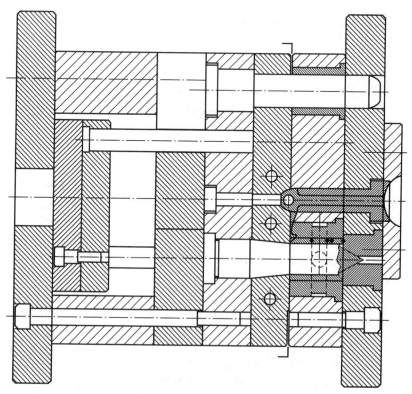

图 7.21　推板推出脱模结构实例

推环推出脱模与复位的另一种典型结构——推环，其实就是大大缩小了的"小推板"。推环推出脱模与复位结构的典型实例如图 7.22 所示。制品结构尺寸如图 7.23 所示。

合模状态

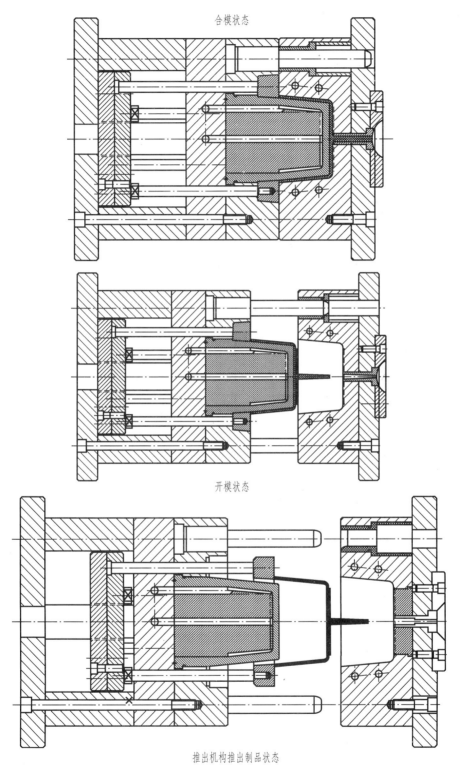

开模状态

推出机构推出制品状态

图 7.22　推环推出脱模与复位结构

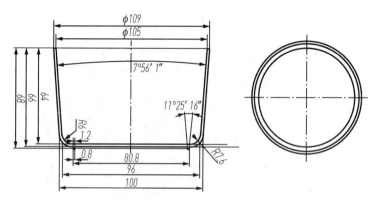

图 7.23　制品结构尺寸

　　强脱模典型结构：用推板强行推出带有一圈内凸环的强脱模典型结构如图 7.24 所示。断面为圆形的内螺纹，用推板推出脱模的强脱模典型结构如图 7.25 所示。深腔制品强脱模典型结构如图 7.26 所示。

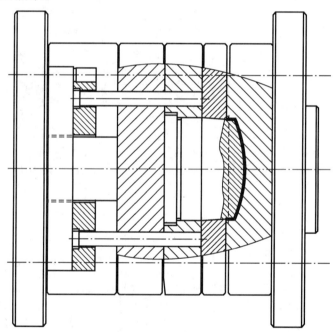

图 7.24　推板推出的强脱模典型结构

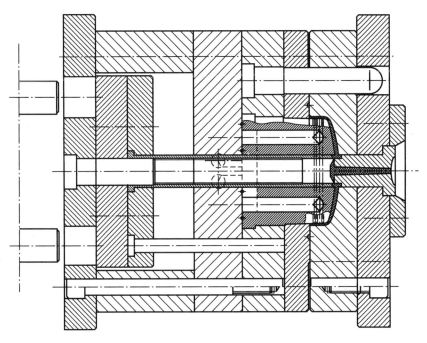

图 7.25　断面为圆形内螺纹的推板强脱模结构

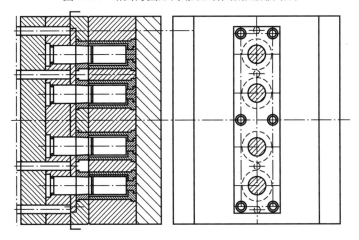

图 7.26　推板带镶套的强脱模结构

7.2.4　推管推出脱模与复位结构的设计方法、技巧及其设计实例

当制品中有环形凸台而凸台中又有孔(通孔或盲孔)时，多采用推管推出脱模结构。这种结构在推出制品时，类似于局部小面积的推板推出脱模结构。其受力面积大，制品受力均匀，稳定可靠，不易变形，而且推管在制品上留下的一圈印痕(与推杆相比)也不太明显。

在推管推出脱模的常用结构中，推管、型芯的固定及与模板之间的配合常用结构、尺寸共有下列四种。

(1) 凸台中的型芯用销钉固定在 B 板与支承板之间，推管上铣出导滑槽，如图 7.27 所示。

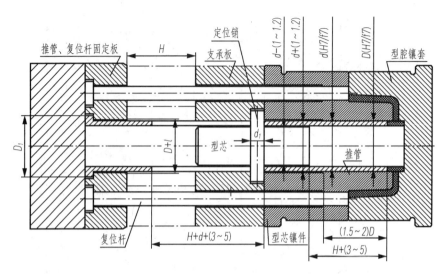

图 7.27　用销钉固定中心型芯的推管推出脱模结构

(2) 在动模固定板上加一块压板，凸台中的型芯固定在压板上，如图 7.28 所示。

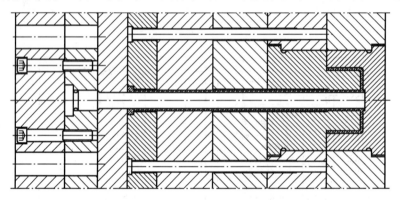

图 7.28　中心小型芯固定在动模固定板与压板之间

(3) 凸台中的型芯固定在动模固定板上，如图 7.29 所示。

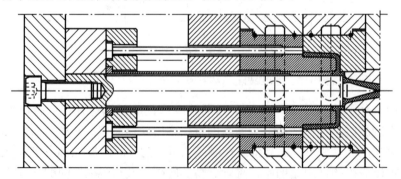

图 7.29　中心型芯的另一种固定结构

(4) 成型制品凸台中孔的型芯固定在动模固定板中，如图 7.30 所示。

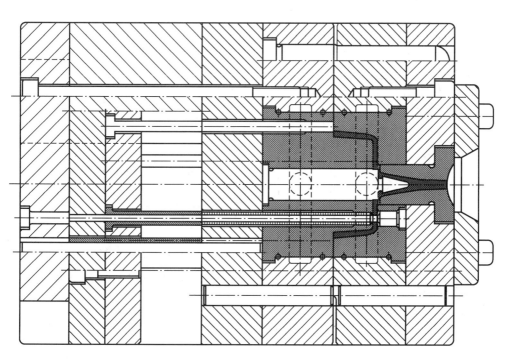

图 7.30　推管中细长型芯的又一种固定结构

推管也是标准件，无须设计，选购即可。

推管推出、脱模的典型结构实例(推管中的型芯用螺钉固定在支承板上)如图 7.31 所示。

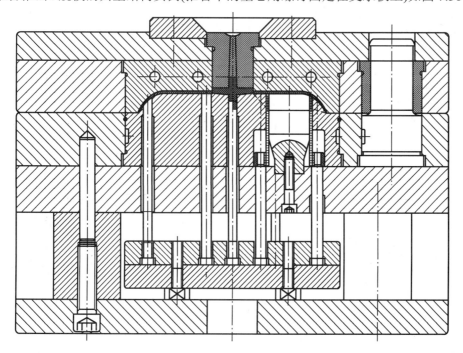

图 7.31　推管推出、脱模结构实例

推杆与推管联合推出脱模的典型结构设计实例如图 7.32 所示。

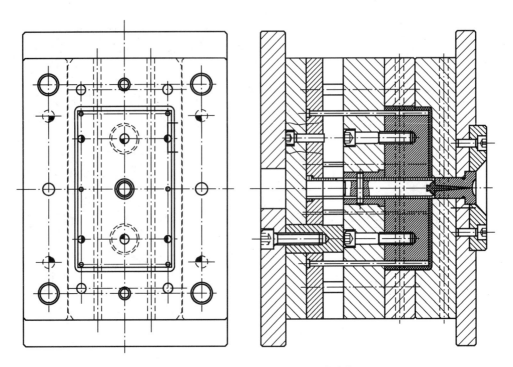

图 7.32　推杆、推管联合推出脱模结构

斜推脱模结构的设计方法、技巧与设计实例如图 7.33 和图 7.34 所示。

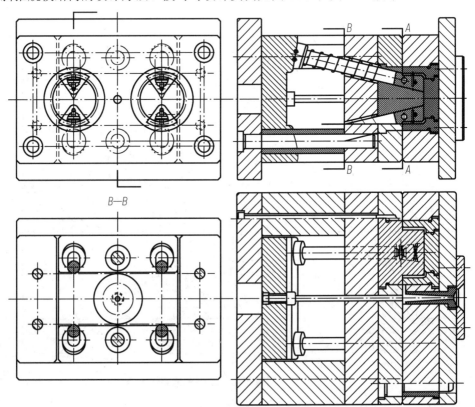

图 7.33　斜推内侧抽芯结构

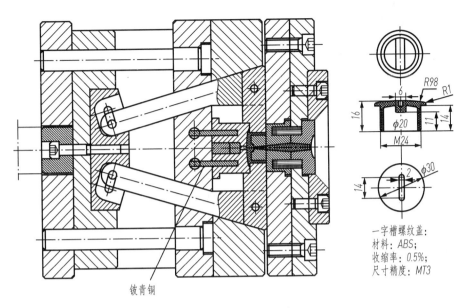

一字槽螺纹盖：
材料：ABS；
收缩率：0.5%；
尺寸精度：MT3

铍青铜

图 7.34　斜推脱外螺纹的简易热道结构

小组讨论与个人练习

1. 举例说明注射模中各导向、定位零件，并简述其各自的功能。
2. 以简图说明精密导向、定位件与普通导向、定位件的主要区别。
3. 简要说明推出脱模结构的设计原则。
4. 以简图说明推杆推出脱模结构的要点。
5. 以简图说明推板推出脱模结构的要点。
6. 以简图说明推管推出脱模结构的要点。
7. 以简图说明最常用的复位结构。

第 8 章

模温调节与控制，
排气、溢料和引气结构的
设计方法和技巧

本章重点

- 循环冷却(或加热)水道的设计要点和技巧。
- 注射模各类冷却(或加热)水道结构的设计范例。
- 排气、溢料典型结构的设计方法和技巧。
- 引气典型结构的设计方法和技巧。

8.1　模温调节与控制结构的设计方法与技巧

模温调节与控制结构是指将模具成型和脱模时的温度、调节、控制在最佳范围内的这部分结构。

1．调节、控制模具温度的目的

(1) 保证制品能快速、顺利成型，避免各种成型缺陷的发生。

(2) 使制品成型之后，能快速而又均匀地冷却、固化和定型，以便顺利地将其推出脱模，避免变形甚至损坏现象的发生。

(3) 缩短成型周期，提高生产率和效益。

2．调节、控制模具温度的方法

调节、控制模具温度的方法：

在 A 板、B 板、型腔、型芯的内部或四周，设置水道，注入保持一定温度和一定压力，因而具有一定流速和流量，并且对模具对环境无污染、腐蚀作用的循环冷却水，对模具的型腔和型芯(包括侧抽芯型芯、滑块等)进行冷却，将高温熔融塑料带给模具的高温不断地带离模具，使之保持在所需的温度范围之内。具体方法有两种：调节水压和流量(利用成分)，使用控温仪。

常用的热塑性塑料如 PE、PP、PS、PVC、PMMA、PA 和 ABS，在成型过程中，均采用水循环冷却的方法，使模具型腔和型芯四周的温度始终稳定地保持在最佳温度范围之内。而对于流动性差的塑料，如 PC 等塑料，其模温则应控制在 90～110℃之间，使之易于成型并降低制品的内应力，避免缺料、变形、应力开裂等现象的发生。因此，有时不但不冷却 (尤其是冬天气温较低时)，而且必须对模具进行加热，即在循环水道之中通以循环高温热水(或高温蒸汽)，也可安装电热零件加热。

常用塑料的模具温度如表 8-1 所示。

表 8-1　常用塑料的模具温度

塑料	PE	PP	PS	PVC	PMMA	PA6	ABS	POM	PC
温度/℃	35～65	40～80	40～70	30～40	40～60	40～80	60～80	80～100	90～110

3．物理热学原理

高温熔融塑料射入常温态的模具型腔后，与模具型腔、型芯形成较大的温差。因此，熔融塑料的高温必然向低温的型腔、型芯进行热传导，使模具型腔、型芯的温度迅速升高，而熔融塑料自身的温度则迅速降低。当塑料温度降至与模具型腔、型芯的温度相同时，热传导终止(射入模具的熔融塑料越多，传导给模具的总热量就越大)。当模具中注入大大低于常温(常用 4℃)的循环冷却水之后，在高于常温的型腔、型芯与水道中的冷却水之间又形成了较大温差，同样产生热传导，将型腔、型芯各表面及其周围的温度不停地传给快速流动的循环冷却水，将其带离模具，从而使模具温度能稳定地控制在所需范围之内。

温度的控制是通过对水流流量和速度的调节阀门来调节控制的。加大水流流量和压力，提高水流速度，单位时间带离模具的热量就多，模温就低；反之，模温就高。

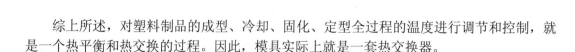

综上所述，对塑料制品的成型、冷却、固化、定型全过程的温度进行调节和控制，就是一个热平衡和热交换的过程。因此，模具实际上就是一套热交换器。

8.1.1 注射模循环冷却(或加热)水道的设计要点和方法

(1) 冷却水道与成型表面的距离力求均匀一致。在保证型腔型芯强度的前提下，水道距成型表面的距离越近，冷却效果越好。

(2) 水道应采用串联结构，避免使用并联结构的水道。

(3) 要加强对模具中心部位和制品壁厚较厚之处的冷却，尽可能将进水部位设计在模具中心或制品最厚部位，将出水部位设计在制品壁厚较薄部位。

(4) 精密、超精密制品应采用缓冷而切忌速冷，以减小变形。而一般批量大的、要求不高的制品则应采取快速冷却的方法，以缩短周期，提高效率。

(5) 水孔一般以 8～12mm 为宜。小模具的长度在 160mm 以内，可选用 6mm。孔太小，难加工，而孔太大又不易形成紊流状态，降低了冷却效果。

(6) 由于整体结构的限制，个别部位有时无法加工水道，可镶入铍青铜并将其加长，伸至水道中，效果佳。

(7) 冷却水道直径、间距与型腔之间的距离要求。

① 冷却水道形状。为便于加工，如设置在模具零件的表面，应加工成圆形或半圆形。如设置在模具零件内部，则以加工成圆孔最为简单、方便。两水孔间的间距最小不应小于 $1.6d$(水孔直径)，最大为 $3d$。孔的大小视其成型制品的大小，即模具或模具型腔的大、小而定。常用孔径为 ϕ6mm、ϕ8mm、ϕ10mm、ϕ12mm 几种，大型模具酌情增大，数量亦应增加。

② 冷却水道与型腔壁之间的距离不宜太近。距离太近，则型腔壁温过低，产生温度不均现象，不利成型和制品质量，同时当注射压力加大时，容易引起变形甚至损坏；距离太远，则冷却效果不佳，失去作用，一般为 $2d$ 左右，最大不超过 $3d$。冷却水道的直径、间距及其与型腔之间的距离如图 8.1 所示。

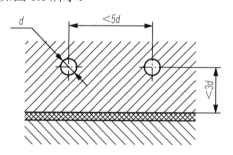

图 8.1　冷却水道的直径、间距及其与型腔之间的距离

(8) 冷却水道的直径、间距及其与型腔之间的距离要求。

① 根据模具大小确定冷却水道直径，如表 8-2 所示。

表 8-2　根据模具大小确定冷却水道直径　　　　　　　　单位：mm

模宽	冷却水道直径	模宽	冷却水道直径
200 以下	5	400～500	8～10
200～300	6	大于 500	10～12
300～400	6～8		

② 根据制品壁厚确定冷却水道直径，如表 8-3 所示。

表 8-3　根据制品壁厚确定冷却水道直径　　　　　　　　　　单位：mm

平均壁厚	冷却水道直径
1.5	5～6
2	6～8
4	10～12
6	12～16

冷却孔径与冷却水流速的关系如表 8-4 所示。

表 8-4　冷却孔径与冷却水流速的关系

冷却水道直径 d/mm	最低流速 v/(m/s)	冷却水体积流量 V/(m³/min)
8	1.66	5.0×10^{-3}
10	1.32	6.2×10^{-3}
12	1.10	7.4×10^{-3}
15	0.87	9.2×10^{-3}
20	0.66	12.4×10^{-3}
25	0.53	15.5×10^{-3}
30	0.44	18.7×10^{-3}

注：表中所示数据仅供参考。

8.1.2　注射模常用冷却(或加热)水道典型结构的设计实例

注射模常用冷却(或加热)水道结构设计实例如图 8.2～图 8.13 所示。

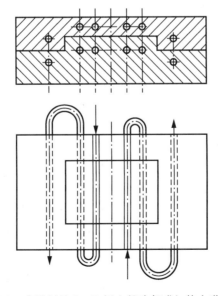

图 8.2　扁平制品 A、B 板上的冷却或加热水道结构

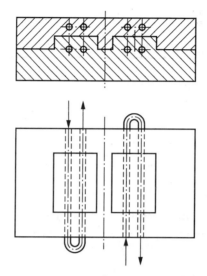

图 8.3 双腔模具 A、B 板上的冷却或加热水道结构

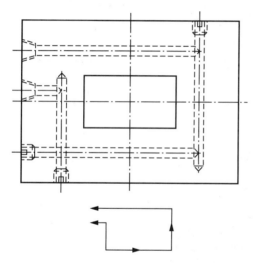

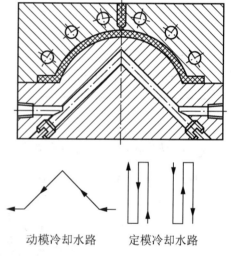

动模冷却水路　　定模冷却水路

图 8.4 单腔模具 A、B 板上的冷却
或加热水道结构(一)

图 8.5 单腔模具 A、B 板上的冷却
或加热水道结构(二)

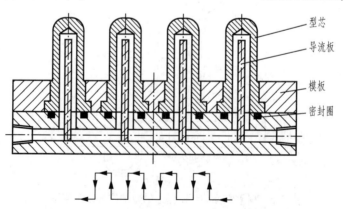

图 8.6 在多型芯上用导流板串联冷却结构

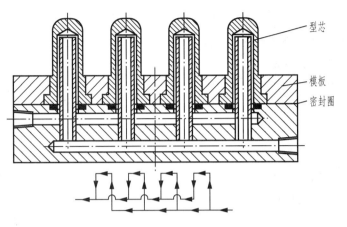

图 8.7　在多型芯上用冷却水管并联结构

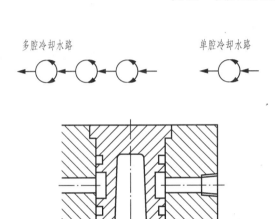

图 8.8　型芯上采用环形槽冷却结构

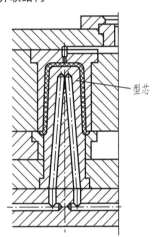

图 8.9　型芯上采用环形槽加导流板冷却结构

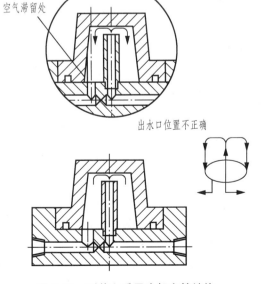

图 8.10　型芯上采用冷却水管结构

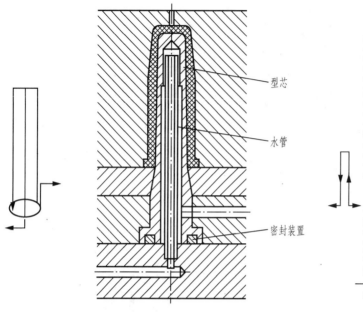

图 8.11　型芯用冷却水冷却结构

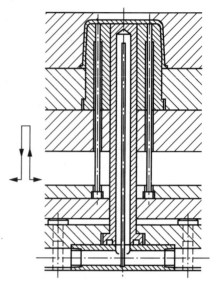

图 8.12　型芯上的冷却水路设在动模座板
上的结构

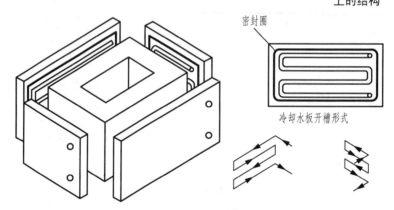

图 8.13　在模具型腔四周设置冷却平板的结构

冷却水道上应用的密封结构如图 8.14 所示。管接头的规格如表 8-5 所示。

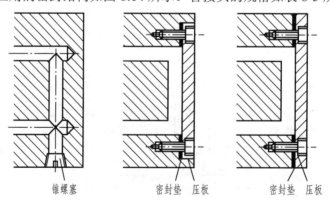

图 8.14　冷却水道与管接头连接结构

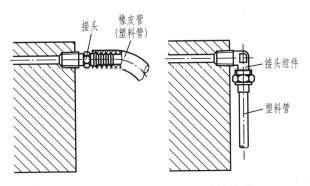

图 8.14　冷却水道与管接头连接结构(续)

表 8-5　管接头规格　　　　　　　　　　　　　　　　单位：mm

d(H12)	d_1	D_2	D	S	d_3	ZG
6	8	11.2	16.2	14	M10×1	—
					—	1/4″
8	10	13.2	19.6	17	M12×1	—
					—	1/4″
10	12	15.2	21.9	19	M16×1	—
					—	3/8″

管接头结构如图 8.15 所示。

材料：六角形黄铜棒 YB457；

技术条件：HB 2198—1989。

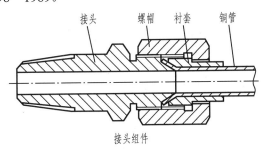

接头组件

接头　材料：H62

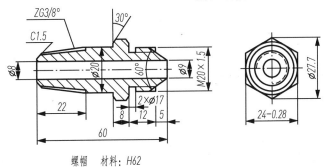

螺帽　材料：H62

图 8.15　管接头的结构尺寸

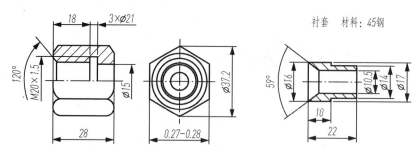

图 8.15　管接头的结构尺寸(续)

接头组件及零件：螺帽(H62)，衬套(45 钢)。

密封圈规格及其配合尺寸如图 8.16 所示，橡胶密封圈规格如表 8-6 所示，塑件厚度与所需冷却时间的关系如表 8-7 所示。

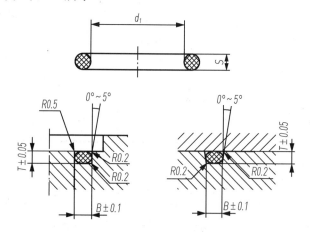

图 8.16　密封圈规格及其配合尺寸

表 8-6　橡胶密封圈规格　　　　　　　　　　　　单位：mm

d_1	S	$B+0.1$	$T\pm0.05$	d_1	S	$B+0.1$	$T\pm0.05$
6	1.5	1.9	1.1	16	2	2.6	1.5
8	2	2.6	1.5	20	2	2.6	1.5
10	2	2.6	1.5	23	3	3.9	2.3
12	2	2.6	1.5	25	3	3.9	2.3
14	2	2.6	1.5	30	3	3.9	2.3

表 8-7　塑件厚度与所需冷却时间的关系

制件厚度 /mm	冷却时间 θ'/s						
	ABS	PA	HDPE	LDPE	PP	PS	PVC
0.5			1.8	1.8	1.8	1.0	
0.8	1.8	2.5	3.0	2.3	3.0	1.8	2.1
1.0	2.9	3.8	4.5	3.5	4.5	2.9	3.3

续表

制件厚度 /mm	冷却时间 θ' /s						
	ABS	PA	HDPE	LDPE	PP	PS	PVC
1.3	4.1	5.3	6.2	4.9	6.2	4.1	4.6
1.5	5.7	7.0	8.0	6.6	8.0	5.7	6.3
1.8	7.4	8.9	10.0	8.4	10.0	7.4	8.1
2.0	9.3	11.2	12.5	10.6	12.5	9.3	10.1
2.3	11.5	13.4	14.7	12.8	14.7	11.5	12.3
2.5	13.7	15.9	17.5	15.2	17.5	13.7	14.7
3.2	20.5	23.4	25.5	22.5	25.5	20.5	21.7
3.8	28.5	32.0	34.5	30.9	34.5	28.5	30.0
4.4	38.0	42.0	45.0	40.8	45.0	38.0	39.6
5.0	49.0	53.9	57.5	52.4	57.5	49.0	51.1
5.7	61.0	66.8	71.0	65.0	71.0	61.0	63.5
6.4	75.0	80.0	85.0	79.0	85.0	75.0	77.5

8.2　排气、溢料和引气结构的设计方法与技巧

8.2.1　排气、溢料和引气的定义与目的

1. 排气

在成型制品的同时，将所有残留和产生在模具中的气体排出的方法，称为排气。

"气"的来源：

(1) 当动、定模合模而熔融料流尚未射入流道和型腔时，模具中(包括流道和型腔中)残留的空气。

(2) 在成型制品时，高温熔融塑料中的水分蒸发的水蒸气。

(3) 塑料中的各类添加剂在高温塑化过程中分解出来的各种气体。

这些气体占据并充满了整个型腔、浇道和型芯周围的所有空间，因此对射入的料流产生一定的阻力，使之不能迅速进入并充满型腔而难以顺利成型制品。如不及时、全部将这些气体排出，会使制品产生缺料、气泡等缺陷，严重时甚至使表面变色、焦损，从而造成废品。此外，还会影响成型速度，降低生产效率。因此，采取各种排气措施，其目的就是避免上述缺陷的产生，从而保证制品的质量，提高生产效率。

2. 溢料

简而言之，溢料就是将料流中最前端已经产生温度降和压力降的冷料头，从型腔中或流道中排出去。其目的就是避免熔接痕的产生，即避免次品、废品的产生。

高温料流射入常温态的模具，经流道进入型腔之后，由于巨大的温差产生剧烈的温度降。又由于型芯和镶件的位置各异，使进入型腔的料流受阻而被迫分道绕行，从而使料流产生了压力降，其黏度也因此进一步增大，尤其是处于料流前端的料头更为剧烈。因此，

当几股料流再次汇合时，已接近冷凝的料头很难熔合到一起，从而形成一条色泽不同的明显印痕，即称为熔接痕 (亦称熔接线)。

制品上的熔接痕和气泡是强度最差、最易损坏和断裂之处，是制品成型中的一大缺陷，应当避免。

因此，为避免熔接痕和气泡的产生，在型腔易产生熔接痕和气泡的位置旁边 (或在流道的旁边)加工一条排料槽，将冷料头排出，并储存在与排料槽相连的凹穴之中。此凹穴称为溢料穴。这与浇注系统中设置在分流道中间(或末端)的冷料穴完全一样。

3. 引气

(1) 上述排气法是将型腔中气体排出，使成型后制品的内表面紧紧包附在动模型芯的表面上。其间，无疑形成了真空状态，尤其是长径比差异较大的全封闭型制品，其真空度更高。因而，动、定模在成型之后，很难打开，制品也难以脱模。

(2) 当制品面积较大且高，表面质量和尺寸精度要求也高，型芯的脱模斜度因受其制品精度限制而无法加大时，单靠推出脱模零件推出制品很难，容易造成制品变形而报废。

在这两种情况下，将具有一定压力的空气引入，从而解决上述问题的方法称为引气。

型腔进料浇口与排气、溢料槽的相互最佳位置如图 8.17 所示。

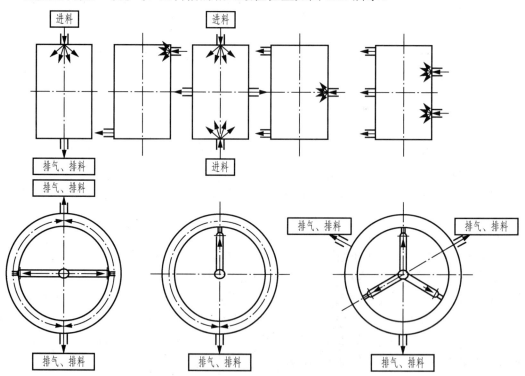

图 8.17　浇口与排气、溢料槽的相互位置

8.2.2　排气、溢料槽、引气的典型结构实例

在型腔和分流道排气、排料的典型结构实例：在型腔和分流道端部设置冷料穴排料和排气槽排气。分流道较长时，在分流道中部开冷料穴并利用冷料头推杆的配合间隙排气，如图 8.18 所示。

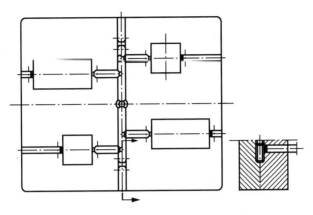

图 8.18　型腔和分流道端部的排气槽

在分型面上开排气槽排气的典型实例如图 8.19 所示。

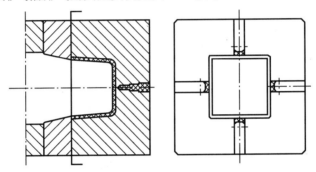

图 8.19　分型面上的排气槽

在型腔中两股流料的汇合处开溢料槽和储料穴，排除冷料头并储存冷料头的典型实例如图 8.20 所示。

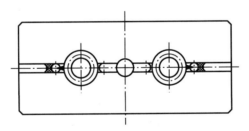

图 8.20　在料流汇合处的溢料槽和储料穴

常用塑料排气槽尺寸如表 8-8 所示。

表 8-8　常用塑料排气槽尺寸　　　　　　　　　　　　　单位：mm

塑料种类	H(槽深)×B(槽宽)	h_1(加深处的深度)	l(加深处的长度)
PE	0.02×(3～4)	0.6	8～10
PP	(0.01～0.02)×(3～4)	0.6	8～10
PS	0.02×(3～4)	0.6	8～10
SB	0.03×(3～4)	0.6	5～8

续表

塑料种类	H(槽深)×B(槽宽)	h_1(加深处的深度)	l(加深处的长度)
ABS	0.03×(3~4)	0.6	5~8
SAN	0.03×(3~4)	0.6	5~8
PVC	0.03×(3~4)	0.6	5~8
AS	0.03×(3~4)	0.6	5~8
POM	(0.02~0.03)×(3~4)	0.6	5~8
PA	0.01×(3~4)	0.6	8~10
PA(GF)	(0.01~0.03)×(3~4)	0.6	5~8
PETP	(0.01~0.03)×(3~4)	0.6	5~8
PC	(0.03~0.04)×(3~4)	0.6	5~8

利用推杆、推管作为排气杆排气(即在推杆、推管或型芯的外圆,磨出一个小平面排气)的典型结构实例如图 8.21 和图 8.22 所示。

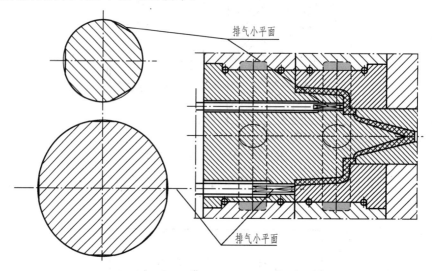

图 8.21　推杆的排气槽结构

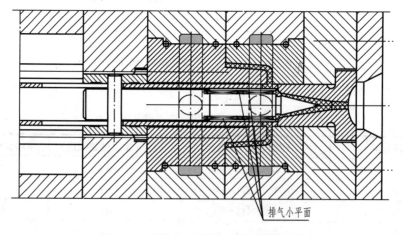

图 8.22　推管中心型芯上的排气槽结构

在推板和型芯上开排气槽排气的典型实例如图 8.23 所示。

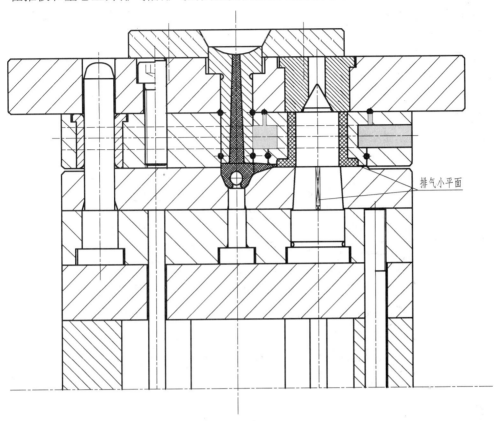

排气小平面

图 8.23 推板和型芯上的排气槽结构

从加强筋镶件的镶拼间隙中排气或者在镶件上开排气槽的实例如图 8.24 和图 8.25 所示。

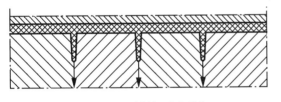

图 8.24 从镶拼间隙中排气

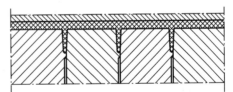

图 8.25 从镶件上开排气槽

用透气陶瓷柱镶入型芯困气之处，进行排气的实例如图 8.26 所示。

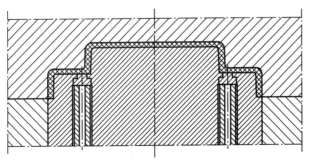

图 8.26 在困气处镶入透气陶瓷柱排气

注意：

(1) 透气陶瓷柱多镶拼在容易困气而又不便开排气槽之处。其成型面另一端的支承柱应留空，以利排气。

(2) 在要求其透气之面，涂少许脱模剂，在其反面吹入压缩空气，视其脱模剂泡沫泛起的强弱可判断其透气性的优劣。

在中、小型模具中，利用型芯、镶件、推杆、推管和推板的配合间隙进行排气，而无须另开排气槽。

引气的典型结构实例如图 8.27 所示。

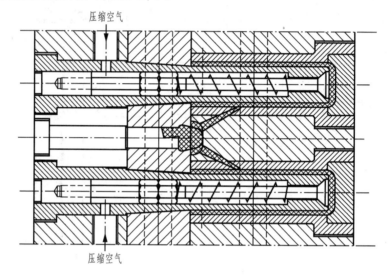

图 8.27　引气的典型结构

小组讨论与个人练习

1. 简述注射模温度调控的原理和方法。
2. 循环、冷却或加热通道的设计要点有哪些？
3. 以简图说明常用的 2～3 种循环冷却水道的结构。
4. 以简图说明注射模中排气、溢料槽的最佳位置。

第 *9* 章

注射模设计须知

本章重点

◆ 标准模架的选择、确定方法和技巧。

◆ 各类典型结构设计实例中，不同结构的特点和设计方法。

◆ 注射模主要零件的配合精度要求、表面质量要求及钢材和热处理要求。

9.1 标准模架的选择、确定的方法和技巧

为了提高模具质量，缩短模具的制造周期和成本，我国国家标准局曾制订了《塑料注射模　中小型模架》(GB/T 12556.1—1990)和《塑料注射模大型模架　标准模架》(GB/T 12555.1—1990)两个国家标准。模架不但实现了标准化，而且目前已有众多专业生产厂进行专业化生产，满足市场之需求。龙记模架共分为三大系列：直浇道(即大水口)系列、简易点浇口(即简易细水口)系列、点浇口(即细水口)系列。其中直浇道系列又分为 A1、B1、C1、D1，AH、BH、CH、DH，AT、BT、CT、DT(三类共十二种结构)；简易点浇口系列又分为 FA1、FC1、GA1、GC1，FAH、FCH、GAH、GCH(四类共八种结构)；点浇口系列又分为 DA1、DB1、DC1、DD1、EA1、EB1、EC1、ED1，DAH、DBH、DCH、DDH，EAH、EBH、ECH、EDH(四类共十六种结构)。

三个系列包括了所有中、小型模具的模架，而每一种类型又包括一字模和工字模两种结构。

根据作者多年设计工作的经验总结，可按以下步骤选择、确定标准模架(龙记)的型号和规格(注意：在此之前首先要确定型腔数；再根据制品的结构、尺寸精度、表面质量要求，确定采用哪一类浇口系列中的哪一种结构，即确定是直浇口系列十二种结构中的哪一种，或是简易点浇口系列八种结构中的哪一种，还是点浇口系列十六种结构中的哪一种。确定之后，再按以下步骤进行)。

(1) 圆形制品、单型腔、直浇口、推杆推出脱模标准模架选择、确定实例。

① 导入制品的主视剖视图，确定分型面，如图 9.1 所示。

② 根据制品的长度或宽度尺寸，按附录 12 所示的圆形型腔、整体镶拼结构的壁厚尺寸范围，查出 S_1 的数值，从而确定型腔镶套的外圆尺寸，即可在主视图上将型腔镶套画出。在确保强度的前提下，初步确定其高度(高度尺寸必须取整数，如 30mm、35mm、40mm、45mm、50mm、60mm……)。如果采用挂台式的整体镶拼结构，此型腔镶套的高度尺寸亦即 A 板的厚度尺寸，如图 9.2 所示。

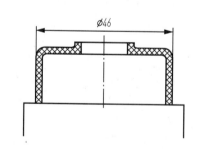

图 9.1　导入主视剖视图，确定分型面

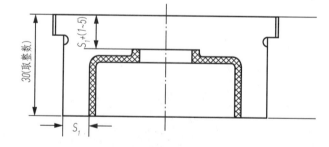

图 9.2　根据 S_1 的值绘制型腔镶套

③ 为了确保型芯、型腔的同轴度，便于制造，设计时，型芯的外圆尺寸完全与型腔镶套的外圆尺寸相同，便于整体下料，整体加工，之后再切开，因此，可按型腔镶套的外圆尺寸画出型芯和 B 板，并将型芯和 B 板的俯视图画出，如图 9.3 所示。

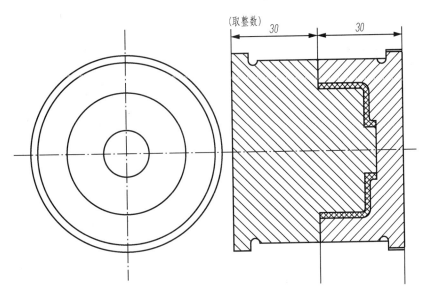

图 9.3　绘制型芯和 B 板及其俯视图

④ 按附录 12 所示的圆形型腔、整体镶拼结构的壁厚尺寸范围,查出 S_2 的数值(20mm),加上 S_1,再加圆形制品的半径,或矩形制品最大外形尺寸的 1/2。如果确定为单型腔,上述尺寸之和即初步确定的 A 板外形尺寸的 1/2。镜像(即乘以 2)之后,即 A 板、B 板的长度或宽度尺寸,如图 9.4 所示。

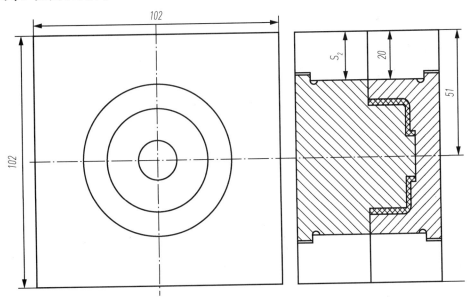

图 9.4　初步确定 A 板、B 板的外形尺寸

⑤ 在标准模架的结构尺寸图中,找出与 A 板的长度或宽度尺寸最接近的结构尺寸。此型号规格的模架就是此模具的标准模架。但是,在标准模架中,最小的型号尺寸只有 1515型,即 A、B 板的最小尺寸为 150mm×150mm,而没有 100mm×100mm 的,所以只能选择用直浇口 1515A1 型的标准模架,如图 9.5 所示。

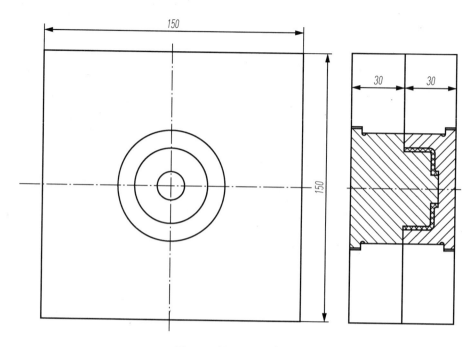

图 9.5　模架的型号规格

当然，要完成模具设计的全部工作，还需继续完成下列各项任务：

① 在已画好的型芯和 B 板的俯视图中，按确定的标准模架俯视图的结构尺寸，画出俯视图的全部结构。

② 在画好的俯视图中，用阶梯剖，画出剖切部位，以便尽可能全面、完整地展示其各部结构，也便于在完成总装配图后标注零件序号。

③ 按制品结构的特点，先确定采用标准模架 A1、B1、C1 或 D1 中的哪一种，是直身模还是工字模。确定之后，将已经画好的型腔、型芯的主视图，导入选好的标准模架的主视图中。

④ 按俯视图中画出的剖切部位，投影到主视图中，依次将各剖切部位的主视图画出。

⑤ 依次将浇注结构、推出结构、冷却结构(如果是高精度制品，尚需设计二次精定位结构)画好。

⑥ 根据注射机相关参数校核结果，确定注射机的型号规格，从而确定定位圈的外圆尺寸。标注零件序号后，开出模具型号规格和所需标准件型号规格和数量的采购单及型腔、型芯、滑块等需自行加工零件的下料单。完成全部设计工作。

完成后的总装配图如图 9.6 所示。

(2) 矩形制品、双型腔、直浇道(薄膜进料浇口)、推板推出脱模，标准模架的选择、确定实例。

① 导入制品的主视剖视图，确定分型面，如图 9.7 所示。

② 根据制品的长度或宽度尺寸，按附录 12 所示的矩形型腔、整体镶拼结构的壁厚尺寸范围，查出 S_1 的数值(S_1 为 13mm)，从而确定型腔镶套的外圆尺寸，即可在主视图上将型腔镶套画出。在确保强度的前提下，初步确定其高度(高度尺寸必须取整数，如 30mm、35mm、40mm、45mm、50mm、60mm……)。如果采用挂台式的整体镶拼结构，此型腔镶套的高度尺寸亦即 A 板的厚度尺寸，如图 9.8 所示。

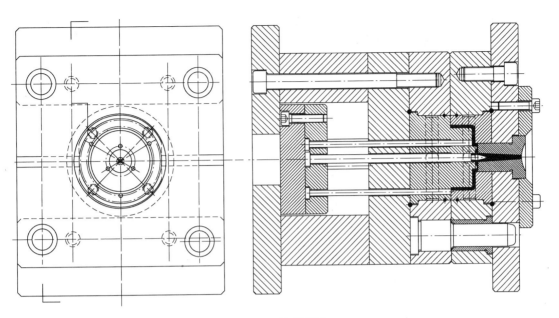

图 9.6 总装配图

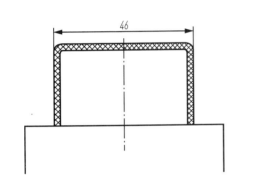

图 9.7 导入主视剖视图，确定分型面

图 9.8 根据 S_1 的值绘制型腔镶套

③ 为了确保型芯、型腔的同轴度，便于制造，设计时，型芯的外形尺寸完全与型腔镶套的外形尺寸相同，便于整体下料，整体加工，之后再切开，因此，可按型腔镶套的外形尺寸画出型芯和 B 板，并将型芯和 B 板的俯视图画出，如图 9.9 所示。

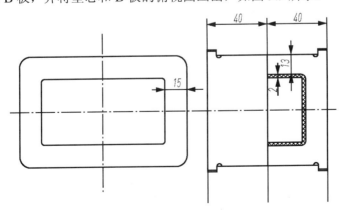

图 9.9 绘制型芯和 B 板及其俯视图

205

④ 按附录 12 所示的矩形型腔、整体镶拼结构的壁厚尺寸范围，查出 S_2 的数值(40mm)，加上 S_1(13mm)，再加矩形制品最大外形尺寸。已确定为双型腔，所以在型腔的一侧，即两个型腔之间，必须设计浇口套。浇口套是标准件，一般中、小模具在 16～25mm 之间选用即可。此模具选用 20mm 的浇口套，同时，还要考虑到型腔镶套两侧须进行冷却，所以在型腔镶套和浇口套之间预留了冷却水道的空间位置(24mm)，上述各尺寸之和至浇口套中心(即模具中心)的距离(146mm)，就是初步确定的 A 板外形尺寸的 1/2。镜像(即乘以 2)之后，即 A 板、B 板的长度(292mm)或宽度(156mm)尺寸，如图 9.10 和图 9.11 所示。

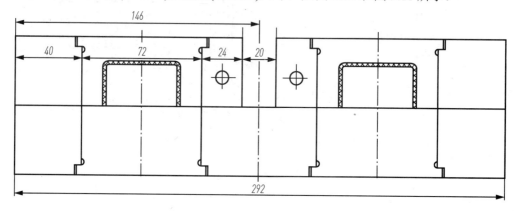

图 9.10 初步确定 A 板、B 板的长度尺寸

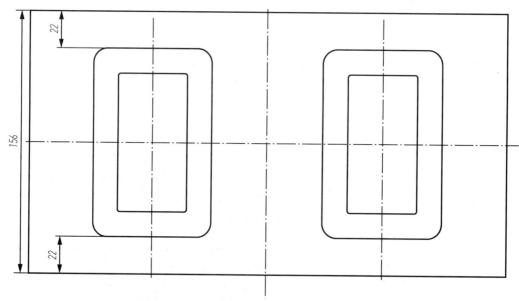

图 9.11 初步确定 A 板、B 板宽度尺寸

但是，标准模架与之相近的直浇口 A1 工字模只有 150mm×300mm，即 1530 型，故确定为 1530 型模架。

完成后的总装配图如图 9.12 所示。

3

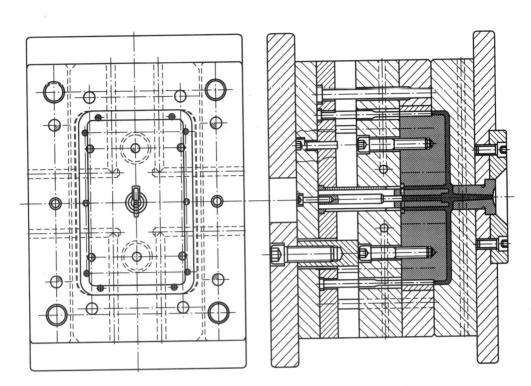

图 9.12　总装配图

(3) 圆形制品、四型腔、直浇口、推板推出脱模标准模架的选择确定实例。

① 导入制品的主视剖视图，确定分型面，如图 9.13 所示。

② 根据制品的长度或宽度尺寸，按附录 12 所示的圆形型腔、整体镶拼结构的壁厚尺寸范围，查出 S_1 的数值(8mm)，从而确定型腔镶套的外圆尺寸，即可在主视图上将型腔镶套画出。在确保强度的前提下，初步确定其高度(高度尺寸必须取整数，如 30mm、35mm、40mm、45mm、50mm、60mm……)。如果采用挂台式的整体镶拼结构，此型腔镶套的高度尺寸亦即 A 板的厚度尺寸，如图 9.14 所示。

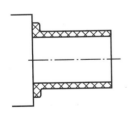

图 9.13　导入主视剖视图，确定分型图

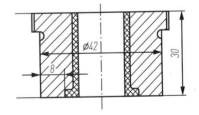

图 9.14　根据 S_1 的值绘制型腔镶套

③ 为了确保型芯、型腔的同轴度，便于制造，设计时，型芯的外圆尺寸完全与型腔镶套的外圆尺寸相同，便于整体下料，整体加工，之后再切开。因此，可按型腔镶套的外圆尺寸画出型芯和 B 板，并将型芯和 B 板的俯视图画出，如图 9.15 所示。

④ 按附录 12 所示的圆形型腔、整体镶拼结构的壁厚尺寸范围，查出 S_2 的数值(20mm)，加上 S_1，再加上圆形制品的半径，或矩形制品最大外形尺寸的 1/2。如果确定为单型腔，上述尺寸之和(69.5mm)，即初步确定的 A 板外形尺寸的 1/2。镜像(即乘以 2)之后，即 A 板、B 板的长度或宽度尺寸(139mm)，如图 9.16 所示。

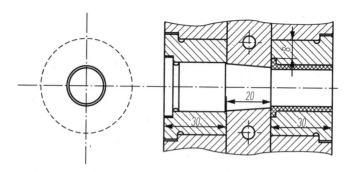

图 9.15　绘制型芯和 B 板及其俯视图

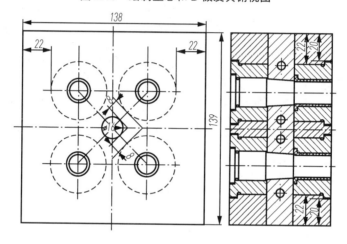

图 9.16　初步确定 A 板的长度尺寸

⑤ 在标准模架的结构尺寸图中，找出与 A 板的长度或宽度尺寸最接近的结构尺寸，此型号规格的模架就是此模具的标准模架。但是，在标准模架中，最小的型号尺寸只有 1515 型，即 A、B 板的最小尺寸为 150mm×150mm，而没有 138mm×139mm 的，所以只能选择用直浇口 1515B1 型带推板的标准模架，如图 9.17 所示。

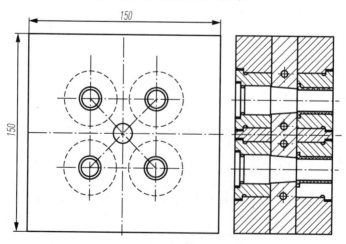

图 9.17　模架的型号规格

当然，要完成模具设计的全部工作，还需继续完成下列各项任务：

① 在已画好的型芯和 B 板的俯视图中，按确定的标准模架俯视图的结构尺寸，画出俯视图的全部结构。

② 在画好的俯视图中，用阶梯剖，画出剖切部位，以便尽可能全面、完整地展示其各部结构，也便于在完成总装配图后标注零件序号。

③ 按制品结构的特点，先确定采用标准模架 A1、B1、C1 或 D1 中的哪一种，是直身模还是工字模。确定之后，将已经画好的型腔、型芯的主视图，导入选好的标准模架的主视图中。

④ 按俯视图中画出的剖切部位，投影到主视图中，依次将各剖切部位的主视图画出。

⑤ 依次将浇注结构、推出结构、冷却结构(如果是高精度制品，尚需设计二次精定位结构)画好。

⑥ 根据注射机相关参数校核结果，确定注射机的型号规格，从而确定定位圈的外圆尺寸。标注零件序号之后，开出模具型号规格和所需标准件型号规格和数量的采购单及型腔、型芯、滑块等需自行加工零件的下料单。完成全部设计工作。

完成后的总装配图如图 9.18 所示。

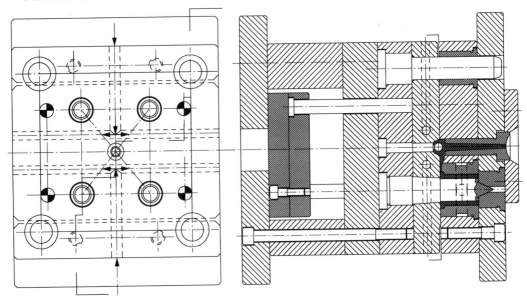

图 9.18　总装配图

9.2　注射模主要零件的配合精度、表面质量、钢材及其热处理

9.2.1　注射模主要零件的配合精度

(1) 成型零件的配合精度如图 9.19 所示。

(2) 斜滑块与模板的配合精度如图 9.20 所示。

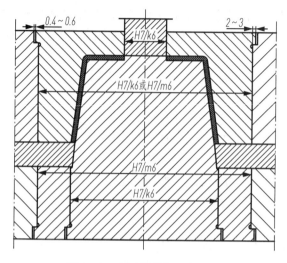

图 9.19　成型零件的配合精度

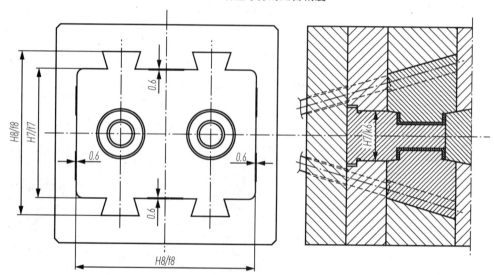

图 9.20　斜滑块与模板的配合精度

(3) T 形滑块与模板(定位销与模板)的配合精度如图 9.21 所示。

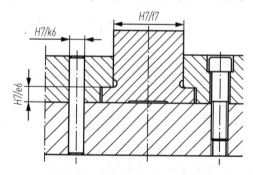

图 9.21　T 形滑块与模板(定位销与模板)的配合精度

(4) 侧型芯与动模镶套、与定距导向板的配合精度如图 9.22 所示。

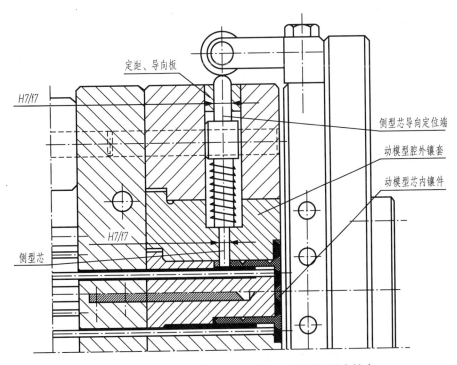

图 9.22　侧型芯与动模镶套、与定距导向板的配合精度

(5) 斜导柱、锁紧块与模板的配合精度如图 9.23 所示。

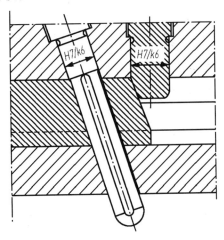

图 9.23　斜导柱、锁紧块与模板的配合精度

(6) 拉料杆与 B 板的配合精度如图 9.24 所示。

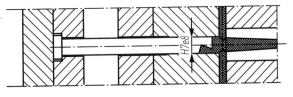

图 9.24　拉料杆与 B 板的配合精度

(7) 推板结构中的拉料杆与 B 板的配合精度如图 9.25 所示。

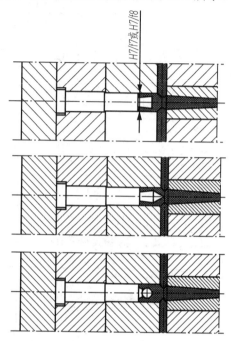

图 9.25　推板结构中的拉料杆与 B 板的配合精度

(8) 浇口套与定模固定板的配合精度如图 9.26 所示。

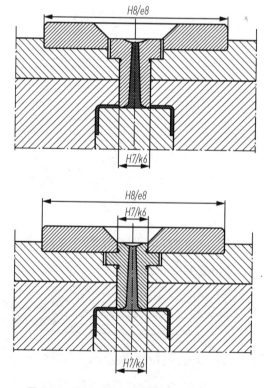

图 9.26　浇口套与定模固定板的配合精度

(9) 定距拉杆与导套、模板的配合精度如图 9.27 所示。

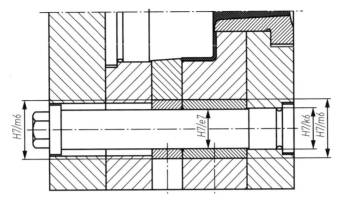

图 9.27　定距拉杆与导套、模板的配合精度

(10) 导柱、导套与 A 板、B 板的配合精度如图 9.28 所示。

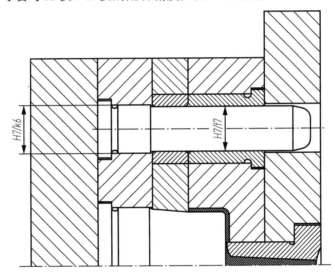

图 9.28　导柱、导套与 A 板、B 板的配合精度

(11) 精定位导柱、导套与 A 板、B 板的配合精度如图 9.29 所示。

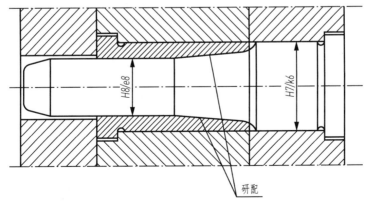

图 9.29　精定位导柱、导套与 A 板、B 板的配合精度

(12) 圆锥定位柱的配合精度如图 9.30 所示。

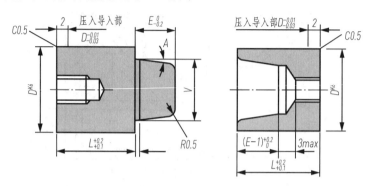

图 9.30　圆锥定位柱的配合精度

(13) 推杆(复位杆)与型芯、模板的配合精度如图 9.31 所示。

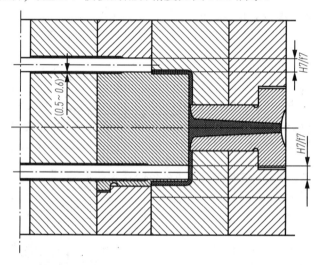

图 9.31　推杆(复位杆)与型芯、模板的配合精度

(14) 透明制品的扁推杆和拉料杆与型芯、模板的配合精度如图 9.32 所示。

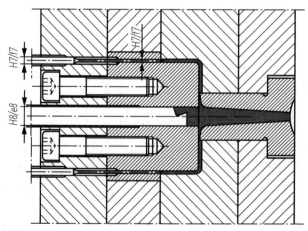

图 9.32　透明制品的扁推杆和拉料杆与型芯、模板的配合精度

(15) 推管与大、小型芯，与导向套的配合精度如图 9.33 所示。

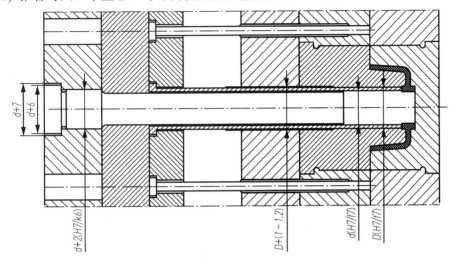

图 9.33 推管与大、小型芯，与导向套的配合精度

(16) 支承柱、推板导柱与导套、模板的配合精度如图 9.34 所示。

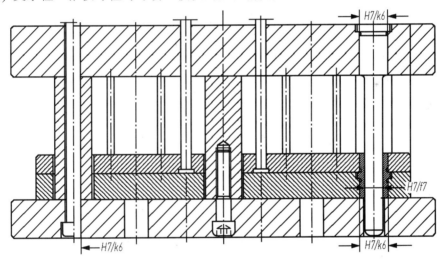

图 9.34 支承柱、推板导柱与导套、模板的配合精度

9.2.2 注射模主要零件的表面质量要求

(1) 型腔表面：

① 一般要求：$Ra > 0.10 \sim 0.125 \mu m$。

② 透明制品：$Ra > 0.05 \sim 0.063 \mu m$。

③ 光学制品：$Ra > 0.025 \sim 0.032 \mu m$。

④ 有特殊要求的制品：Ra 为 $0.02 \mu m$。

(2) 型芯表面：

① 一般要求：Ra 为 $0.63 \mu m$。

② 透明制品：$Ra > 0.10 \sim 0.125 \mu m$。

③ 浇注系统表面(包括浇口套的 *SR* 球面)：$Ra > 0.20 \sim 0.25\mu m$。

④ 所有精定位用的锥面、圆锥面应进行研配，其表面质量为 $Ra > 0.20 \sim 0.25\mu m$。

⑤ 斜滑块的斜配合面、T 形槽滑块两侧的配合面为 $Ra > 0.32 \sim 0.63\mu m$。

⑥ 所有 H7/K6 和 H7/m6 的配合面为 $Ra > 0.32 \sim 0.63\mu m$。

⑦ 所有 H7/f7 和 H7/g6 的配合面为 $Ra > 0.25 \sim 0.32\mu m$。

⑧ 所有 H7/e6 的配合面为 $Ra > 0.63 \sim 1.25\mu m$。

⑨ 所有台阶的贴合面为 $Ra > 0.63 \sim 1.25\mu m$。

9.3　注射模零件钢材及其热处理要求

注射模除新品试制和部分产量较小的模具之外，绝大部分属于现代化的、大批量生产的专用工具。

注射模在成型塑料制品的过程中，不但要长期、连续、反复地承受一定的注射压力(通常为 $40 \sim 140 MPa$，高精度制品更大)，而且要长期、连续、反复地承受高温料流射入流道和型腔时的强烈冲击和磨损；同时，在制品推出脱模的过程中，还会与模具产生相互摩擦和相应的磨损。另外，在成型热敏性塑料制品(如硬质 PVC、POM 等)的过程中，这类塑料会释放出氯化氢之类的腐蚀性气体，对模具有较大的腐蚀作用。同时，空气中的各种潮气、雨水季节的霉变气体等，对模具，尤其是对模具的流道和型腔具有锈蚀作用。

因此，作为制造模具的钢材，必须充分满足其对强度、韧性、耐磨性(即硬度)、耐蚀性及良好的加工性、抛光性的综合要求。

选择注射模钢材的原则：

(1) 必须根据制品总产量的要求(即对模具寿命的要求)选择钢材。

(2) 必须根据制品表面质量的要求选择钢材。

(3) 必须根据制品塑料的特性选择钢材。

(4) 必须根据模具零件在成型、脱模全过程中的受力和磨损状况，综合考虑选择钢材。

因此，①产量越大的，越应当选择优质钢材；②凡成型材料具有腐蚀性的，要选择镍、铬合金这类优质不锈钢材；③凡成型透明制品，而且其表面质量要求越高的、精度要求越高的制品，则必须选择抛旋光性能优异、硬度高、强度好的镜面钢；④选钢材主要选成型零件如型腔、型芯(包括侧型芯)、滑块、镶拼件，而模架和各标准件的钢材，在生产时已充分考虑到使用中的各种因素，在钢材选用和热处理工艺上都具有一定水准，质量可以得到保证(当然，如有某些特殊要求，订购时可加以注明，要求供应商予以满足)。

塑料模具型腔、型芯专用优质钢材见附录 10。注射模主要结构件的钢材及热处理硬度见附录 11。

小组讨论与个人练习

1. 在选择确定模具成型零件和功能结构件的钢材时应注意哪些问题？

2. 成型零件根据制品尺寸精度、表面质量和生产批量的不同，如何正确选用钢材？

3. 举例说明成型零件不同钢材的热处理要求。

第三部分

技能提高

第 10 章

设计内容的深化和拓展

10.1 热塑性塑料的改性与增强

各类热塑性塑料，各有其长也各有其短。为了弥补其短，所以需要改性与增强。

热塑性增强塑料一般由树脂及增强材料组成。常用的树脂主要是聚酰胺、聚苯乙烯、ABS、AS、聚碳酸酯、线型聚酯、聚乙烯、聚丙烯、聚甲醛等。增强材料一般为无碱玻璃纤维(有长短两种，长纤维料一般与粒料长一致为 2~3mm，短纤维料长一般小于 0.8mm)经表面处理后与树脂配制而成。玻璃纤维含量应按树脂比例选用最合理地的进行配比，一般为 20%~40%。由于各种增强塑料所选用的树脂不同，玻璃纤维长度、直径、有无含碱及表面处理剂不同其增强效果不一，成型特性也不一。

塑料一经增强即可改善其力学性能，但也存在一些缺点，如冲击强度与冲击疲劳强度低(但缺口冲击强度提高)；透明性、焊接点强度降低；收缩率、强度、热膨胀系数、热传导率的异向性增大等。

10.1.1 改善、增强热塑性塑料的常用方法

改善、增强热塑性塑料最常用的方法有以下几种。

1. 减小塑料收缩率和蠕变性

在树脂中加入纤维或填料(如玻璃纤维、碳纤维、石棉纤维及 $CaCO_3$、滑石粉、高岭土和云母等填料)，不但可以提高其综合力学性能，而且可以大大减小塑料的收缩率和蠕变性，从而提高制品的尺寸精度，大大降低塑料的成本。

2. 塑料增韧

对于有些必须具有高冲击强度的制品，如汽车保险杠之类，其塑料必须进行增韧处理。增韧的方法，其一是共混弹性体材料，如高耐冲击树脂(CPE、MBS、ACR 和 ABS等)、高耐冲击橡胶(EPR、EPDM、NBR 等)；二是添加刚性材料。刚性材料在特定的条件下，不但具有增韧作用，同时具有增强的作用。其中，纳米填料(粒度小于 100nm 的填料)的增韧效果最显著(即加入量不大，其增幅却很大)。另外，还有超细填料(粒度为 0.1~5μm 的填料)和常规填料(粒度大于 5μm 的填料)两种，其增韧效果也不错，但次于纳米填料。

3. 提高塑料的耐热性

(1) 在塑料中添加耐热填料，如云母、滑石粉、碳酸钙等。

(2) 共混耐热的树脂，如聚苯醚(PPO)、聚苯硫醚(PPS)、氯化聚醚(CPT)、聚酰亚胺(PI)，其热变形温度可分别达到 172℃、240℃、210℃、360℃。

4. 添加抗氧化剂和光稳定剂

抗氧化剂是延缓塑料老化和降解的重要助剂之一，其中有硫代酚类、三嗪受阻酚、萘胺、二苯胺等。另外，还有抗氧剂 1010 和 1076 等。

常用的光稳定剂有炭黑(可全部吸收可见光并强烈反射紫外光)、二氧化钛(TiO_2)、亚硫酸钙、二苯甲酮类和苯并三唑类等。

10.1.2　提高 ABS 热变形温度方法的实例

ABS 是一种综合力学性能优异、成型尺寸稳定、精度高而得以广泛应用的工程塑料。其最大的不足之处就是热变形温度低，只有 90～93℃，成为阻碍其广泛应用的瓶颈。因此，有效提高其热变形温度，已成为燃眉之急。

目前提高 ABS 热变形温度的方法有以下几种：

(1) 共混法：ABS 与 PC 共混，其热变形温度由 93℃提高到 125℃；ABS 与 PSF 共混，其热变形温度由 93℃提高到 112℃。

(2) 退火处理：退火处理后，其热变形温度由 93℃提高到 106℃。

(3) 加 20%的苯基马来亚酸，其热变形温度由 93℃提高到 125～130℃。

(4) 铬镀：铬镀之后，其热变形温度由 93℃提高到 101℃(铬镀之前要先镀一层 7.6μm 的铜，之后再镀 12.7μm 厚的铬)。

另外，ABS 与 PC、PA6、PA66 共混，可改善其耐低温性能。

(5) 在 ABS 中加玻璃纤维或高强度的碳纤维，可使其耐水、耐候、耐化学和绝缘性能有较大幅度的提高。其中，碳纤维的相对密度小，耐高温，防辐射，耐水，耐腐。

(6) 在 ABS 中加 30%的 GF，抗拉强度可提高到 127.5MPa 的新水平。用于 ABS 的抗氧化剂有 1010、300、CA、2246、1076，而辅助用的抗氧化剂多选用 DLTP。用于 ABS 的光稳定剂有三嗪-5、UV-531、UV-327、UV-P 和 TBS 等。

10.2　塑料制品的造型设计精要

塑料制品(以下简称制品)造型就是通过各种技术和艺术方法创造出来的、独具形态特征和艺术感染力的制品形态。

形态不仅仅是制品功能和质量的外包装，而且是制品基本质量和实用功能的生动体现，是一种视觉语言。一种造型优美独特的形态，是易于被人们认识、理解和记住的。它往往带有某种象征性和喻意色彩，甚至通过它可以联想到制品功能、某种个性特征，甚至还有一种历史感、民族感、时代感。

因此，制品造型设计的要点就是把握这种独具形态特征和艺术感染力神韵的精髓，并将其融入制品外在的形体之中，从而创造出神形兼备、令人过目不忘而爱不释手的制品。

为达此目的，制品造型设计应遵循下述条件和原则：

(1) 产品整体形态应与环境和谐；其造型、色彩和材质，应能展现出该制品的应有价值。

(2) 整体形态能清楚表达出制品的功能，并符合其操作要求。

(3) 制品形态能表达明确的结构和造型原则。

(4) 制品造型能引起使用者的兴趣、好奇，激起选购者心灵上的震撼与共鸣，并带来愉悦之感。

(5) 在塑造形态的选材上、在生产及废旧处理时，均不应对人体、对生态环境造成负面影响。

总而言之，制品造型设计应符合科学技术和艺术的客观规律；在技术和艺术的应用上应遵循以人为本的理念，以求创造出令人赏心悦目、爱不释手的精良制品。

塑料制品造型的典型实例请参阅插图。

10.3 塑料制品内、外强脱模结构的设计方法和技巧

可强行脱模制品的结构尺寸如图 10.1 所示。常用塑料的延伸率如表 10-1 所示。

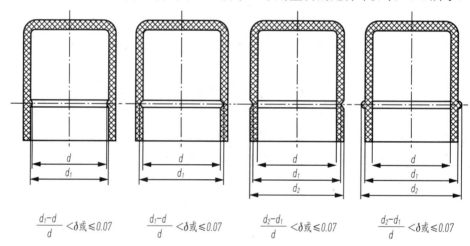

$$\frac{d_1-d}{d}<\delta 或 \leqslant 0.07 \qquad \frac{d_1-d}{d}<\delta 或 \leqslant 0.07 \qquad \frac{d_2-d_1}{d}<\delta 或 \leqslant 0.07 \qquad \frac{d_2-d_1}{d}<\delta 或 \leqslant 0.07$$

图 10.1 可强行脱模的结构尺寸

表 10-1 常用塑料的延伸率

塑料名称	高密度 PE	低密度 PE	PP	PS	ABS	AS	PA	PC
延伸率 δ(%)	6	21	5	2	8	2	9	2

实例 1 内孔强脱模的典型结构如图 10.2 所示。

实例 2 外圆强脱模的典型结构如图 10.3 所示。

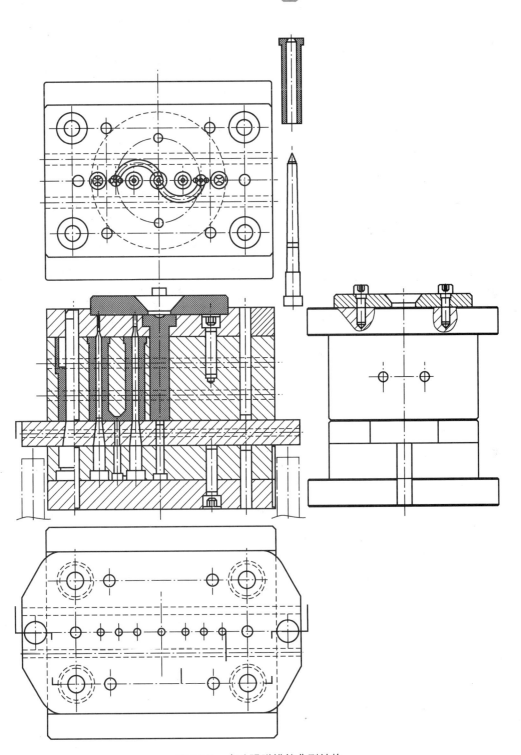

图 10.2 内孔强脱模的典型结构

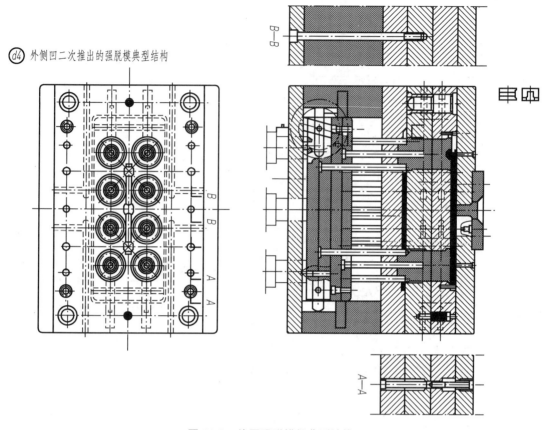

图 10.3　外圆强脱模的典型结构

10.4　塑料制品的强度结构设计

10.4.1　平面加强筋设计

最常见大平面加强筋的设计如图 10.4 所示。其中图 10.4(a)所示为中间等距加强筋，其高度较低，一般为$(1.5\sim2)\delta$(制品壁厚)，比四周围框高度低 0.6～1.6mm，为单面加强筋。图 10.4 (b) 所示为双面加强筋；上面与下面加强筋交错，距离相等。这两种用处较多。图 10.4(c)所示为打印机盖板的加强筋结构。图 10.4(d)是波纹加强筋，多用于家用电器中。图 10.4(e)所示为梯形网格式加强筋，计算机后盖、电视机后盖均可见其貌，用途广泛。

在热成型制品中，大平面结构随处可见，但大体皆为以上五种加强筋的引伸和变化，如图 10.5 所示。制品的四边皆有一定高度的围框凸边，并非一薄板平面结构。

上述加强筋除加强作用外，同样有装饰作用。

图 10.6 所示为框体平面加强筋形式之一——半圆形加强筋。在不影响框体内部零部件装配的前提下，平面较大的制品多用此种加强筋，便于模具加工，也便于成型和装配。

图 10.7 所示为另一种框体平面加强筋形式。四角为圆弧形加强筋，上、下内平面为齿条状加强筋。这种框体结构外壳的外表面一般不宜设计加强筋，即使富有一定装饰性，也不宜在外表面设计加强筋，易积尘，清洁不便。

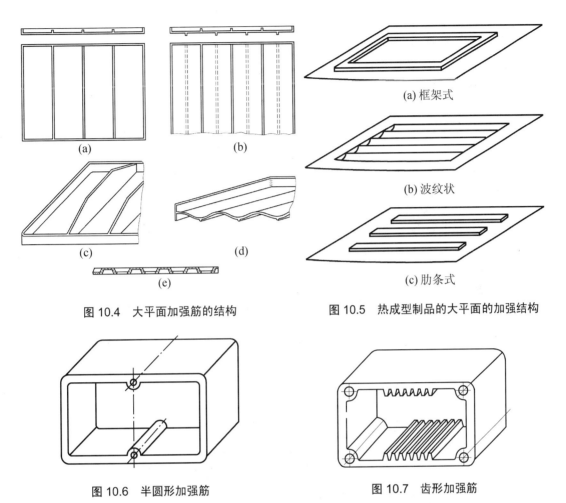

图 10.4　大平面加强筋的结构

图 10.5　热成型制品的大平面的加强结构

(a) 框架式

(b) 波纹状

(c) 肋条式

图 10.6　半圆形加强筋

图 10.7　齿形加强筋

　　图 10.8 为玻璃运输专用的三角形加强筋板，是最典型也是最常见的大平面的加强筋结构形式——面加强筋。前、后两面的加强筋等距相错。前筋上下高度方向平直。断面形状略带梯形。后面的加强筋为三角形和矩形的组合体，形成 3～6° 斜度。

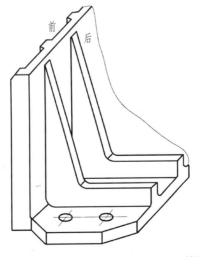

前　后

图 10.8　玻璃运输专用的三角形加强筋板

10.4.2　侧壁加强筋设计

侧壁加强筋的结构主要根据侧壁的受力状况而定。如果侧壁较高，则加强筋可设计成图 10.8 所示的玻璃运输专用的三角形加强筋板。其筋的厚度与壁厚相同，宽度如后筋所示，上端宽为 $(0.6 \sim 1)\delta$，下端宽为 $(1.5 \sim 2)\delta$；如果侧壁较矮，则可设计成图 10.9 所示的角撑结构。如果制品壁厚较薄，尺寸较长，可增加角撑数量，以缩短角撑间距来增加强度。

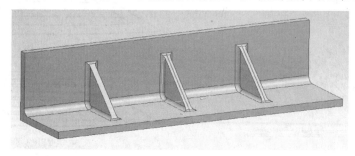

图 10.9　角撑结构

10.4.3　其他强度结构的设计

1. 多筋板结构设计

几条平行的加强筋形成的多筋板结构如图 10.10 所示。

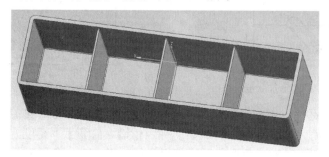

图 10.10　多筋板加强筋结构尺寸

2. 围框结构设计

图 10.11 所示为一围框结构。为保证四周平面和底面的平直，在其间以貌似矩形窗格的加强筋加强。此结构在大型塑料盒盖、电子元件储柜、大型塑料托盘结构设计中常常采用。

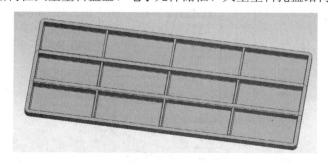

图 10.11　围框结构

3. 制品边口的强度结构设计

制品边口的强度结构设计如图 10.12 和图 10.13 所示。

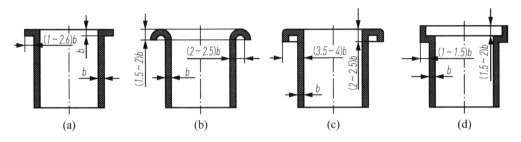

图 10.12　制品边口强度的结构尺寸

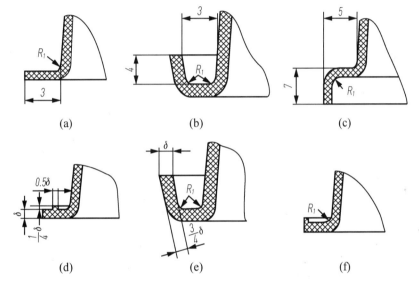

图 10.13　各类制品边强度的结构尺寸

图 10.12 所示为最常见的四种制品的边口强度设计尺寸。设计时，可根据制品结构的具体情况及塑料品种对尺寸进行必要的调整和修改。

表 10-2 所示的结构也是改善强度的常用结构。

表 10-2　热成型制品改善强度的常用结构设计示例

原设计	改进后	说明
		模内壁斜度：型腔取 1/60~1/20，型芯取 1/30~1/20
		各拐角要取充分的圆角半径，以此减少厚薄不匀

续表

原设计	改进后	说明
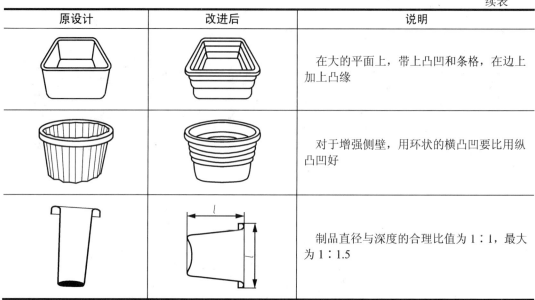		在大的平面上，带上凸凹和条格，在边上加上凸缘
		对于增强侧壁，用环状的横凸凹要比用纵凸凹好
		制品直径与深度的合理比值为 1∶1，最大为 1∶1.5

4. 容器底、盖、边口的强度结构设计

容器底、盖、边口的强度结构如图 10.14 所示。

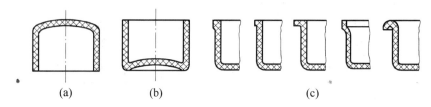

(a)　　　　(b)　　　　(c)

图 10.14　容器底、盖、边口的强度结构

10.4.4　塑料制品受力部位的强度设计实例

图 10.15 所示为水桶提手插孔受力部位结构将边口适当加长，孔两边各设一条加强筋。这样，桶壁延长的一段边口和两条加强筋共同组成口字形围框结构，可承受 20～25kgf(1kgf≈9.8N)的拉力。菜篮子提手(用 ABS 料)与此相同。

图 10.16 所示为大型暖瓶的手柄。其断面结构为工字形结构；与暖瓶体结合处为马蹄形，受力面增大，牢固可靠。与手接触部位均为圆弧面，手感舒适，省力，不伤手指。

图 10.17 所示为塑料周转箱。装车时多为人工用手搬运，在周转箱长边的两侧中央有插手空间。双手托起箱车时，手指与圆弧面接触，如 A—A 剖视图所示，圆弧面有一定宽度，托起时手感舒适，不伤手。圆弧面上面两侧和中间共有四条加强筋，确保圆弧面不变形，不损坏；下面两侧各一条加强筋。此结构安全可靠，易于成型，无须侧抽芯。

图 10.18 所示为一件多层专用工具盒的提手。A—A 和 B—B 断面均为受力点。此提手可提 18～20kg 重的工具盒。A—A 宽圆弧面的手感好，提箱时不伤手。

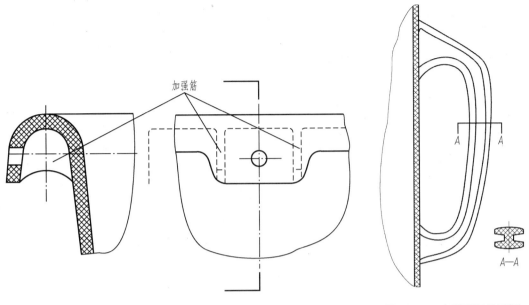

图 10.15　水桶提手插孔受力部位结构　　　　图 10.16　大型暖瓶的手柄

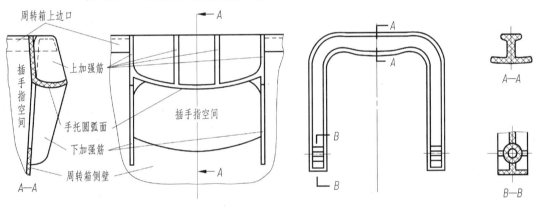

图 10.17　周转箱手提孔设计　　　　　　图 10.18　工具盒提手

10.4.5　塑料制品镶件四周的强度设计要求

镶件在塑料制品中的固定位置、牢固程度直接影响制品的使用功能和使用寿命，也直接影响制品的外表面及成型模具的结构和成型工艺中的操作。因此，必须掌握镶件正确固定位置的设计方法。

(1) 镶件的位置必须保证其四周的塑料体有足够的厚度，以免镶件在安装、使用受力时，使四周厚度不足的塑料制品开裂损坏。表 10-3 列出了常用塑料制品中金属镶件四周的最小壁厚尺寸。

表 10-3　不同直径金属镶件周围最小壁厚设计推荐值　　　　　　单位：mm

镶件直径　　最小壁厚　塑料	4	6	10	12	20	25
ABS	4	6	10	12	20	25

续表

镶件直径 最小壁厚 塑料	4	6	10	12	20	25
聚甲醛	1.6	4	5	6	10	12
丙烯酸塑料	2.4	4	5	6	10	12
纤维塑料	4	6	10	12	20	25
EVA	1	2	不推荐	不推荐	不推荐	不推荐
FEP(四氟乙烯-六氟乙烯共聚物)	0.6 4	1.5 6	不推荐 10	不推荐 12	不推荐 20	不推荐 25
尼龙	1.6	4	5	6	10	12
聚苯醚(改性)	1.6	4	5	6	10	12
PC	4	6	10	12	20	25
HDPPS	不推荐	不推荐	不推荐	不推荐	不推荐	不推荐
PS	4	6	10	12	20	25
PP	2.4	4	5	5.5	8	9
酚醛(通用级)	2	3.5	4	5	7	8
酚醛(中等冲击强度)	1.6	3	3.5	5	7	8
酚醛(高冲击强度)	2.4	4	5	5.5	8	9
脲醛	0.5	0.75	1.0	1.3	1.5	1.8
环氧树脂	4	5	5	8	9	10
醇酸	4	5	6	8	9	10
DAP	2.4	4	4.5	5	6	7
聚酯(热固性)	1.6	4	5	6	10	10
聚酯(热塑性)	4	5	5.5	8	9	10

(2) 制品凸台镶件的嵌入深度不应小于镶件直径的 1.5 倍，而且凸合应设计加强筋，加强筋的设置方向应与受力方向尽可能一致，如图 10.19 所示。

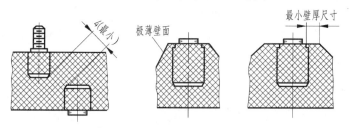

图 10.19 制品凸台镶件的极限尺寸

(3) 制品边缘的镶件离制品内侧面的距离应大于 0.6mm，如图 10.20 所示。

(4) 当制品所受的力较大时，应使所受之力直接作用在镶件上而避免作用在塑料制品上。其方法是使金属板上的螺钉过孔小于镶件直径，如图 10.20(c)所示。

(5) 避免使用方形、矩形或六方形之类呈尖锐角的镶件，以免尖角处产生应力集中而开裂。使用时各尖角应车成圆弧，尺不小于 1mm，如图 10.21 所示。

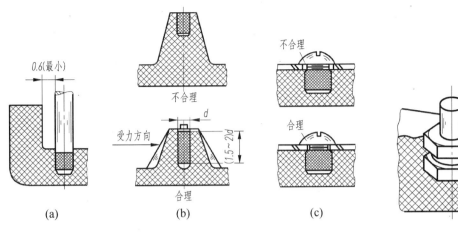

图 10.20　边缘、凸台和受力镶件的极限尺寸

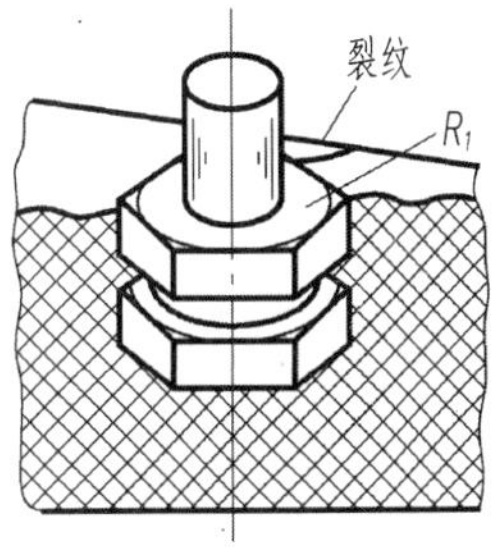

图 10.21　废品实例

(6) 为避免镶件底部制品表面出现缩痕，影响其表面质量，故应使镶件底部端面距下表面的距离不小于镶件直径的 1/2，如图 10.22 所示。

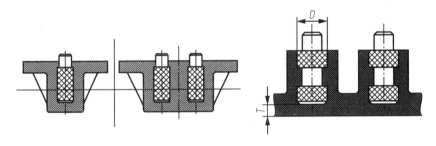

图 10.22　镶件底面离制品壁面的距离

10.4.6　塑料制品组合的强度结构的设计实例

图 10.23(a)所示为仪表座和仪表盖的四角用螺钉连接固定的结构。需注意的是表盖上的螺钉通过孔四周的壁厚不能小于表盖四周的壁厚。通过孔的圆台的高度与四周侧壁子口的高度齐平。而表座上是自攻螺纹的底孔直径。其圆形台阶的高度比内子口高度低 0.3～0.6mm。这样，紧固螺钉后，可使止口密合良好。

图 10.23(b)所示则是用弹性卡扣来实现表盖与表座的连接的。卡扣的大小和多少根据制品大小而定，80mm 内，每边一个卡扣即可。这种结构要求成型塑料成型后富有一定的弹性和抗疲劳强度，脆性材料不行，适用于工作环境中载荷不大的情况。这种结构中的卡扣的厚度很重要，太薄了强度不够，易折断；太厚也不行，失去弹性。中、小型制品一般为 1.8～2.6mm 即可。大型制品的长卡扣可加厚到 4～6mm。

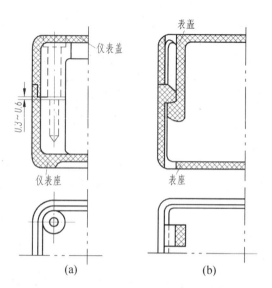

图 10.23　仪表外壳和表座的装配结构

10.5　刚体结构设计

图 10.24 所示制品为一块热塑性塑料成型的草坪网砖，是一件较典型的围框式刚体结构。此结构均衡整齐，壁厚一致；加强筋纵横交错，尺寸均匀，收缩和变形小，便于模具设计和制造。

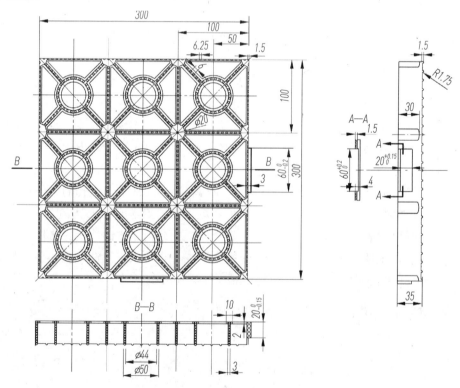

图 10.24　草坪网砖结构

图 10.25 所示为另一种热固性塑料成型的干电池外壳，也是一件比较典型的围框式刚体结构。

为消除加强筋交汇处底面出现的缩坑，在缩坑处成型一个 SR_1 的半圆小凹坑，以此遮丑。

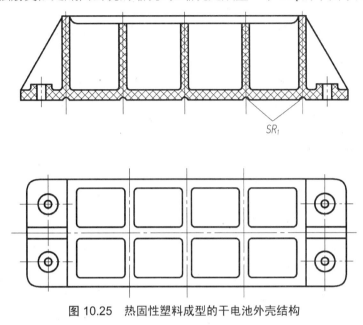

图 10.25　热固性塑料成型的干电池外壳结构

10.6　大跨度承载悬臂结构制品结构的设计实例

图 10.26 所示为一大跨度承载悬臂支架的结构设计示意图。此设计借鉴桥梁建筑设计之经典之作——赵州桥的结构力学原理并以其优美独特的极具民族神韵的弧线造型和精炼、简约的组合，完成了大跨度悬臂梁的承载结构设计。承载主梁采用工字结构，坚固可靠，用料不多却承载不少，便于模具制造，利于降低成本，并能缩短试制周期，质量容易得到保证，是制品造型和结构设计的典型之作。

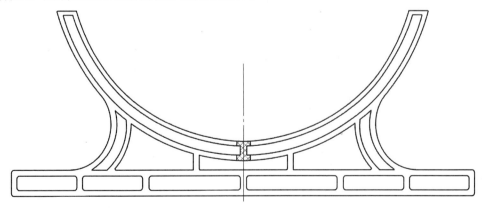

图 10.26　大跨度承载悬臂支架的结构设计示意图

10.7　塑料制品功能结构的设计实例

在众多的塑料制品中，有很多结构是有其特定功能要求的。因此，要求制品设计者掌握、了解其相关的知识和技术，使设计出来的制品既美观独特又经济实用。

下面以具有典型性功能结构的制品为例加以分析说明。

实例 3　24 线线组架。如图 10.27 所示，这是一件通信设备中的光缆线组零件。内、外两圈筒形壁上各有 12 个地线孔(24 孔均有序号标明)，其功能是使光缆导线通过并有序地各行其道，按规定出和入，便于有序地组装，不装错线，而且便于检查核对。

而 $\phi10^{+0.04}_{-0.1}$ mm 的管轴，外圆要与相关零件形成良好的配合，内圆又可在相配的轴体上平衡地转动。无疑，内外圆 $\phi10$mm 有同轴度的严格要求。在设计和确定这些功能结构时既要清楚该制作的作用、功能要求，还应把与之相关的零部件之间的配合关系弄明白。这样，方能设计出合理的结构，确定合理的公差配合要求，做到既能保证功能要求和装配使用的方便可靠，又能在尽可能低成本的投入情况下缩短调试时间。

实例 4　螺旋齿轮。如图 10.28 所示，这是一件螺旋齿轮——绝缘传动件。其动力通过 $\phi18^{+0.05}_{0}$ mm 及其键槽与传动轴紧配传入，再通过螺旋齿将动力平衡输出。因此，轴孔、键槽和螺旋齿共同组成该件制品的传动结构。

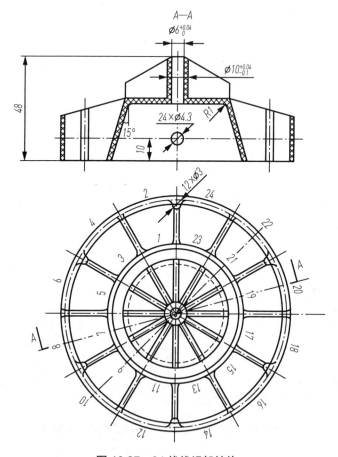

图 10.27　24 线线组架结构

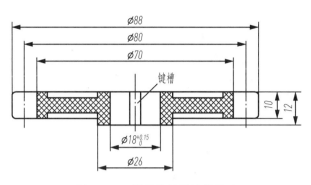

图 10.28   螺旋齿轮的结构尺寸

实例 5   活塞体。如图 10.29 所示，这是一件喷雾装置中的关键零件——活塞体的放大图。图中所示的 $\phi 6.5_{-0.05}^{0}$ mm 和 $\phi 4_{-0.12}^{+0.18}$ mm 及 0.2mm 厚的弹性活塞体是此件的关键部位，亦即功能部位。若尺寸精度超过公差要求，则整个喷雾系统便成为无用的系统，不能完成喷雾功能。

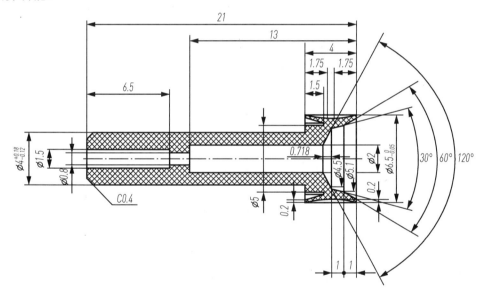

图 10.29   活塞体的结构尺寸

实例 6   后视镜体。轿车驾驶室中的后视镜体如图 10.30 所示。*B—B* 视图中的①处是镜两个圆弧长边中安装水银后视镜片的安装槽，一边厚、一边薄，其目的是防止镜片在汽车高速行驶中因振动或晃动使镜片产生可能的位移而使损坏。其安装槽的四周均设计成不同半径的圆弧，除了构成优美的外面曲线造型，给人赏心悦目之愉悦感之外，以圆弧将镜片团团围住，确保做到万无一失。

实例 7   仪表盖。如图 10.31 所示，这是一件精密仪表的外壳。*A* 处为玻璃安装槽；*B* 处为圆筒形侧壁上的四个侧孔，是固定仪表内部零件的螺钉固定过孔；*C* 处是将仪表安装在仪表控制台上的螺钉固定处。上述各部尺寸结构均为此表的功能结构部位尺寸。

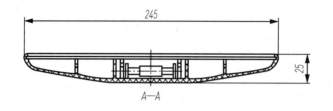

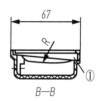

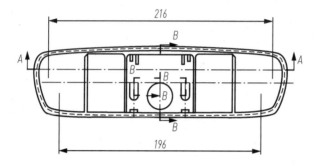

图 10.30　后视镜体的结构尺寸

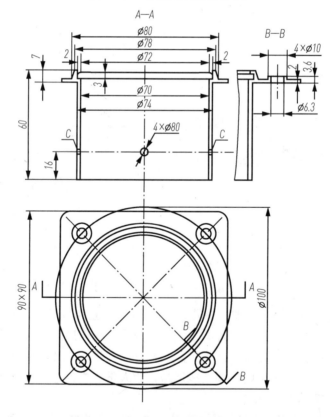

图 10.31　M24 仪表盖的结构尺寸

10.8　塑料制品可拆卸式装配结构的设计方法、技巧与实例

两件或几件制品按一定的要求连接、组合在一起，成为具有一定功能的整体结构产品，

其连接、组合的过程称为装配。

可拆卸式装配包括螺纹联接装配和弹性联接装配两种形式。

1. 螺纹联接装配

螺纹联接装配是采用金属的螺钉与螺母、自攻金属螺钉和无螺纹的塑料自攻底孔及垫圈等联接件将两件或几件制品联接起来加以紧固，以保证零件的相互位置、结构强度，并达到一定的功能要求的一种可拆卸、可再行装配的一种方式。当拆开所联接的各零件时，仍可保持原定的位置、结构强度和功能要求。这种联接是用途最为广泛的一种联接，如图 10.32 所示。

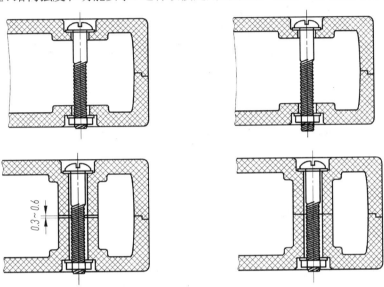

图 10.32　塑料壳体间螺栓联接的结构设计

攻螺纹前的底孔孔径尺寸如表 10-4 所示。

表 10-4　攻螺纹前的底孔孔径尺寸　　　　　　单位：mm

螺纹公称直径 d	攻普通螺纹前底孔孔径								
	螺距	I	II	螺距	I	II	螺距	I	II
1	0.25	0.7	0.75	0.2	0.75	0.8			
1.2	0.25	0.9	0.95	0.2	0.95	1			
1.4	0.3	1.05	1.1	0.2	1.15	1.2			
1.6	0.35	1.2	1.25	0.2	1.35	1.4			
2	0.4	1.55	1.6	0.25	1.7	1.75			
2.2	0.45	1.7	1.75	0.25	1.9	1.95			
2.5	0.45	2	2.05	0.35	2.1	2.15			
3	0.5	2.45	2.5	0.35	2.6	2.65			
4	0.7	3.2	3.3	0.5	3.45	3.5			
5	0.8	4.1	4.2	0.5	4.45	4.5			
6	1	4.9	5.0	0.75	5.1	5.2	0.5	5.45	5.5
8	1.25	6.6	6.7	1	6.9	7	0.75	7.1	7.2
10	1.5	8.3	8.5	1	8.9	9	0.75	9.1	9.2
12	1.75	10	10.2	1.25	10.6	10.7	1	10.9	11

续表

螺纹公称直径 d	攻普通螺纹前底孔孔径								
	螺距	I	II	螺距	I	II	螺距	I	II
16	2	13.8	13.9	1.5	14.4	14.5	1	14.9	15
20	2.5	17.2	17.4	1.5	18.4	18.5	1	18.9	19
24	3	20.7	20.9	2	21.8	21.9	1.5	22.5	22.5
30	3.5	26.1	26.3	2	27.8	27.9	1.5	28.5	28.5
36	4	31.5	31.8	3	32.7	32.9	2	33.9	33.9
42	4.5	37	37.3	3	38.7	38.9	2	39.9	39.9
48	5	42.4	42.7	3	44.7	44.9	2	44.9	45.9

注：1. 攻螺纹前的底孔孔径分为 I、II 两类，第 I 类适用于铸铁、青铜等脆性材料，第 II 类适用于钢料及黄铜塑料等韧性材料。

2. M24 以上的一级及二级细牙螺孔，攻螺纹前，必须在底孔的上端倒角。

3. 孔径公差对普通螺纹可按 GB6 级孔径公差，对细牙螺纹可按 BG5 级孔径公差。

4. 厚材料需要用精冲方法得到截面较直的底孔。

螺纹成型自攻螺钉结构形式及紧固方法如图 10.33 所示。

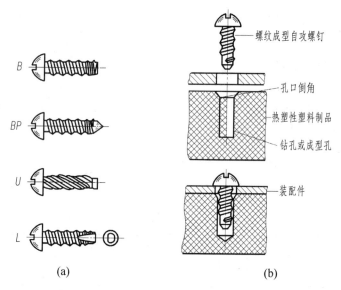

图 10.33　螺纹成型自攻螺钉结构形式及紧固方法

利用螺纹、垫圈将塑料板或塑料的其他制品与其他材质的板料(如金属板)等联接的方法如图 10.34 所示。

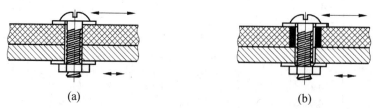

图 10.34　塑料板和金属板的螺栓联接设计

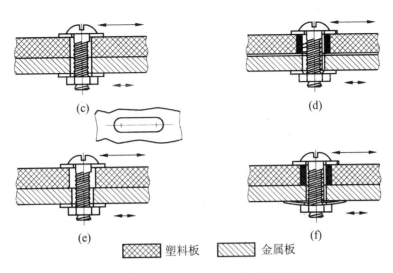

(c)   (d)

(e)   (f)

▨ 塑料板　　▨ 金属板

图 10.34　塑料板和金属板的螺栓联接设计(续)

2. 弹性联接装配

弹性联接也是可拆卸式的重要联接方法，用途也越来越广泛。弹性联接是利用塑料成型后所具有的良好的弹性变形来实现其联接的。它装配简便，拆卸快捷，成本低，隐蔽性强，不影响装配后的外观造型。其缺点是联接件之间因有间隙，所以当装配件遇到振动时，会产生噪声。

弹性联接包括卡扣形、自锁卡扣形、搭扣形、旋转卡扣形、镶入卡扣形、夹环形、捆扎形七种联接方法。

(1) 卡扣联接：悬臂弹性卡扣的装卸工作过程示意图如图 10.35 所示。

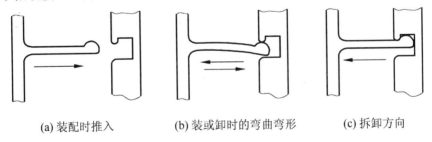

(a) 装配时推入　　　(b) 装或卸时的弯曲弯形　　　(c) 拆卸方向

图 10.35　悬臂弹性卡扣的装卸工作过程示意图

(2) 自锁卡扣联接：自锁悬臂卡夹卡扣的拆卸工作过程示意图如图 10.36 所示。

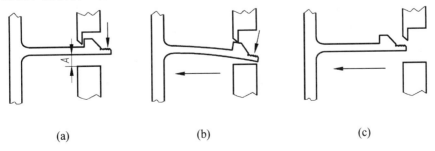

(a)   (b)   (c)

图 10.36　自锁悬臂卡夹的拆卸工作过程示意图

(3) 搭扣联接：弹性压扣联接如图 10.37 所示。

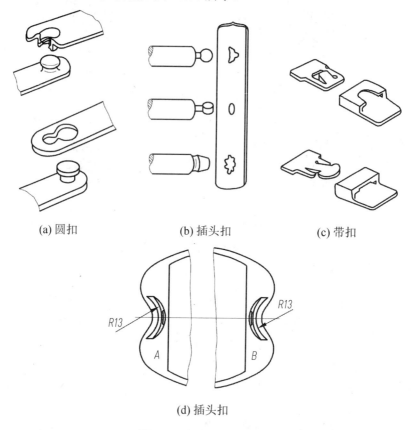

(a) 圆扣   (b) 插头扣   (c) 带扣

(d) 插头扣

图 10.37　弹性压扣联接

(4) 旋转卡扣联接：图 10.38 所示为四种旋转卡扣联接的结构形式。图 10.38(a)所示的矩形卡扣插入后旋转 90°；图 10.38(b)所示的 L 形槽插入后转一小角度，圆销进入小横槽即被卡住，不能上下运动；图 10.38(c)所示的卡扣插入后转 90°；图 10.38(d)所示的卡扣插入后转 45°～90° 即可。凸台插入后，顺时针转一角度对准时即卡住，如图 10.39 所示。

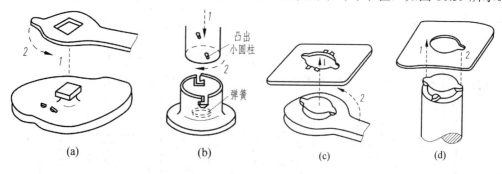

(a)   (b)   (c)   (d)

图 10.38　旋转卡扣联接

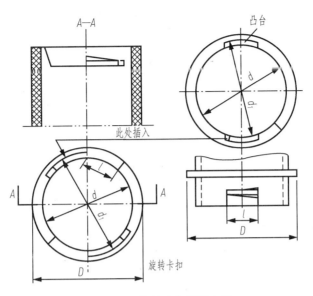

图 10.39　旋转卡扣联接方法

(5) 镶入卡扣联接：镶入卡扣联接如图 10.40 所示。其中，图 10.40(a)所示的卡扣短，限制了弹性，装配较费力，易损坏。图 10.40(b)所示的卡扣增长，装卸力减小且相等，较图 10.40(a)所示的优异；图 10.40(c)所示的双弹性卡扣易推入，省力，难卸，夹持牢固。

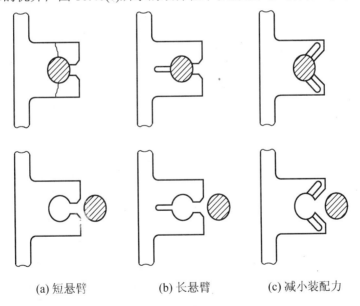

(a) 短悬臂　　　　　(b) 长悬臂　　　　　(c) 减小装配力

图 10.40　镶入卡扣联接

(6) 夹环联接：夹环联接(图 10.41)是利用 PP 特有的优良抗弯折疲劳性、反复弯折的柔性制品联接，多用于盒与盖的联接，其定位靠被联接塑料制品上的凹入和凸起来实现。通常所用的塑料为聚丙烯、软质聚乙烯等。夹环应具有较高的耐撕裂强度,厚度可超过 0.6mm,曲率半径可大于 2.5mm。

图 10.41　夹环联接

(7) 捆扎联接：捆扎联接(图 10.42)多用于要求快捷、可靠进行捆扎的物品，如邮袋、分类垃圾编织袋、布匹色装袋、导线等的快速捆扎。常用的捆扎带绳是富有弹性的聚酰胺捆扎带绳。

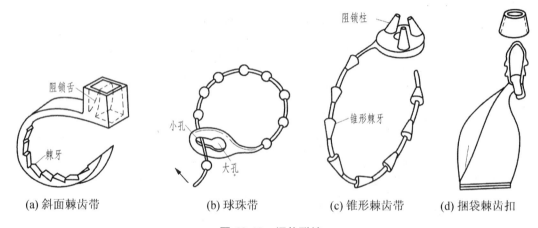

(a) 斜面棘齿带　　　　　(b) 球珠带　　　　　(c) 锥形棘齿带　　　(d) 捆袋棘齿扣

图 10.42　捆扎联接

10.9　塑料制品表面的修饰技术

修饰即装饰，就是对塑料制品的表面进行修整和美化。对塑料制品表面不尽如人意之处进行修整和美化，其目的不仅仅使之更加美观，而更主要的是通过不同的修饰方法，赋予制品表面不同的特殊功能，使其应用更加广泛。因此，塑料制品表面的修饰不仅是塑料制品的再加工工程，而且是塑料制品制造工程的重要组成部分。

塑料制品表面修饰最常用的方法有涂饰、金属涂覆、印刷、着色和植绒等。

10.9.1　塑料制品表面修饰前的处理

塑料制品在模塑成型之后，其表面质量往往不能尽如人意，常带有下列各种缺陷。

(1) 其表面与涂料的兼容性(即附着性)差，涂饰后的涂覆层容易脱落。

(2) 成型后的制品表面不洁，粘有油污，使涂料或电镀层难以附着。

(3) 成型后的制品表面不平，有麻斑、凹陷甚至裂纹等，也会影响其表面修饰的质量。

因此，在塑料制品进行表面修饰之前，必须对其表面进行具有针对性的处理，以保证表面修饰的良好质量和后续生产的顺利进行。

塑料制品表面常采用脱脂处理方法处理。脱脂处理又包括酸性、碱性和溶剂脱脂三种脱脂处理法。

1. 酸性脱脂处理

酸性脱脂处理即用有机酸和无机酸组成的酸性剂清洗制品，使其表面的污垢氧化而分解；使其表面粗糙，利于涂料或镀层的附着。

在处理中，处理的时间和酸性剂的浓度都应严加控制。处理的时间过长或酸性剂的浓度过大，都会导致制品塑料的分子链断裂，加速制品的老化(即降解)，而且酸性剂脱脂不能用于玻璃纤维增强塑料和含有碱性添加剂的塑料制品。

2. 碱性脱脂处理

碱性脱脂处理即用氢氧化钠、乳化剂、洗涤剂和表面活性剂组成的碱性脱脂剂清洗制品，使其表面的污垢、灰尘等在碱性脱脂剂作用下水解。

碱性脱脂处理适于 PP、PMMA、ABS 等碱性塑料制品的预处理。这种方法的脱脂、去污效果较好，是最常用的脱脂处理方法。

3. 溶剂脱脂处理

溶剂脱脂处理即用乙醇和己烷制成的清洗剂，或用苯类溶剂清洗 PS 和 ABS 制品表面；而 PP 制品的表面则用丙酮处理。

溶剂脱脂常用擦拭、清洗、喷淋、蒸汽和超声波等方法。溶剂不但可以脱脂，而且可以清除制品表面的添加剂、氧化物等低分子物质，并增加制品的表面粗糙度，从而提高其与涂层或镀层的附着力。

另外，塑料制品表面的处理方法还包括机械加工、等离子处理、电晕放电等方法。机械加工的方法即对制品表面进行抛光、喷砂等加工，以消除其表面缺陷，改变其表面的粗糙度，增加制品表面与涂料或与镀层的附着力。等离子处理就是利用带电的高能等离子体高速撞击制品表面，从而达到上述目的。等离子处理无污染，快速省时(只需几秒)。电晕放电处理就是用高频高压的电极，激发并电离空气，使带电的离子在强电场下撞击塑料制品表面，从而达到所要求的效果。这种方法多用于塑料薄膜的表面处理，以提高其黏结或印刷质量。

放电处理对聚氯乙烯(PVC)、聚酰胺(PA)、聚碳酸酯(PC)等塑料制品的效果都较好。需要注意的是，放电处理过的塑料薄膜不能与金属接触，以防止处理失效。

10.9.2　塑料制品表面的涂饰

为了使塑料制品在各种环境和各种气候条件下，延缓老化，提高使用寿命，防止其受到各种物理损伤和化学侵蚀；同时，也为了使塑料制品残留于表面的一些缺陷得以弥补，使之更加美观；甚至使之具有阻燃、耐腐、耐磨、防静电和防紫外线等特殊功能，扩大其应用领域，在制品表面涂覆一层具有上述功能的涂料，形成一层装饰膜或保护，此即涂覆修饰，简称涂饰。

1. 涂料

常用做修饰和保护的通用涂料有丙烯酸树脂涂料、聚氨酯涂料、氨基树脂涂料、环氧树脂涂料、有机硅涂料和醇酸树脂涂料等。

特殊用途的涂料有防静电和防紫外线涂料、阻燃和导电涂料、光学塑料用的涂料及磁性涂料等。

2. 涂饰方法

用液体涂料进行喷涂，是塑料制品最常用的涂饰方法。喷涂又分为压缩空气喷涂、高压无气喷涂和静电喷涂三种。在这三种喷涂方法中，压缩空气喷涂法较为简便，涂层均匀、平整。其缺点是空气污染严重，而且喷涂时稀释剂的用量大，涂料的利用率只有 50%～60%。因此，压缩空气喷涂法适于喷涂快干性的涂料和各种形状的小面积制品。将涂料加热至 70 ℃以下，可降低涂料的黏度，减少稀释剂的用量，提高喷涂质量。大面积的塑料制品应采用高压无气喷涂法，即涂料在喷枪中以 10～25MPa 的压力和约 100m/s 的高速喷射到塑料制品表面，并在喷射中冲击空气而雾化。高压无气喷涂法的优点是，比前者的生产效率和涂料的利用率都明显提高，而且可以喷涂黏度高的涂料，并获得较厚的涂层。其缺点是涂饰的外观质量不如压缩空气喷涂法，而且喷出量不能调节，还需要高压动力、高压涂料输送管道和压力控制、调节等设备。另外，更加先进的静电喷涂法的雾化效果更好，涂料的利用率高达 80%以上，而且制品的尖角和边缘都能获得所需的涂层厚度。但是静电喷涂法需自动化的设备，投资较大，只适于批量和大批量生产。而少量生产常用手工刷涂，效率低，涂层不均，劳动强度大，涂料浪费也大。

3. 涂饰常见的缺陷

涂饰常见的缺陷有下列几种。

(1) 流痕：液体涂料在涂饰过程中流淌形成的流痕。涂料的密度越大，黏度越低，涂层越厚，就越容易产生流痕。

(2) 涂层发白、无光：涂层产生雾状白色，失去原有的光泽。主要原因一是由于使用了纤维素树脂和氯化聚氯乙烯树脂等挥发性的涂料；二是溶剂与稀释剂的配比不当或是作业环境过于潮湿。

(3) 裂纹：因涂层过厚且湿软，耐寒、耐候性差而导致的涂层裂纹，有鳄皮状裂纹、龟甲状裂纹、针状裂纹和细微的裂纹。

(4) 橘皮：涂层呈凹凸不平的橘皮状。主要原因一是涂料黏度太高，喷涂时未能流平；二是雾化不良，涂层过薄；三是喷涂时的压力、喷枪与制品表面之间的距离和操作、运行不当。

(5) 缩坑：由于涂料中的颜料与溶剂混合不均，制品被涂表面处理质量差或被污染，涂料的流动性差所造成。

(6) 气泡：涂层上有气泡。主要原因一是制品被涂表面有水或油污，即涂饰前处理质量差；二是涂料的透气性差；三是底层的固化干燥质量差。

(7) 漏涂：制品被涂表面部分无涂料。而零零星星的空白(即无涂料)，是由于涂层太薄所致，或是制品被涂表面附着力差所致。

(8) 褪色：由涂料耐候性、耐蚀性差引起，多出现在长期的使用过程中，因光、热和污染所致。

10.9.3　塑料制品表面的金属涂覆

在塑料制品表面覆盖一层有一定形状、尺寸、一定色泽的金属薄膜，使之具有靓丽的仿金属的外观，称为金属涂覆(俗称"上金")。

金属涂覆的方法有电镀、真空镀膜。经金属涂覆后的塑料制品，不但提高了耐热、耐磨、耐候的性能，降低了吸水率，而且其综合力学性能也有所提高，并具有导电性能，还能进行简单的金属焊接，同时仍保持了一般塑料制品所特有的优点，如质轻、价廉等。

1. 电镀

电镀就是通过电流和化学的作用，将一定厚度的金属层沉积在塑料制品表面，使塑料制品表面具有一层靓丽的仿金属的外观。电镀的方法包括镀铜、镀镍、镀铬、仿金电镀和无氰镀金、镀银等。

电镀相似于涂饰，在电镀之前，首先要对塑料制品表面进行除应力、除油、粗化和解胶等表面处理；然后进行化学镀，以便作为进一步电镀或涂饰的底层(化学镀也可作为最终的功能性镀层)。例如，成型聚氯乙烯制品注射模的型芯、型腔必须镀铬，而在镀铬之前，首先要清洗，洗后镀铜，之后再镀铬。

对电镀制品的质量要求：经过电镀的塑料制品表面，不允许出现无光泽、色泽不一致、掉皮、漏塑、气泡、针孔、龟裂、烧焦等缺陷，不允许有未洗净的盐类等痕迹。

镀层的厚度：

(1) 常用于 ABS 制品，室内使用的防腐蚀、隔热应有的镀层厚度：化学镀层为 $0.2\mu m$，半光亮镍镀层为 $2.5\mu m$，光亮镍镀层为 $10\mu m$，铬镀层为 $0.5\mu m$。

(2) 室外恶劣温差条件下应有的镀层厚度：化学镀层为 $0.2\mu m$，光亮的酸性铜镀层为 $20\sim25\mu m$，光亮镍镀层为 $7\sim10\mu m$，铬镀层为 $0.5\mu m$。适当提高铜镀层厚度，可提高其镀层的附着力。

(3) 极端恶劣腐蚀条件下应有的镀层厚度：为提高其耐蚀性，可镀双层镍；而铬镀层不能大于 $0.3\mu m$(为了减小镀层的内应力)；化学镀层仍为 $0.2\mu m$；光亮的酸性铜镀层为 $20\mu m$；半光亮镍镀层为 $12.5\mu m$；光亮镍镀层为 $7.5\mu m$；铬镀层为 $0.25\sim0.3\mu m$。

2. 真空镀膜

真空镀膜就是将金属或金属化合物等材料在真空条件下沉积到塑料制品表面，形成一层金属薄膜。在真空中，金属的沸点大大低于非真空的大气压下的沸点。以铝为例，在非真空的大气压下，其蒸发温度为 2400℃，而在真空度为 $10^{-3}Pa$ 时，加热到 827℃ 即可大量蒸发。因此，对于塑料制品，尤其是塑料薄膜，金属真空镀膜的方法得到广泛的推广和应用。用于真空镀膜的金属材料有铝、铜、镍、铬、金和银。

塑料制品表面用真空镀膜法镀膜的目的，一是进行装饰，二是改善、提高其功能。

装饰性镀膜：例如，在塑料制品上，先镀以氮化钛薄膜，再经透明涂料涂饰之后，即可获得透明而绚丽夺目的仿金表面。

功能性镀膜：例如，玻璃或有机玻璃制品表面经真空镀膜，可制成各种颜色的透镜；

经真空金属镀膜的塑料薄膜具有抗静电和良好的阻隔、密封特性,大量用于精密仪表和电子元器件的包装;PP、PE、PA 等塑料薄膜经真空镀铝后(镀层为 0.06μm 左右),能阻隔各种气体、水和光线;经双向拉伸的聚酯薄膜经真空金属镀膜后,可制成大容量的小型电容器;被广泛使用的光盘就是 PC 盘经真空镀膜制成的,而只读光盘由印膜将信息直接印制在 PC 盘的表面,再用平面磁控的溅射镀膜法,沉积 0.55μm 的铝膜;标有 CD-R 的可录光盘用旋涂法在 PC 盘的表面先涂一层信息记录膜,再溅射一层金反射膜。金膜的反射率高,且沉积速度快。另外,也有用低成本的铝或铜作为反射膜的。

真空镀膜的方法有三种,即真空蒸发镀膜法、磁控溅射镀膜法和离子辅助蒸镀法。

1) 真空蒸发镀膜法

真空蒸发镀膜法简称蒸镀,就是将用于镀膜的金属材料在 10^{-3}Pa 级的真空中,短时间内快速加热,使之蒸发并沉积在塑料制品表面上,形成一层薄膜。在 10^{-3}Pa 级的真空中,被加热而用于蒸发镀膜的金属是非真空大气压之下熔点的 0.3～0.45 倍,使之在几秒之内蒸发。而塑料制品的温度必须保持在制品的热变形温度之下,以免其产生变形。所以,必须用循环冷却水进行冷却。

2) 磁控溅射镀膜法

磁控溅射镀膜法俗称阴极电镀,即高速低温溅射法。其溅射金属原子的能量大,速度高,而塑料制品在此过程中的升温和损伤低。

磁控溅射镀膜法是在 10^{-1}Pa 级的真空中充入惰性气体,而在制品的阳极和金属靶的阴极之间通以高压直流电,激发并产生等离子体。在磁场的作用下,正离子在阴极靶的吸引下,将靶上的金属原子射出,溅射并沉积在塑料制品上。

阴极溅镀的常用厚度为 0.06～0.1μm,且镀后要涂饰涂料。阴极溅镀的镀膜较薄,对制品的损伤较小,且附着力强,多用于光学、导电和做磁记录的精密、薄壁塑料制品,如光学透明塑料的背饰镀,甚至用于镀覆硬质聚氨酯泡沫塑料制品,但须用不饱和的聚酯做腻子,刮涂修平后,再溅镀紫铜。

3) 离子辅助蒸镀法

离子辅助蒸镀法是在真空蒸镀技术的基础上发展而形成的。离子辅助蒸镀利用高压电场,将引入的惰性气体(亦称稀有气体,具有不易与其他元素化合的化学特性,惰性气体有氦、氖、氩、氪、氙和氡六种)激发成高能离子体,并撞击蒸发的原子,使其电离化。在制品上罩上金属网,作为阴极栅网,形成负电子区。电场中的金属离子在阴极栅网处获得电子,中和为金属原子,射落在塑料制品的表面,形成一层薄膜——蒸镀的镀膜。

离子辅助蒸镀法,其金属堆积的密度高,金属镀膜的厚薄均匀、细密,质量好且附着力强,能填补制品表面的孔隙、细小裂纹等缺陷。

离子蒸镀时的制品表面温度低于 100℃,大多低于塑料制品的热变形温度。铝和氧化钛是蒸镀常用的镀料(用做塑料光学制品的反射或折射膜),其厚度为 0.05μm 左右。还可以采用多膜,制成滤光镜片。

离子蒸镀后的金属镀膜很薄,为防止其氧化、变色或损坏,还必须用透明涂料涂饰。

10.9.4 塑料制品的印刷

塑料制品的印刷包括装饰性印刷和印制电路板的印刷。

装饰性印刷又分为塑料包装薄膜的印刷、塑料外罩与塑料容器表面的印刷及标牌的印刷。塑料薄膜主要用凹版和柔性版印刷，而丝网印刷不但可以用于塑料薄膜的印刷，还可用于塑料容器表面的印刷。吹塑成型的中空容器和注射成型的壳体既可用印箔烫印，也可用丝网印刷。另外，还可对不同的塑料制品进行转印和喷墨印刷。

1. 凹版印刷

凹版印刷类似于书法碑帖的拓印法，就是将图、文刻在平面或滚筒上，制成图、文凹入的凹版。印刷时，版面涂以油墨，再将表面的油墨刮净，而凹入的图、文凹槽内则充满了油墨。盖上需印制的塑料薄膜后，施以一定的压力，即将图、文凹槽中的油墨印到塑料薄膜上。凹版印刷是一种分辨率高的精美彩色印制工艺。凹版印刷所用的凹版有雕刻凹版和照相凹版两种。其中，雕刻凹版又分为电子雕刻凹版和化学腐蚀凹版两类。

凹版印刷所用的凹版耐用。凹版印刷的印制速度快且相对成本较低，适于大面积、大批量印制。大多数塑料薄膜软包装都采用凹版印刷。凹版印刷的主要缺点是制版(即雕刻图、文)的周期较长，雕刻图、文的费用较高。

电子雕刻可直接扫描需要印制的图、文，将其转换为雕刻机的信号，从而控制钻石雕刻针在版面上刻出深浅不同的图文。

照相凹版就是在版面上直接涂以感光胶层，并将图、文照相的底片在版面的感光胶层曝光显影之后，用溶剂冲洗图文部分的胶层。之后，将腐蚀剂涂在版面裸露的金属上，腐蚀出凹入的图文。

现在，常用的凹版印刷机是采用滚筒压印的组合式转轮凹版印刷机。印制前，塑料薄膜也要进行如前所述的预处理，以提高其附着力。

2. 柔性版印刷

柔性版印刷使用的是柔性凸版。现在，大多用感光树脂做印版，其收缩率小，分辨率高，制版比较方便。制版时，首先将感光树脂涂在金属或聚酯的滚筒上，再将图文的阴底片贴在印版上曝光，并用显影液使感光树脂显影。由于感光部分的树脂不溶解或溶解度很低得以保存，而未感光部分的溶解度高，则被溶解，使滚筒上只留下凸起的感光部分的图文，此即柔性版印刷。柔性凸版的印版柔软，富有弹性，对油墨的附着性、传递性好。

感光树脂有聚氨酯和聚酯等。感光树脂要添加光引发剂和固化剂等。

柔性版印刷用的油墨有三种：有机溶剂型油墨、水性油墨和紫外线固化油墨。有机溶剂型油墨主要以醇类溶剂为主，对印版树脂无侵蚀作用。水性油墨常用丙烯酸类树脂配制，无毒、阻燃，使用较多，但是性能不如溶剂型油墨。紫外线固化油墨必须用紫外线照射后才能固化。

与凹版印刷相比，柔性版印刷制版简便、耐用，油墨用量少，浇口干燥，成本也较低，而且对塑料薄膜材料的性能和宽、窄的适应性广，还能正、反面同时多色套印。

无毒的水溶性油墨印刷适用于食品包装的塑料薄膜印刷。

3. 丝网印刷

丝网印刷就是使溶剂型油墨透过由孔眼组成的、制作了图文的丝网印版，精确地将 $30\sim100\mu m$ 厚的油墨印制到塑料制品的表面上。此厚度是凹版印刷的 $2\sim8$ 倍，是凸版印刷的 $3\sim10$ 倍。因此，丝网印刷油墨用量较多，所印制的图文和色彩也颇为浓厚。

丝网印刷适用于各类大、小不同的平面或圆筒曲面塑料制品的印制，但只能印刷色调连续的图文而不能印制浓、淡层次不同的线条或图案。丝网印刷的覆盖和附着性好，能准确显示其漏印部位，可多色套印。

丝网印版有平版式和圆筒式两种。塑料制品在印刷前同样要进行清洗处理和烘干。

丝网有蚕丝、尼龙丝、涤纶丝和不锈钢丝四种。网孔大小一般为160～350目。印制塑料制品时常用260目。丝网网条的粗细为0.15mm。

蚕丝已很少使用，因其耐磨性和耐蚀性较差容易老化、变脆。尼龙丝弹性大，耐磨性和耐蚀性较好，但伸长率大，需经常调整其绷网的张力，比较麻烦。而涤纶丝的伸缩性较小，油墨的穿透性、耐热、耐湿和弹性都好，故广为使用。不锈钢丝的耐磨性好，强度高，不吸水和溶剂，使用寿命长。其平面稳定性和油墨穿透性都好，但弹性差、价格高，多用于精密印刷和电路板的印制。

丝网印刷需要刮墨板。在各类刮墨板中，以氟橡胶和聚氨酯橡胶的硬度和耐磨性最好，不受油墨和溶剂的侵蚀。刮墨板常用的硬度为邵氏硬度48度左右。图文精细的印版宜用较硬的刮墨板，而大面积和比较粗糙的印版，则应选用较软的刮墨板。刮墨板应比印制版长出50mm左右。

油墨由树脂、溶剂、颜料、浮色助剂、抗沉淀剂和稀释剂等所组成。其中，树脂有聚氯乙烯、氯乙烯-醋酸乙烯共聚物、聚甲基丙烯酸甲酯和聚酰胺等，溶剂有环己酮和二甲苯等。

4. 印箔烫印

印箔烫印是一种不用油墨的特种印制工艺。它是用烫印机上的电热模板，将制有图文膜层的印箔快速压烫在塑料制品的表面上的印制工艺。烫印后，可在塑料制品的表面上烫印出所需的富有光泽的精美图文金属膜。与电镀装饰相比，其工艺简单，加工方便。缺点是黏附性和耐磨性较差。

烫印箔是一种多层复合膜。首先在聚酯薄膜表面上，真空蒸镀一层金属膜或其他装饰材料，再在印箔表面上涂以胶黏剂。烫印时，胶黏剂即与塑料制品的表面黏合。

烫印箔有金属镀膜箔、木纹箔、石纹箔、颜色箔和磁性箔等，其中以铝膜箔应用最为广泛。

烫印箔由下列五层组成：

(1) 载体聚酯薄膜：厚12～16μm，用以支承各印刷复合层。烫印时被加热、加压，转印后剥离。

(2) 剥离层：厚0.3～0.5μm，起隔离作用。在热压条件下，热熔性的有机硅树脂使印刷复合层与载体聚酯薄膜分离。

(3) 着色层：厚1.2～1.5μm。其颜色即转印后镀铝层的颜色，富有金、银等金属的光泽。

(4) 镀铝层：厚0.05μm左右。真空镀铝的铝层提高了着色层的光泽度。

(5) 胶黏层：厚1.2～2μm。在热压下使印刷复合层黏结在塑料制品上。

烫印工艺参数：烫印工艺应控制好温度、压力和时间这三个工艺参数。

① 温度：一般的热塑性塑料制品温度为100～150℃。ABS的耐热性差，其烫印温度为94～110℃。而热固性塑料制品温度则为150～180℃。温度低了，胶黏层与塑料制品表面熔接不充分，印迹不完整，印刷层黏结不牢；温度高了，会使着色层氧化变色，热熔胶与胶黏剂分解，印迹雾化变白，失去光泽。

② 压力：烫印压力比一般的印刷压力大，为1.0～1.5MPa(用金属模板压印时较大些)。压力过大，会使印制的图文变粗、失真，而且会使塑料制品变形。

③ 时间：烫印箔与塑料制品表面在所需的温度、压力之下印制的时间，一般为 0.2～1s。烫印时间过长，会使溶胶熔化过度，使塑料制品表面软化，导致图文粗糙而失真；烫印时间过短，会导致印刷层黏结不良。

烫印对塑料制品的要求：

① 制品表面在烫印前要清洗油污，而且制品在成型时，不能使用脱模剂。

② 制品的烫印表面应平整，无缩坑或翘曲变形。跨度较大的壳体制品或中空成型制品应设计加强筋。

③ 烫印表面只允许中央凸起 0.1mm 左右，烫印面的宽度至少 0.25mm，烫印面凸起 0.5～0.8mm，烫印面距周围的侧壁至少为 6mm 以上。

④ 烫印凸起平面之间应设计分色槽。槽宽 1.5mm，深 0.5～0.8mm。

⑤ 制品烫印面拐角和边缘的圆弧半径，应小于 0.2～0.3mm，而尖角或溢边会损伤压印模板，使印刷层边缘不全。制品表面的倾斜角应小于 45°，大了不能烫印。

⑥ 在圆弧曲面上烫印，塑料制品的圆弧面所对应的圆心角应小于 90°。

10.9.5　塑料的着色

目光所及的塑料制品五彩缤纷、绚丽斑斓。通信工程中的光纤、电缆，化工、食品生产中的各类管道也是五颜六色，功能各异。而塑料着色不仅仅是为了美观，也不仅仅是各种不同功能的体现，还可以改善其耐候性，扩大其使用范围。

塑料及其制品的颜色是由其表面对光的吸收和反射性能所决定的。黑色制品能吸收所有波长的光，白色制品能将所有波长的光反射出去，无色透明的塑料制品能透过所有波长的光。透明塑料的颜色是由其能透过光的不同波长来决定的。

1. 塑料着色剂

能将塑料的颜色改变，或将无色的塑料染上所需颜色的物质，就是塑料着色剂。塑料着色剂除了具有一般着色剂所必须具有的光学着色性能之外，还必须满足塑料制品加工和使用中所应有的性能。

塑料着色剂分为颜料和染料两大类。颜料是不能溶解于水和油的着色剂，它以微粒子状态分散于塑料中，从而使塑料着色。颜料又分为有机颜料和无机颜料两类。金属氧化物、硫化物和炭黑等属于无机颜料，主要用于不透明或半透明塑料的着色。而染料则是能溶解于水和油的着色剂，分水溶性染料、醇溶性染料和油溶性染料三种。染料因为能溶解于塑料中，才使塑料着色的，适用于硬质的透明塑料。无论是颜料和染料，皆有天然和人工合成这两类。此外，还有金属、荧光和珠光等特殊着色剂。

2. 塑料着色剂的颜色

在选购着色剂时，可参考色母板。色母板有一百多种颜色，每种颜色都有其唯一的编号。按所需的颜色及其编号购买即可，极其方便。

10.9.6　植绒

植绒就是在塑料制品或片材表面涂以粘结剂，并将预先裁剪好的、长度一致的很短的纤维在静电高压场内粘附在塑料制品表面的方法。

塑料制品表面植绒一是起修饰作用，二是起保护作用。目前，塑料制品表面植绒的方法有以下几种。

(1) 片材或薄膜制品经植绒之后，再通过真空成型等方法，生产出各种不同的植绒制品。

(2) 在塑料制品表面，直接进行植绒加工。

植绒加工主要用于室内天花板等建筑用材料、垫子类制品、U 盘外壳、操作手柄等。

目前，植绒加工所使用的基材有软质、硬质聚氯乙烯树脂，聚苯乙烯树脂，聚酯树脂，聚氨酯树脂，合成橡胶，各种发泡制品等。植绒加工所使用的黏结剂的质量对植绒质量起决定性作用。除聚乙烯、聚丙烯等特殊树脂加工的制品外，一般不使用特殊粘结剂。

10.10　复杂制品分型面的确定方法

分型面必须遵循的方法和原则：

(1) 分型面必须在制品外表面的最大轮廓处；否则，制品不能从模具中脱模。

(2) 制品分型后应留在动模，既利于脱模，又便于推出(因为动模有推出脱模机构而定模没有)；否则，定模上还要设计脱模机构，不仅模具复杂了，而且成本也更高了。由于制品内镶有金属螺母，使其收缩受限难以从定模型腔脱模，故型腔只能设计在动模。

(3) 分型面应利于保证制品，尤其是同轴度精度高的制品的精度要求。制品全在动模，型腔一次装夹定位加工，易于保证同轴度；而两次装夹定位，加工误差大，精度难以保证。

(4) 分型面不应影响制品的表面质量 (光滑的表面、圆弧过渡面均不可作为分型面，以免留下印痕)。

(5) 分型面应力求简单，既便于加工又便于脱模。

(6) 分型面不但要便于加工，还应利于成型时的排气。

除以上最基本的方法和原则之外，在确定复杂制品的分型面时，还应当遵循下述的几项原则：

(1) 满足并确保制品的质量要求。

(2) 最好是选直的(有直面，不选斜面、曲面)、较大的平面(有宽的、长的较大的面，不选窄的、短小的)。

(3) 尽量选在同一个面上，少折弯(容易加工)，尽量避免选在斜面、弧面或不规则的面上。

(4) 要便于封胶。有金属镶件的制品要便于镶件的安装和脱模。

10.11　加深型浇口套的结构、尺寸

图 10.43 所示为加深型浇口套在定模上的安装形式，图 10.44 所示为改用普通浇口套后的组装形式。图 10.45 所示为美国 National 标准模架上的加深型浇口套。其主浇道很短，只有 10mm，主要用在点浇口模具上。

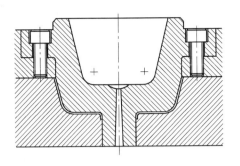

图 10.43　加深型浇口套在定模上的安装形式

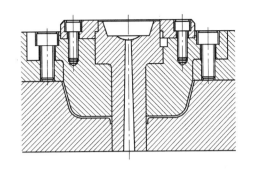

图 10.44　改用普通浇口套后的组装形式

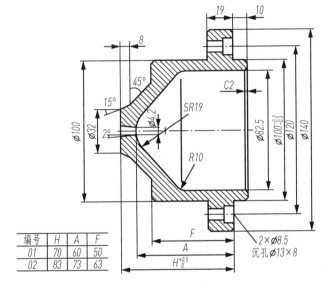

编号	H	A	F
01	70	60	50
02	83	73	63

(a) 加深型浇口套(大型)

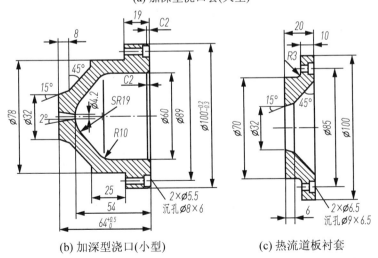

(b) 加深型浇口(小型)　　　　(c) 热流道板衬套

图 10.45　几种加深型浇口套的结构尺寸

带止转销孔的浇口套形式如图 10.46 所示。

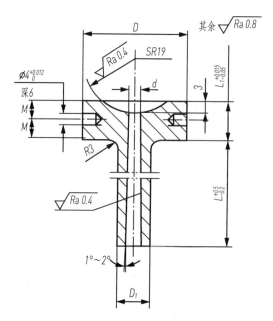

图 10.46　带止转销孔的浇口套

浇口套的标准形式如表 10-5 所示。

表 10-5　浇口套的标准形式　　　　　　　　　　　　　　单位：mm

D	d	D_1	L	L_1
28	3～4.5	12	22～56	13
38	3～4.5	18	27～116	18

10.12　倾斜式主流道的设计

由于受制品结构或模具结构、浇注系统和型腔数的影响，主流道偏离模具中心。当偏距较大时，不仅容易顶偏、产生力矩造成制品变形甚至损坏推杆，而且容易造成偏离的另一边产生溢料。此问题虽可用三板模结构解决，但成本较高。而实践经验证明，采用倾斜式主流道结构可以避免上述问题。

对于倾斜式主流道结构，PE、PP、PA 等塑料的倾斜角最大可达 30°，PS、ABS、PC、POM、PMMA 等塑料的倾斜角最大可达 20°。其他结构尺寸与垂直主流道相同。

1. 单倾斜式主流道的设计

单倾斜式主流道的结构如图 10.47～图 10.49 所示。

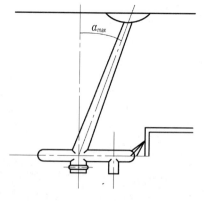

图 10.47　单倾斜式主流道

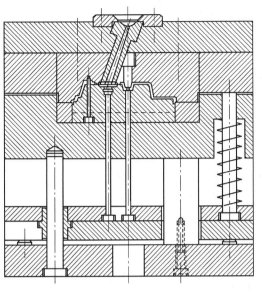

图 10.48　单倾斜式主流道结构

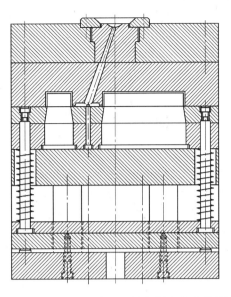

图 10.49　双型腔模具上的单倾斜式主流道结构

2. 双倾斜式主流道的设计

双倾斜式主流道的设计参数与单倾斜式主流道一致。但其两流道的相贯处应保持锐角，以便在开模时能切开主流道，使之脱模。双倾斜式主流道的结构尺寸如图 10.50～图 10.52 所示。

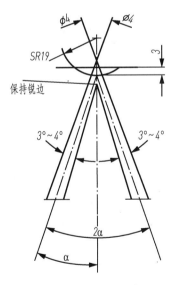

图 10.50　双倾斜式主流道

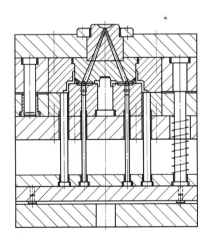

图 10.51　单型腔双倾斜式主流道结构

3. 弧形主流道的设计

弧形主流道的结构如图 10.53 所示。其主流道的弧形半径一般在 60mm 以上；小端直径为 4mm，大端为 6mm(设在镶拼的镶件上，用螺钉紧固)。此结构两次分型。弧形主流道凝料在第二次分型后，由拉料杆推出脱模。

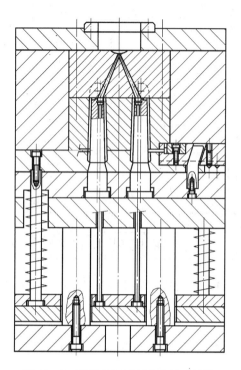

图 10.52　双型腔双倾斜式主流道结构

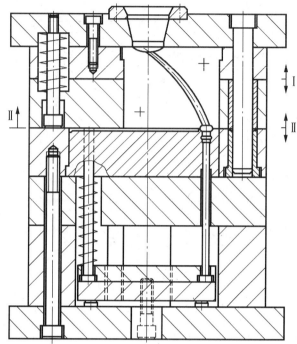

图 10.53　弧形主流道结构

4. 分流道的修正

在同一模具上成型两种大小和结构均不相同的制品，为在成型时能同时注满这两个型腔，只修正浇口的大小不一定能达到平衡注满、保证质量的目的，故必须对分流道进行修正，方能达到预期的良好效果。图 10.54 和图 10.55 所示的 *a* 处即分流道的修正部位。

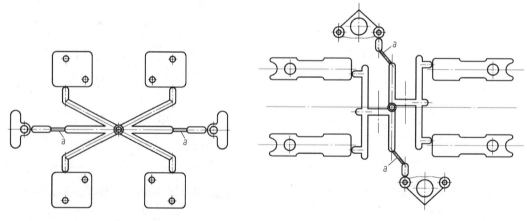

图 10.54　分流道修正实例(一)

图 10.55　分流道修正实例(二)

图 10.56 所示为某企业所用的分流道的标准镶块。镶块两面均有修正的分流道，用完一面用另一面，一件当作两件用。

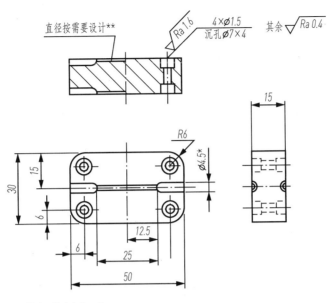

*与模具设计的流道一致
**一般 ∅1.0～2.5mm 之间
材料: 40CrNiMoA，HRC32～38

图 10.56　分流道中修正用的标准镶块结构尺寸

5．辅助流道的设计

设置辅助流道一是为了改善制品成型质量，二是后续工序的需要(表面处理、装配或便于统计装箱等)或是由于模具结构自身的要求等。辅助流道(图 10.57)对制品质量的控制、改善和生产效率的提高起至关重要的作用，甚至是某些模具设计成败的主因。

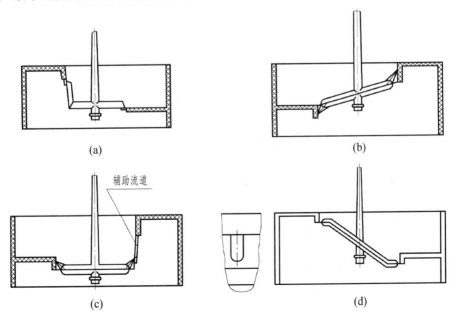

图 10.57　辅助流道结构

按分型面设计辅助流道的形式包括以下几种。

(1) 用于制品后续工序的辅助流道：图 10.58 所示为一模八腔轮盖注射模的辅助流道设计。在八个型腔的外圈设计的辅助流道将八件制品连接为一个整体，便于成型后进行镀铬用做穿挂。

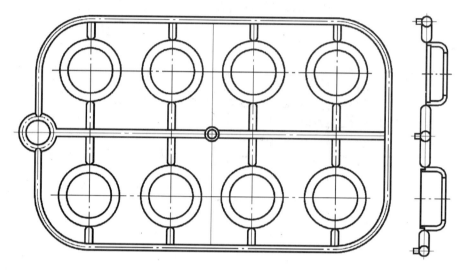

图 10.58　用于制品后续工序的辅助流道

(2) 为便于管理和装配设计的辅助流道：图 10.59 所示为电话机按键的辅助流道，是为了便于管理——入库存放、记账和领取、装配而设计的，为一模 24 腔双清色注射模 (数字另一色泽)。

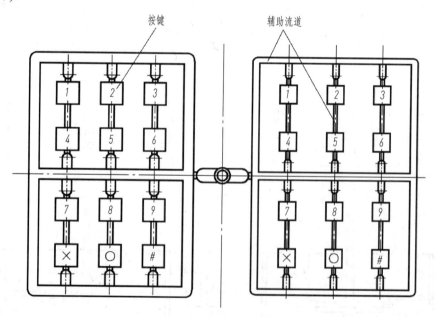

图 10.59　为便于管理和装配设计的辅助流道

(3) 为改善、提高制品质量而设计的辅助流道：图 10.60 所示为电子琴键注射模上的辅助流道。未设计辅助流道前，成型后因变形质量欠佳。加辅助流道注射成型后，分段进行时效处理，再去掉辅助流道，质量大为改观。

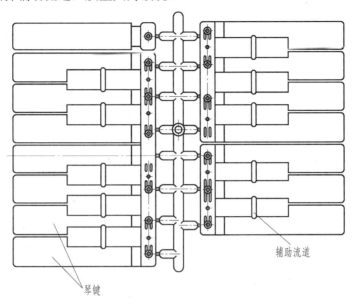

图 10.60　为提高制品质量而设计的辅助流道

10.13　精密和高精密度模具成型尺寸的计算方法

1. 精密模具型腔成型尺寸的计算方法

1) 模具型腔径向尺寸的计算

模具型腔的径向尺寸是趋于变大的尺寸，是在长期、连续的生产过程中所产生的磨损，使之趋于变大。为了延长其使用寿命，要按其制品公差的最小值计算。

模具型腔径向的成型尺寸在制造时，做小一点，试模后修大容易。其计算公式如下：

$$L_{M\min}=\left[L_{S\min}+(L_S\times S_{CP})\right]_{-0}^{+\frac{1}{8}(\Delta)} \tag{10.1}$$

式中，$L_{M\min}$ 为型腔径向最小尺寸，其中圆形型腔为直径 $D_{M\min}$，矩形型腔为长 $L_{M\min}$ 和宽 $B_{M\min}$ (mm)；$L_{S\min}$ 为制品径向最小尺寸，其中圆形型腔为直径 $D_{S\min}$，矩形型腔为长 $L_{S\min}$ 和宽 $B_{S\min}$ (mm)；L_S 为制品径向的名义尺寸(mm)；S_{CP} 为制品塑料的平均收缩率(mm)；Δ 为制品公差(查表 GB/T 14486—1993；径向尺寸查表中的"A"，开模方向的尺寸查"B")(mm)。

2) 模具型腔深度尺寸的计算

模具型腔的深度尺寸是趋于变大的尺寸，是在长期、连续的生产过程中所产生的磨损，使之趋于变大。为了延长其使用寿命，也要按其制品公差的最小值计算。

模具型腔深度的成型尺寸在制造时，同样要做小一点，试模后修大容易。其计算公式如下：

$$H_{M\min}=\left[H_{S\min}+(H_S\times S_{CP})\right]_{-0}^{+\frac{1}{8}(\Delta)} \tag{10.2}$$

式中，$H_{M\min}$ 为型腔深度最小尺寸(mm)；$H_{S\min}$ 为制品高度最小尺寸(mm)；H_S 为制品高度名义尺寸(mm)。

2. 精密模具型芯成型尺寸的计算方法

1) 模具型芯径向尺寸的计算

模具型芯的径向尺寸是趋于变小的尺寸，是在长期、连续的生产过程中所产生的磨损，使之趋于变小。为了延长其使用寿命，要按其制品公差的最小值计算。

模具型芯径向的成型尺寸在制造时，做大一点，试模后小修容易。其计算公式如下：

$$l_{\mathrm{M\,max}}=\left[l_{\mathrm{S\,max}}+(l_{\mathrm{S}}\times S_{\mathrm{CP}})\right]_{-\frac{1}{8}(\Delta)}^{+0} \tag{10.3}$$

式中，$l_{\mathrm{M\,max}}$ 为型芯径向最大尺寸(mm)；$l_{\mathrm{S\,max}}$ 为制品径向最大尺寸(mm)；l_{S} 为制品径向名义尺寸(mm)。

2) 模具型芯长度尺寸的计算

模具型腔的长度尺寸是趋于变短的尺寸，是在长期、连续的生产过程中所产生的磨损，使之趋于变短。为了延长其使用寿命，也要按其制品公差的最小值计算。

模具型芯长度的成型尺寸在制造时，同样要做长一点，试模后修短容易。其计算公式如下：

$$h_{\mathrm{M\,max}}=\left[h_{\mathrm{S\,max}}+(h_{\mathrm{S}}\times S_{\mathrm{CP}})\right]_{-\frac{1}{8}(\Delta)}^{+0} \tag{10.4}$$

式中，$h_{\mathrm{M\,max}}$ 为型芯高度最大尺寸(mm)；$h_{\mathrm{S\,max}}$ 为制品高度最大尺寸(mm)；h_{S} 为制品高度名义尺寸(mm)。

3. 精密模具成型尺寸的中心距的计算方法

精密模具成型尺寸中的中心距的计算公式如下：

$$L_{\mathrm{M}}=L_{\mathrm{S}}(1+S_{\mathrm{CP}})\pm\frac{\delta_{\mathrm{z}}}{2} \tag{10.5}$$

式中，δ_{z} 为模具制造公差(取制品相应尺寸公差的 1/8)。

4. 高精密度模具型腔成型尺寸的计算方法

1) 高精密度模具型腔径向尺寸的计算

高精密度模具型腔的径向尺寸是趋于变大的尺寸，是在长期、连续的生产过程中所产生的磨损，使之趋于变大。为了延长其使用寿命，也要按其制品公差的最小值计算。

高精密度模具型腔径向的成型尺寸在制造时，也要做小一点，试模后修大容易。其计算公式如下：

$$L_{\mathrm{M\,min}}=\left[L_{\mathrm{S\,min}}+(L_{\mathrm{S}}\times S_{\mathrm{CP}})\right]_{-0}^{+\frac{1}{10}(\Delta)} \tag{10.6}$$

2) 高精密度模具型腔深度尺寸的计算

模具型腔的深度尺寸是趋于变大的尺寸，是在长期、连续的生产过程中所产生的磨损，使之趋于变大。为了延长其使用寿命，也要按其制品公差的最小值计算。

模具型腔深度的成型尺寸在制造时，同样要做小一点，试模后修大容易。其计算公式如下：

$$H_{M\min}=\left[H_{S\min}+\left(H_S\times S_{CP}\right)\right]_{-0}^{+\frac{1}{10}(\varDelta)} \tag{10.7}$$

5. 高精密度模具型芯成型尺寸的计算方法

1) 高精密度模具型芯径向尺寸的计算

模具型芯的径向尺寸趋于变小的尺寸，是在长期、连续的生产过程中所产生的磨损，使之趋于变小。为了延长其使用寿命，要按其制品公差的最小值计算。

模具型芯径向的成型尺寸在制造时，做大一点，试模后小修容易。其计算公式如下：

$$l_{M\max}=\left[l_{S\max}+\left(l_S\times S_{CP}\right)\right]_{-\frac{1}{10}(\varDelta)}^{+0} \tag{10.8}$$

2) 高精密度模具型芯长度尺寸的计算

模具型芯的长度尺寸是趋于变短的尺寸。是在长期、连续的生产过程中所产生的磨损，使之趋于变短。为了延长其使用寿命，也要按其制品公差的最小值计算。

模具型芯长度的成型尺寸在制造时，同样要做长一点，试模后修短容易。其计算公式如下：

$$h_{M\max}=\left[h_{S\max}+\left(h_S\times S_{CP}\right)\right]_{-\frac{1}{10}(\varDelta)}^{+0} \tag{10.9}$$

3) 高精密度模具成型尺寸的中心距的计算方法

高精密度模具成型尺寸中的中心距的计算公式如下：

$$L_M=L_S(1+S_{CP})\pm\frac{\delta_z}{2} \tag{10.10}$$

式中，δ_z 为模具制造公差(取制品相应尺寸公差的 1/10)。

6. 螺纹制品成型尺寸的计算

1) 螺纹型环的径向尺寸的计算

螺纹型环的径向尺寸按下列三式计算：

(1) 型环的中径：

$$D_{M中}=[d_{S中}+(d_{S中}\times S_{CP})-\varDelta_{中}]^{+\delta_{中}} \tag{10.11}$$

(2) 型环的外径：

$$D_{M外}=[d_{S外}+(d_{S外}\times S_{CP})-1.2\varDelta_{中}]^{+\delta_{中}} \tag{10.12}$$

(3) 型环的内径：

$$D_{M内}=[d_{S内}+(d_{S内}\times S_{CP})-\varDelta_{中}]^{+\delta_{中}} \tag{10.13}$$

(2) 螺纹型芯的径向尺寸的计算

螺纹型芯的径向尺寸按下列三式计算：

(1) 型芯的中径：

$$d_{M中}=[D_{S中}+(D_{S中}\times S_{CP})+\varDelta_{中}]_{-\delta_{中}} \tag{10.14}$$

(2) 型芯的外径：

$$d_{M外}=[D_{S外}+(D_{S外}\times S_{CP})+\varDelta_{中}]_{-\delta_{中}} \tag{10.15}$$

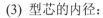

(3) 型芯的内径：

$$d_{M内}=[D_{S内}+(D_{S内}\times S_{CP})+\Delta_{中}]_{-\delta_{中}}$$ (10.16)

在式(10.11)~式(10.16)中，$D_{S中}$ 为制品螺纹孔的中径(mm)；$D_{S外}$ 为制品螺纹孔的外径(mm)；$D_{S内}$ 为制品螺纹孔的外径(mm)；$d_{S中}$ 为制品螺杆的中径(mm)；$d_{S外}$ 为制品螺杆的外径(mm)；$d_{S内}$ 为制品螺杆的内径(mm)。

3) 螺纹型环与螺纹型芯的螺距的计算

$$P_{M}=[P_{S}+(P_{S}\times S_{CP})]\pm\frac{1}{2}(\delta_{z})$$ (10.17)

4) 螺纹部分配合长度的计算

塑料制品上，螺纹部分配合长度的计算公式如下：

$$L=nS=\frac{b-(\Delta+0.06+kd_{CP})}{0.035}, \quad k=\frac{S_1-S_2}{100}$$ (10.18)

式(10.17)~式(10.18)中，P_{S} 为制品螺纹(孔或杆)的螺距(mm)；δ_{z} 为螺纹型环或型芯螺距的制造公差(mm)；L 为螺纹的最佳配合长度(mm)；S 为螺距(mm)；n 为螺距数(个)；b 为制品螺纹的中径公差(mm)；Δ 为制品螺纹中径的制造公差(mm)；d_{CP} 为制品的螺纹中径(mm)；k 为制品塑料收缩的波动系数；S_1 为制品塑料计算收缩率的最大值；S_2 为制品塑料计算收缩率的最小值。

7. 组合镶拼结构积累误差的控制

图 10.61 所示的制品是一件传统打字机中的骨架，有 56 个间距相等、类似于钢琴键的空间。间距为 L，总间距(即 $56L$)的公差是 ±0.1mm。

成型 56 个间距的型芯，如果采用图 10.62 所示的整体结构，而又缺乏μm 级的高精度的铣、磨或电加工设备，其总间距的积累误差是无法达到 ±0.1mm 的精度要求的。如果将型芯结构设计为图 10.63 所示的镶拼组合结构，在加工每个镶件时，其宽度(B)完全可控制在 $B+0.01$mm 和 $B-0.01$mm 的公差范围内。拼合组装后，正负相消，则总间距($56L$)的积累误差就完全可以达到 ±0.1mm 的精度要求。

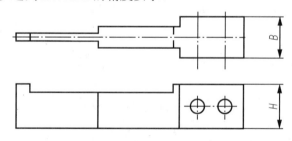

图 10.61 打字机骨架结构

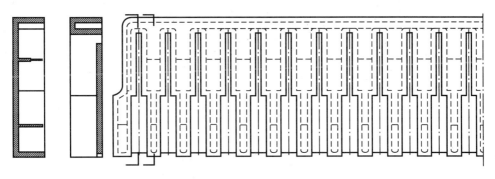

图 10.61　打字机骨架结构(续)

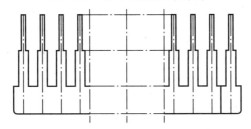

图 10.62　型芯为整体结构

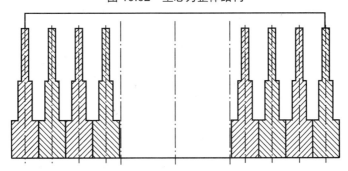

图 10.63　型芯为局部镶拼组合结构

10.14　型腔与型芯定位的方法和技巧

1. 保证型腔与型芯同轴的方法和技巧

定模型腔镶套与动模型芯镶件，其固定部位的外圆尺寸 $D(k6)$ 完全相同，如图 10.64 所示。整体下料，整体加工，最后切开磨平。

其一，加工中比两件分开来做的方法少了一次装夹和定位，也就少了一次装夹、定位中造成的无法避免的误差。

其二，整体加工，外圆尺寸 $D(k6)$ 的一致性无疑比分开加工的一致性好，可确保其同轴度。从图 10.65 中可知，在 A、B 板上，固定定模型腔镶套与固定动模型芯镶件的固定孔，也是将 A、B 板重叠在一起，用销钉定位后配做(即作为一个整体一同加工)，其一致性及同轴度也无疑是最好的。再将外径完全相同的定模型腔镶套与动模型芯镶件装入 A、B 板上固定定模型腔镶套与动模型芯镶件的固定孔中，其同轴度即得到可靠保证。

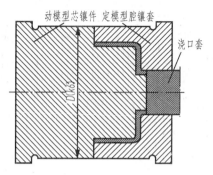

图 10.64　型腔、型芯外形尺寸相同

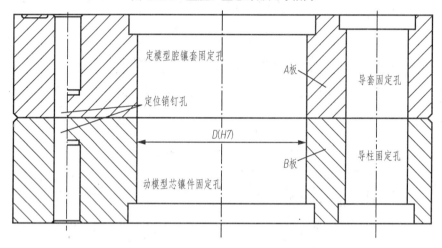

图 10.65　A、B 板开框图

2. 型腔、型芯的精定位结构

型腔、型芯的精定位结构如图 10.66～图 10.68 所示。其中图 10.68 所示的精定位结构采用以上的配做方法，以确保型腔与型芯的同轴度。

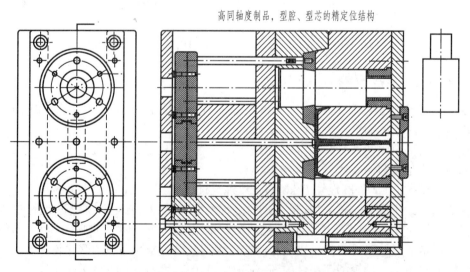

图 10.66　型腔、型芯的精定位结构之一

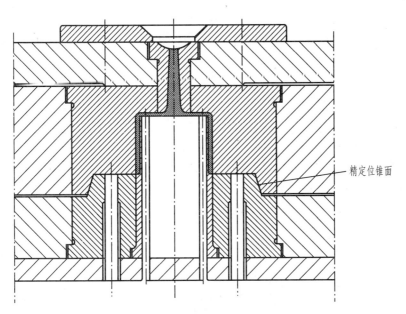

图 10.67　型腔、型芯的精定位结构之二

型腔、型芯镶件，四角斜面的精定位结构

精定位锥面

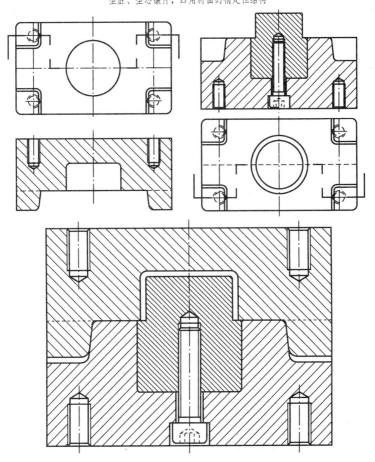

图 10.68　型腔、型芯的精定位结构之三

10.15　成型零件镶拼组合结构的镶拼方法技巧和实例

圆形型腔、型芯镶拼组合结构实例如图 10.69 所示。

中心小型芯固定部位直径的名义尺寸应设计为 ϕ60.6mm，比制品中心孔的名义尺寸 ϕ60mm 大 0.6mm，其配合精度是 H7/k6，是正公差。切不可设计成与制品中心孔 ϕ60mm 的计算成型尺寸相同的尺寸。

成型异形孔制品的矩形型腔、型芯的镶拼组合结构实例如图 10.70～图 10.72 所示。

(1) 异形孔制品如果不按图所示的结构设计，制品成型后，将无法脱模。

(2) 异形孔既可设计为镶拼组合碰穿结构，也可设计为整体镶碰穿结构，但是无论哪种结构，在制造上都有一定难度。

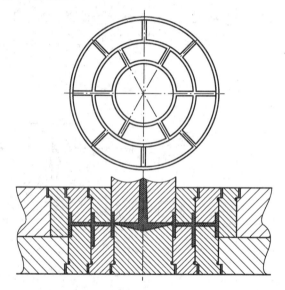

图 10.69　圆形型腔、型芯的勾肩镶拼组合结构

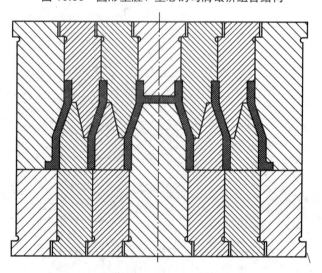

图 10.70　异形孔制品型腔、型芯的镶拼组合结构

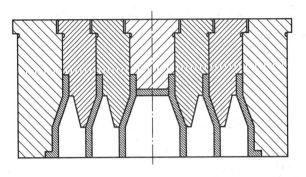

图 10.71 异形孔制品型腔的镶拼组合结构

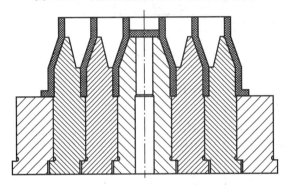

图 10.72 异形孔制品型芯的镶拼组合结构

10.16 复杂型芯的镶拼组合结构实例

复杂型芯的镶拼组合结构如图 10.73～图 10.75 所示。其中，图 10.73 所示为动模主型芯和 12 件镶件镶拼组合而成的动模型芯组合体。动模型芯之所以设计成 12 件镶件与一件动模主型芯镶拼组合而成，主要是为了解决制品的脱模问题。

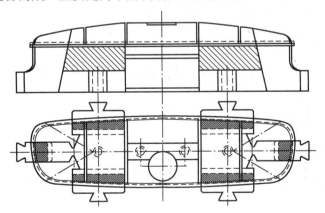

图 10.73 复杂型芯的镶拼结构

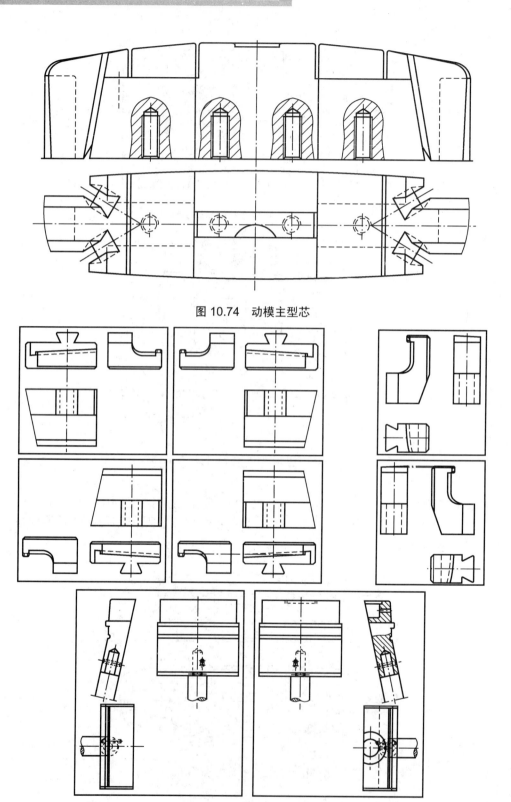

图 10.74 动模主型芯

图 10.75 动模型芯镶件结构

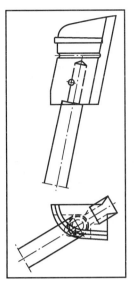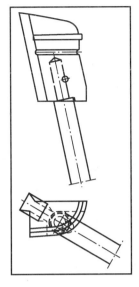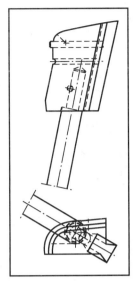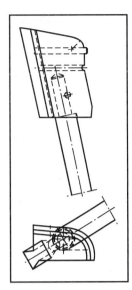

图 10.75 动模型芯镶件结构(续)

10.17 浇道凝料推出脱模结构的设计实例

1. 推杆推出脱浇道凝料的结构

推杆推出脱浇道凝料结构如图 10.76 所示。

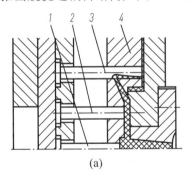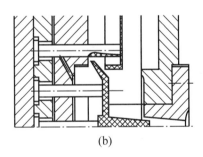

图 10.76 推杆推出脱浇道凝料模板结构

1、2—凝料推杆；3—制品推杆；4—动

2. 推板推出脱浇道凝料结构

推板推出脱浇道凝料结构如图 10.77 所示。开模时，推板 4 首先与定模型腔板 5 分型，制品随型芯 3 带向动模左侧。推出时，推板 4 首先被推动并与型芯 3 共同将浇口切断。之后主流道推杆 1 将浇口从型芯固定板 2 中推出并自动落下。

3. 剪切式切断浇口结构

剪切式切断浇口结构如图 10.78 所示。注射完毕之后，注射机喷嘴退回，浇口套 4 被弹簧推向右侧使主浇道凝料与浇口套分开。开模时，弹簧 2 使剪切块 3 的刃口将浇口切断。剪切块 3 的移动距离由弹簧 2 控制，弹簧 2 应有足够的弹力。此结构可省去除浇口的工序。

当制品要求外观不太高时，更加适用。

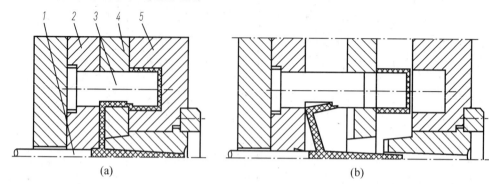

图 10.77　推板推出脱浇道凝料结构

1—主流道推杆；2—型芯固定板；3—型芯；4—推板；5—定模型腔板

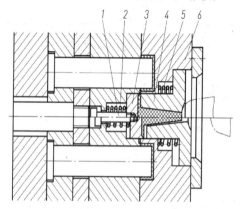

图 10.78　剪切式切断浇口结构

1—限位螺钉；2—弹簧；3—剪切块；4—浇口套；5—弹簧；6—定模

4. 差动式推杆推出浇口凝料结构

差动式推杆推出浇口凝料结构如图 10.79 所示。推杆 2 首先推动制品，将浇口切断并与之分离。当推动距离 l 后，限位圈 4 被推动，从而使推杆 3 将浇口凝料推出浇道。此结构能克服一次推出时，使浇口拉伸的现象，有利于浇口的推出。注意：要设置复位杆(图 10.78 中未画)复位。

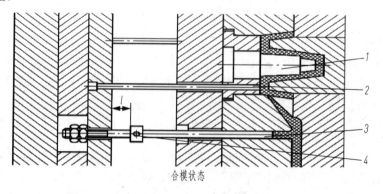

合模状态

图 10.79　差动式推杆推出浇口凝料结构

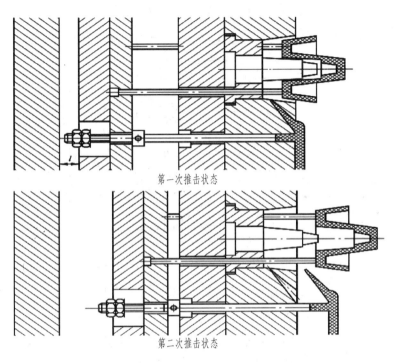

第一次推击状态

第二次推击状态

图 10.79　差动式推杆推出浇口凝料结构(续)

1—型芯；2、3—推杆；4—限位圈

5. 顶出式脱浇口凝料结构

顶出式脱浇口凝料结构如图 10.80 所示。开模时，二次分型结构件必须使托板 7 与定模座板 8 首先从Ⅰ—Ⅰ分型，主流道脱离定模座板 8。当开模至定距拉杆 1 大端台阶与推板 2、推杆 4 接触并继续开模，使推杆 4、5 将浇道凝料从托板 7 中推出，自动落下。复位杆 6 在合模时完成复位。

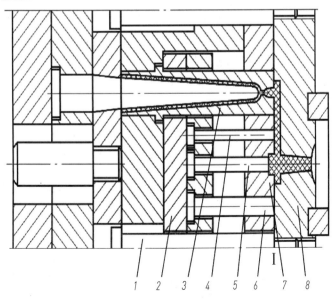

1　2　3　4　5　6　7　8

图 10.80　顶出式脱落口凝料结构

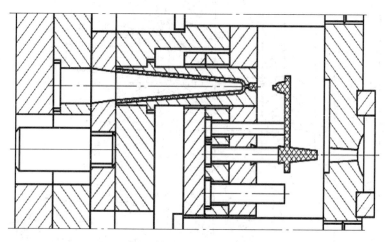

图 10.80 顶出式脱落口凝料结构(续)

1—定距拉杆；2—推板；3—定模镶件；4、5—推杆；6—复位杆；7—托板；8—定模座板

6. 斜窝式折损脱浇口凝料结构

斜窝式折损脱浇口凝料结构如图 10.81 所示。开模时，定模 3 与定模座板 4 首先从 Ⅰ—Ⅰ 分型，拉料杆 1 使主流道凝料脱离浇口套 5。点浇口上方的小斜窝拉住分流道，从而使点浇口凝料拉断并脱离型腔板，但拉料杆 1 的拉力强行将分流凝料拉出定模。当定距拉杆 2 拉住定模 3 不再向左方向移动时，动模继续后退使制品脱出型腔，同时主浇道凝料脱离拉料杆，自动落下。

开模顺序由二次分型机构控制。

7. 托板式脱浇道凝料结构

托板式脱浇道凝料结构如图 10.82 所示。开模时，定模 3 和定模座板 5 从 Ⅰ—Ⅰ 处分型，拉料杆 2 将主流道凝料从浇口套中拉出并脱离浇口套。当动模后退到定距拉杆 1 大端台阶接触托板 4 之后，拉住托板 4 不再后退而动模仍向后退，则托板 4 将凝料拉离型腔板定模 3，完成脱模。定距拉杆 1 不能少于 3 件，否则受力不均，不可靠。

8. 斜面脱浇道凝料结构

斜面脱浇道凝料结构的原理与斜窝式相同，如图 10.83 所示。小斜面将点浇口凝料拉断，使之脱离型腔板，再利用拉料杆 2 将主浇道凝料拉出浇口套。

当 Ⅱ—Ⅱ 分型面分型时将浇口凝料从拉料杆上强行脱离，自动落下。

注意： ① 设复位杆；② 拉料杆 2 的直径应大于分流道的宽度，才能实现复位。

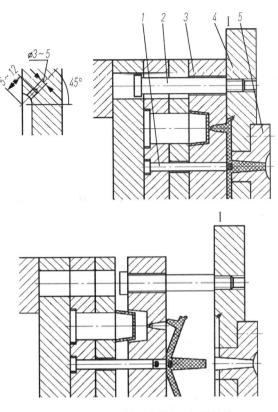

图 10.81　斜窝式折损脱浇口凝料结构

1—拉料杆；2—定距拉杆；3—定模；
4—定模座板；5—浇口套

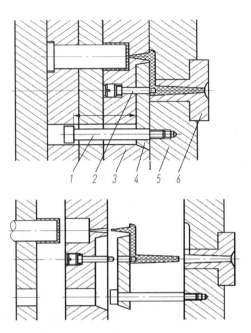

图 10.82　托板式脱浇道凝料结构

1—定距拉杆；2—拉料杆；3—定模；4—托板；
5—定模座板；6—浇口套

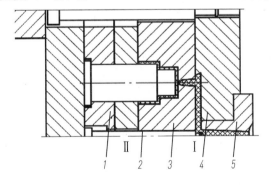

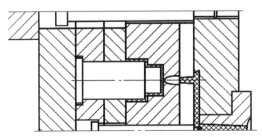

图 10.83　斜面脱浇道凝料结构

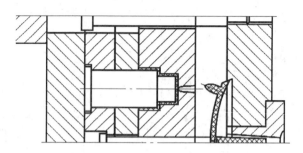

图 10.83　斜面脱浇道凝料结构(续)

1—型芯座板；2—拉料杆；3—定模；4—定模座板；5—浇口套

9. 三板自动脱凝料的典型结构

图 10.84 所示为用凝料推板，在开模过程中，将浇道凝料自动推出而广为应用的结构。

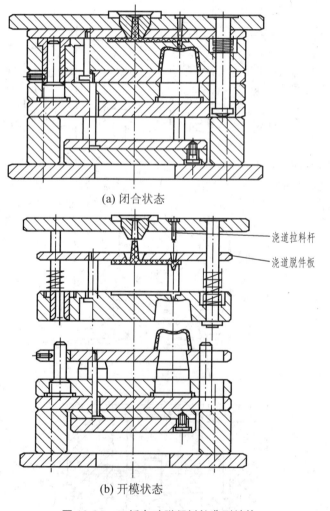

(a) 闭合状态

浇道拉料杆

浇道脱件板

(b) 开模状态

图 10.84　三板自动脱凝料的典型结构

10.18　塑料制品的二次推出结构

1. 八字摆杆超前二次顶出结构

八字摆杆超前二次顶出结构如图 10.85 所示。第一次顶出时，机床顶杆推动推板 5、支承块 7 和推板 8，并使推杆 4 推动推件板 3。推杆 2 推着制品做同步移动，使制品脱离型芯，直到第二次顶出完成状态。继续顶出即推板 5 和 8 继续移动，但因摆杆 6 的作用，推板 8 超前于推板 5 向前移动，从而使推杆 2 将制品从推件板 3 的型腔中推出。

注意：$\alpha = 45°$ 为终止状态。

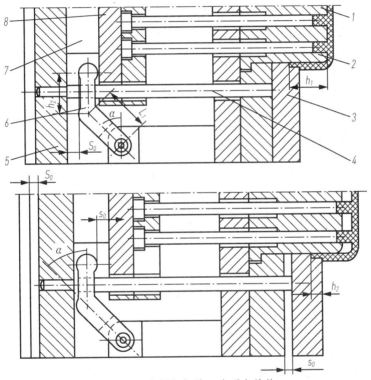

八字摆杆超前二次顶出结构

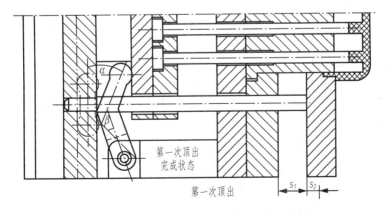

图 10.85　八字摆杆超前二次顶出结构

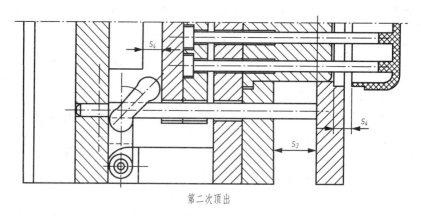

第二次顶出

图 10.85　八字摆杆超前二次顶出结构(续)

1—型芯；2、4—推杆；3—推件板；5、8—推板；6—摆杆；7—支承块

2. 浮动型芯二次顶出结构

如图 10.86 所示，推杆 4 推动推件板 5 使制品首先脱离型芯 2。同时，型芯 1 随制品移动。当限位螺钉 3 移动 l_1 被限位不能移动时，将制品从型芯上强制脱出。

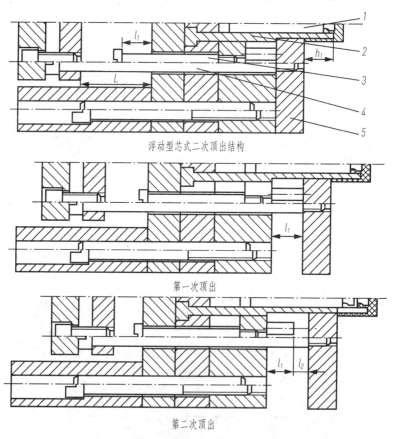

浮动型芯式二次顶出结构

第一次顶出

第二次顶出

图 10.86　浮动型芯二次顶出结构

1、2—型芯；3—限位螺钉；4—推杆；5—推件板

10.19 先复位结构

1. 铰链式先复位结构

铰链式先复位结构如图 10.87 所示。合模时，在侧型芯 1 移至推杆 5 之前，楔板 2 已推动由连杆 4 组成的铰链机构，使推板 6 后退，致使推杆 5 先复位，避免了型芯 1 与推杆 5 发生干扰相碰撞。复位杆 3 用于精确复位。

$$B=l_2-2\left[\sqrt{R^2-\left(\frac{l_1}{2}\right)^2}+r\right]$$

$$2R>l_1$$

$$l_2 \geqslant 2\left[\sqrt{R^2-\left(\frac{l_1-l}{2}\right)^2}+r\right]$$

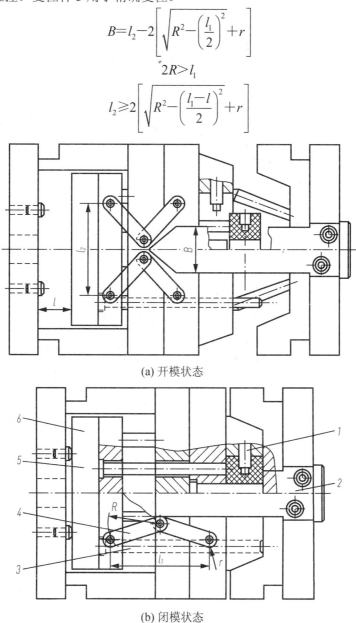

(a) 开模状态

(b) 闭模状态

图 10.87　铰链式先复位结构之一

1—侧型芯；2—楔板；3—复位杆；4—连杆；5—推杆；6—推板

另一种铰链式先复位结构如图 10.88 所示。合模时，在斜销未进入滑块 3 的斜孔之前，推杆 5 推动由连杆 4 组成的铰链机构，使顶出系统后退，使推杆 1 先复位。复位杆 2 用于精密复位。

2. 摆杆式先复位结构

摆杆式先复位结构如图 10.89 所示。合模时，楔杆 2 推动滚轮 3，使摆杆摆动迫使顶出机构带动推杆 5，完成先复位。从而避免侧型芯 6 与推杆 5 在合模过程中发生碰撞。此结构为常用结构。

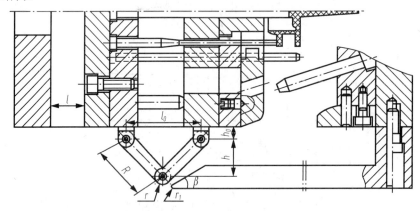

(a) 开模状态

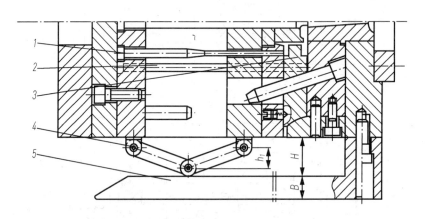

(b) 闭模状态

图 10.88　铰链式先复位结构之二

1—推杆；2—复位杆；3—滑块；4—连杆；5—楔杆

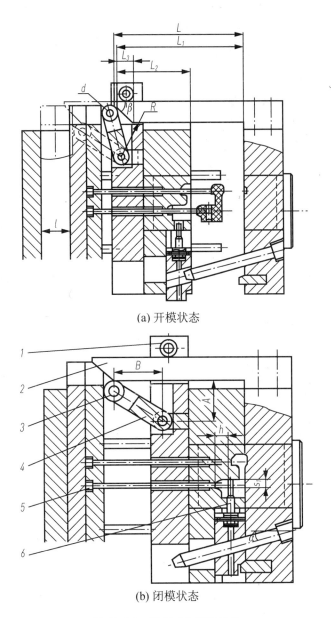

(a) 开模状态

(b) 闭模状态

图 10.89　摆杆式先复位结构
1—滚轮；2—楔杆；3—滚轮；4—摆杆；5—推杆；6—侧型芯

10.20　冷却水道结构设计实例

1. 浇注系统与冷却水道配置关系

浇注系统与冷却水道配置关系如图 10.90～图 10.95 所示。

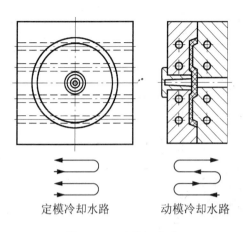

定模冷却水路　　　　动模冷却水路

图 10.90　直浇口水道

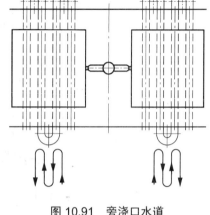

图 10.91　旁浇口水道

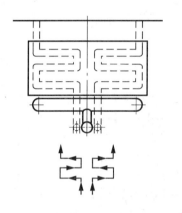

图 10.92　薄膜浇口冷却水路

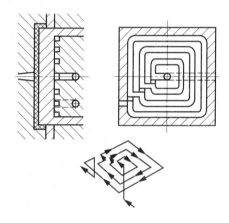

图 10.93　中心直浇口冷却水路

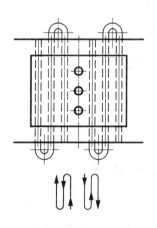

图 10.94　多点浇口冷却水路

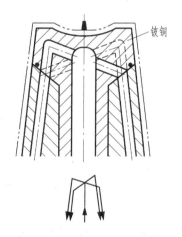

铍铜

图 10.95　中心浇口冷却水路

2. 制品形状与冷却水道配置关系

制品形状与冷却水道配置关系如图 10.96～图 10.101 所示。

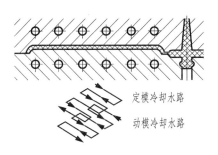

图 10.96　薄壁浅塑料件的冷却水路

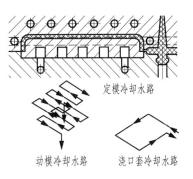

图 10.97　中等深度塑料件的冷却水路

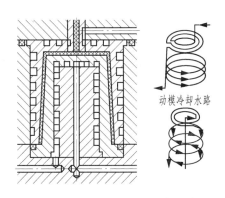

图 10.98　深塑料件的冷却水路

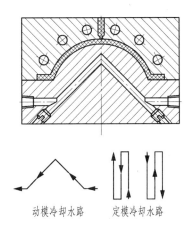

图 10.99　较深塑料件的冷却水路

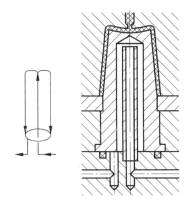

图 10.100　杯形塑料件的冷却水路

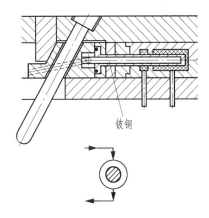

图 10.101　带细长侧芯的塑料件的冷却水路

3. 冷却系统在各零部件上的结构设计

模板上的冷却系统如图 10.102 所示。

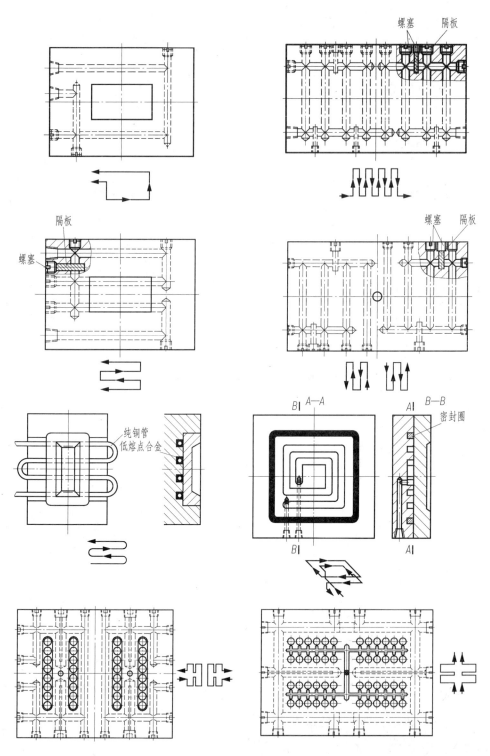

图 10.102　模板上的冷却水路

4. 模板上连接冷却水路形式

模板上连接冷却水路形式如图 10.103 所示。

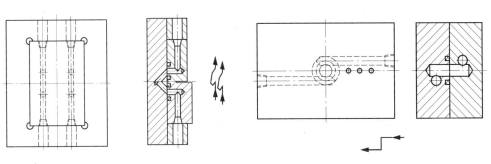

图 10.103　模板上连接冷却水路形式

5. 型腔中冷却系统的结构设计

型腔中冷却系统的结构如图 10.104～图 10.106 所示。

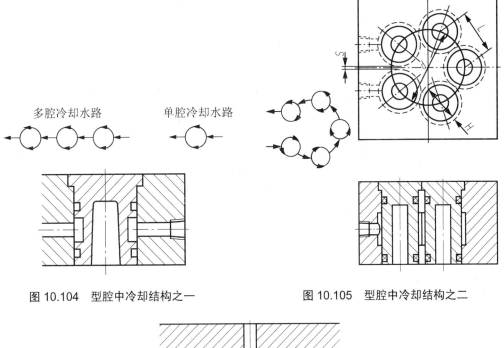

多腔冷却水路　　单腔冷却水路

图 10.104　型腔中冷却结构之一　　　　图 10.105　型腔中冷却结构之二

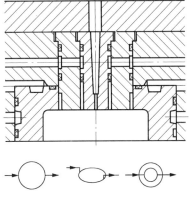

图 10.106　型腔中冷却结构之三

在图 10.103 中：

$$L = D + 1.5H, \quad d = \frac{L + S/n}{\sin(180^\circ/n)}$$

式中，n 为腔数。

6. 型芯上冷却系统的结构设计

型芯上冷却系统的结构如图 10.107～图 10.127 所示。

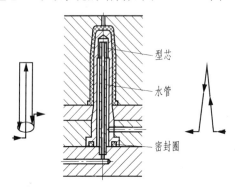

图 10.107 型芯用冷却水管冷却形式

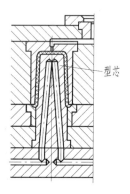

图 10.108 型芯上钻水道孔冷却形式

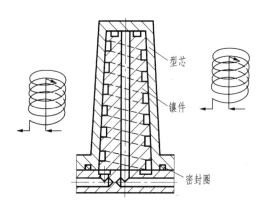

图 10.109 型芯上用螺旋槽镶件冷却形式

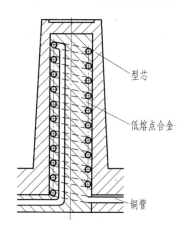

图 10.110 型芯上采用低熔点合金浇注铜管的冷却形式

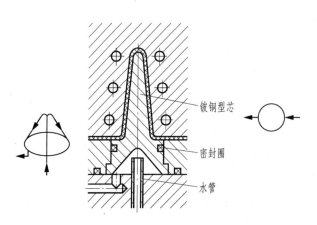

图 10.111 型芯用铍铜冷却形式

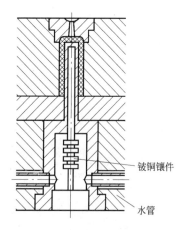

图 10.112 型芯上用铍铜镶件冷却形式

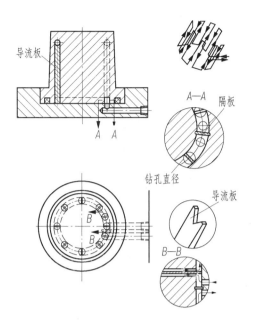

图 10.113　型芯上采用环形槽加导流板冷却形式

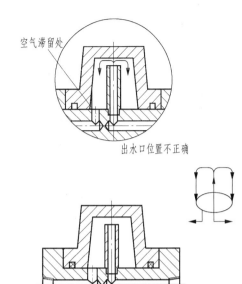

图 10.114　型芯上采用冷却水管形式

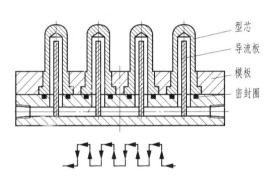

图 10.115　多型芯上用导流板串联冷却形式

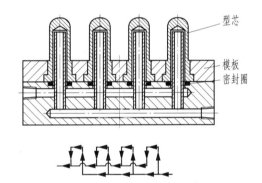

图 10.116　多型芯上用冷却水管并联形式

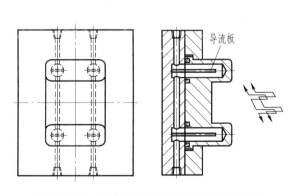

图 10.117　型芯四角用导流板换向冷却形式

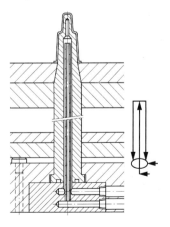

图 10.118　型芯在动模座板上用冷却水管形式

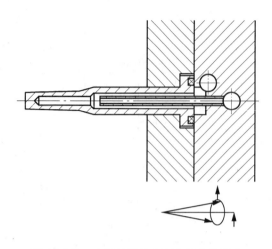

图 10.119　在细长型芯上用冷却水管形式

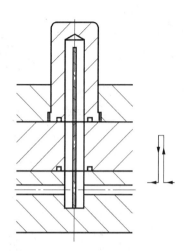

图 10.120　型芯上冷却水路通过多层模板形式

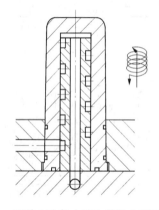

图 10.121　型芯上冷却水路在镶件上采用螺旋槽的
形式(一)

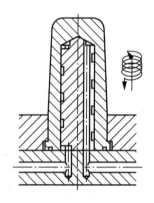

图 10.122　型芯上冷却水路在镶件上采用螺旋槽的
形式(二)

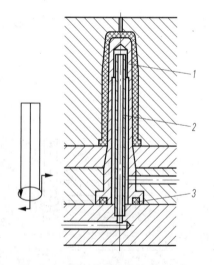

图 10.123　型芯用冷却水冷却形式

1—型芯；2—水管；3—密封

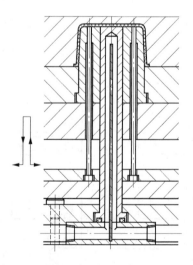

图 10.124　型芯上的冷却水路设在动模座板上的形式

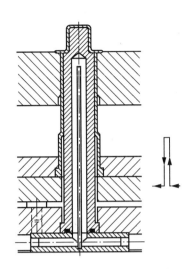

图 10.125　型芯设计在动模座板上冷却水路采用导流片形式

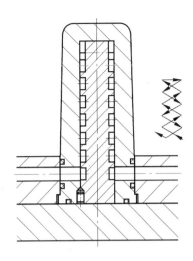

图 10.126　型芯上冷却水路在镶件上采用双头螺旋槽形式

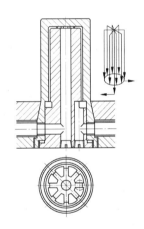

图 10.127　型芯上冷却水路在镶件上采用分流槽形式

7. 在滑块及阀式推杆上冷却水管的结构设计

在滑块及阀式推杆上冷却水管的结构如图 10.128～图 10.132 所示。

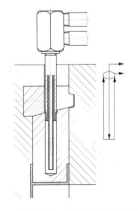

图 10.128　在滑块上应用冷却水管组合件形式

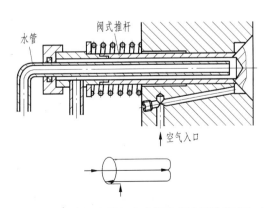

图 10.129　在阀式推杆上应用冷却水管的形式(一)

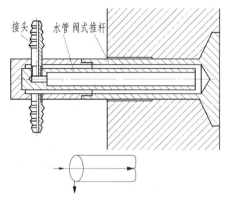

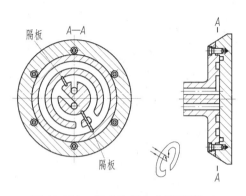

图 10.130 在阀式推杆上应用冷却水管的形式(二) 　　　图 10.131 阀式推杆上冷却图例(一)

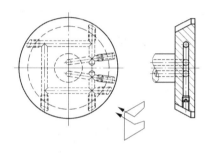

图 10.132 阀式推杆上冷却图例(二)

8. 注射模冷却系统结构设计

注射模冷却系统结构如图 10.133 所示。

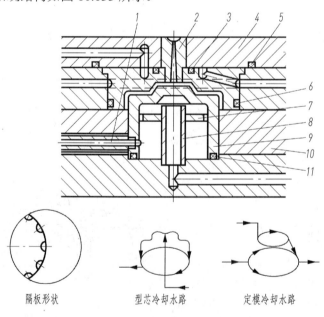

图 10.133 注射模冷却结构

1—排水孔；2—浇口套；3、5、6、11—密封圈；4—定模固定板；
7—隔水板；8—进水管；9—型芯；10—动模型芯固定板(B 板)

注射模冷却系统设计实例如图 10.134 和图 10.135 所示。

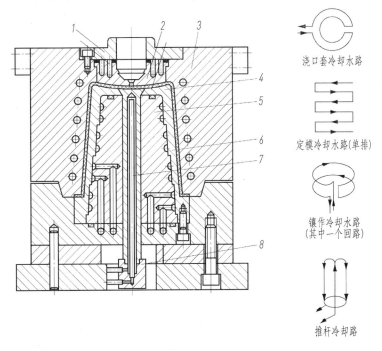

图 10.134　注射模冷却结构设计实例之一

1—定位圈；2—浇口套；3—定模型腔板；4—推杆；5—镶件；6—型芯；7—喷水管；8—接头

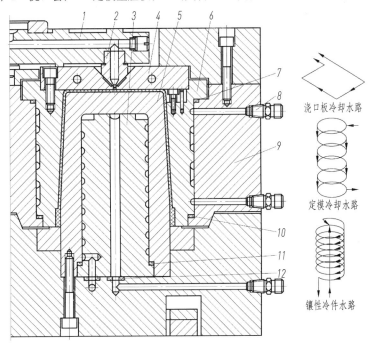

图 10.135　注射模冷却结构设计实例之二

1—集流型板；2—喷嘴；3—镶件；4—浇口板；5—型芯；6—定模；
7、10、11、12—密封圈；8—管接头；9—模套

10.21 侧向分型与抽芯的典型结构的设计实例

1. 利用齿轮齿条进行斜向分型与抽芯的典型结构

利用齿轮齿条进行斜向分形与抽芯的典型结构如图 10.136 所示。开模时齿条 6 带动齿轮轴 4 做顺时针方向转动，从而带动齿条 3 使型芯 5 脱离制品。合模时，齿条 6 带动齿轴 4 做逆时针方向转动，从而带动定位销 2 进入型腔的成型位置。齿轮齿条的啮合是有间隙的，为使型芯 5 不因啮合间隙产生飞边甚至跑料，在齿条 3 大端装有杠杆 1，通过其可调螺杆 7 的调整，可使杠杆 1 顶紧齿条 3 防止其成型时的后移。

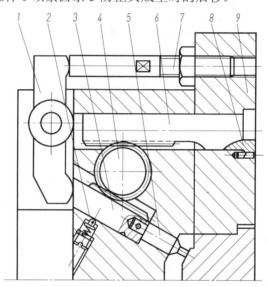

图 10.136　齿轮齿条斜向分型与抽芯结构

1—杠杆；2—定位销；3—齿条；4—齿轴；5—型芯；
6—齿条；7—螺杆；8—圆柱销；9—定模板

2. 组合式多层型腔利用斜导柱进行分型与抽芯的典型结构

组合式多层型腔利用斜导柱进行分型与抽芯的典型结构如图 10.137 所示。图 10.137 所示为 2×4 的四层重叠型腔简易注射模结构。此结构适用于诸如小型线圈骨架类制品的模塑成型。其结构简单，易于制造，紧凑、好用、耐用(制品是遥控窗帘的导滑轮)。

四件型腔板 4 和三件垫板 5 在精密平面磨床上磨平后配钻、配铰四个销钉 2。打入销钉后再加工四个螺孔。拆下垫板，四块型腔板一同加工型腔。最后加工外圆锥面，并与定模锁紧板 6 涂红粉研配密合。主流道在模具的中心轴线上，贯穿四层型腔。分流道为切线进料，避免熔融料流直冲中心型芯 1。中心型芯 1 既是型芯又起导柱的导向和定位作用，直插入动模固定板 10 中。定模锁紧板既有锁紧作用，又能保证动定模型、型芯的对准同心。

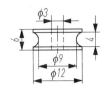

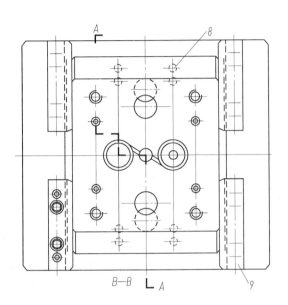

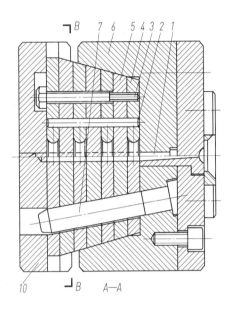

图 10.137　2×4 的四层重叠型腔简易注射模结构

1—中心型芯；2—销钉；3—六角螺钉；4—型腔板；5—垫板；
6—定模锁紧板；7—导柱；8—弹簧定位销；9—导轨板；10—动模固定板

第11章

热流道浇注系统结构的设计和计算

11.1　热流道技术简介

热流道就是在注射模浇注系统的周围，设计加热结构、安装加热零件进行加热；或者在注射模浇注系统的周围，设置隔热保温结构，使射入主流道、流经分流道、进料浇口的熔融塑料能始终保持良好的熔融状态，不再产生冷凝料。而模具也因此无须再设置去除冷凝料的相关结构和零件。所以，开模后，只需取出脱模后的制品而无冷凝料取出，并能连续不断地进行生产的注射模，称之为热流道注射模(亦称无流道注射模)，其浇注系统则称为热流道浇注系统或无流道浇注系统。

热流道技术应用于塑料注射成型工艺和塑料注射成型制品，在现代化生产技术中取得重大突破和飞跃。

目前，在工业发达的德国、意大利、美国和日本，热流道的应用普及率已超过 70%。我国近几年从国外引进此技术，并正以迅猛发展之势逐渐得以广泛推广和应用。

11.2　热流道结构的优、缺点

热流道结构有以下主要优点：

(1) 实现无废料加工，省去去除浇注凝料的模具结构和去除浇注凝料的烦琐工序，容易实现自动化高速注射成型，大大节省了人力、和原料。

(2) 在注射过程中，浇注系统内的塑料始终处于熔融状态，流道畅通无阻，注射压力损失小，有利于压力传递，可实现多点浇口多腔模具及大型塑件的低压注射。

(3) 由于无浇注凝料，省去浇道冷却和去除凝料的时间，并使模具的开模距离和合模行程缩短，从而使成型周期缩短，进一步提高了生产效率，同时也大大提高了注射机的利用率。

(4) 提高塑件质量，避免了因补料不足而产生的缺料和收缩凹痕等缺陷。

(5) 成型温度的范围广，即使是低温也容易成型。

热流道结构有以下缺点：

(1) 结构较复杂，模具成本较高。

(2) 严格控制温度，否则容易使塑料分解烧焦。

(3) 不适于小批量生产。

11.3　热流道的应用范围

目前，并非所有的热塑性塑料都可用热流道结构成型。适于热流道成型的塑料有 PE、PP、PS；另外，ABS、PVC、PC、POM 等塑料由于热流道技术的进步和日趋成熟也适于热流道成型。

适于热流道成型的塑料应具有下述性能：

(1) 熔融温度范围宽，其黏度对成型温度的变化不敏感，变化小，即高温下有良好的热稳定性，而较低的温度下仍具有良好的流动性。

(2) 比热容小，导热性好；既易于熔融，又易于凝固，有较高的热变形温度，即在高温下降温冷却时，可快速冷凝，能缩短冷却固化和定型的时间，制品推出型腔时不变形，可提高生产效率。

不具有上述性能的塑料不适于热流道模具成型。表 11-1 为各种热流道结构对塑料品种的适用范围。

表 11-1　五种热流道结构对塑料的适用范围

塑料品种 无流道模类型	聚乙烯 (PE)	聚丙烯 (PP)	聚苯乙烯 (PS)	ABS	聚甲醛 (POM)	聚氯乙烯 (PVC)	聚碳酸 (PC)
井式喷嘴	可	可	稍困难	稍困难	不可	不可	不可
延伸喷嘴	可	可	可	可	可	不可	不可
绝热流道	可	可	稍困难	稍困难	不可	不可	不可
半绝热流道	可	可	稍困难	稍困难	不可	不可	不可
热流道	可	可	可	可	可	可	可

11.4　热流道浇注系统设计

11.4.1　热流道浇注系统的整体结构

热流道浇注系统的整体结构如图 11.1 所示。此热流道浇注系统仅适于热塑性塑料制品的多型腔注射成型之用。它与普通浇注系统的主要区别就在于它利用电热零件(电热环、电热管或电热圈)将主流道和分流道中的塑料熔体进行可控式的加热，使其在注射成型的全过程中能始终保持其熔融黏流态，避免冷凝固化，产生凝料以节约塑料，提高效率和制品品质。

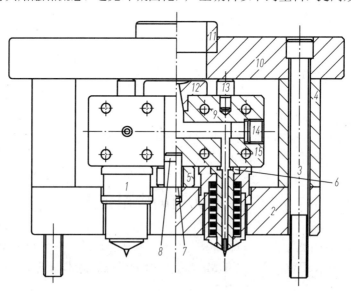

图 11.1　热流道浇注系统整体结构

1—热喷嘴；2—垫板；3—螺杆；4—支承板；5—隔热圈；6—密封圈；7—中心定位销；8—定位销；
9—分流板；10—固定板；11—定位圈；12—浇口套；13—支承钉；14—堵塞；15—电热管

熔融的塑料黏流体，在进入并充满型腔前，须保持其最佳熔融状态(即保持其黏流态的最佳温度)和一定的成型压力，以利于收缩。但在进入并充满型腔后，则必须迅速冷却，固化定型，以缩短其成型周期，提高生产效率。对流道浇注系统进行加热控温的同时，对成型系统(型腔、型芯、镶件、滑块等)进行可控式的冷却即为达到此目的。

对于近在毫厘、紧密相连的两个系统，既要防止成型系统的冷却，无端耗费浇注系统的热能，又要同时避免浇注系统的高温去升高本不应升高的成型系统的低温，就必须在两个系统之间防止其热传递、热交换的进行。目前，较为简单而又有效的办法就是：①尽可能减少两个系统零件的接触面积而增加其空气隔热的面积；②在加热系统的四周及两个系统接触面积之间设置石棉隔热层，例如，在垫板和与之大面积贴合的型腔板之间垫石棉隔热板或加工出适当的空气隔热槽，同时在支承板与垫板之间，在支承钉、隔垫圈与垫板之间也加工出空气隔热空间等办法，均取到了较好效果而被广泛推广应用。

11.4.2　热流道板的结构

按其结构形状，分流板有 O 形、I 形、Y 形、X 形和 H 形等多种结构，如图 11.2～图 11.4 所示。

图 11.3(b)所示为图 11.3(a)所示结构的另一面，与其结构完全一样。

按照加热零件的不同，分流道板分为用电热线圈加热的分流道板(图 11.3)、用电热棒加热的分流道板和 O 形结构相同的在外圆用电热环加热的分流道板三种。用电热棒在分流板内或在喷嘴内加热的亦称为内加热分流板。

分流板中的分流道是贯通的(便于加工)，两端用圆柱形堵塞封堵。堵塞用顶丝紧固，防止成型时被高压料流推出，造成跑料，影响正常生产。堵塞与分流板的配合要求为 H7/f7(根据所成型塑料的溢边值选取)但切不可选用 H7/k6 的配合，更不能选用 H7/m7 的配合，否则，一旦需要拆卸修配，就很困难。

图 11.2　O 形四喷嘴结构

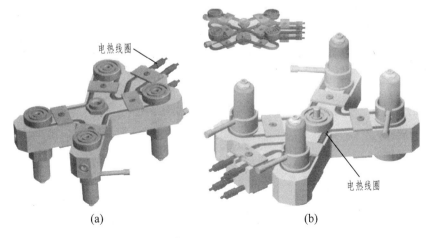

(a)　　　　　　　　　　　　　　　(b)

图 11.3　X 形喷嘴结构

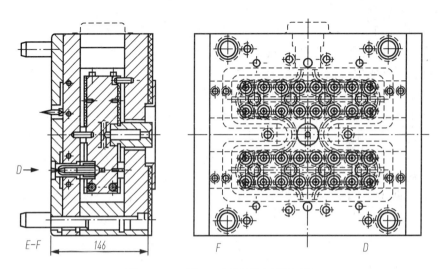

图 11.4　H 形 32 喷嘴结构(虚线部分)

　　另外，中心定位销 7 和定位销 8 及支承钉与分流板的配合都不能用常规的 H7/k6 过渡配合而应选用 H7/f7 的间隙配合，一是便于必要时的拆卸；二是在分流板加热膨胀时，留有余地，不被"卡死"，使紧固于分流板上的喷嘴与型腔进料浇口之间有浮动的些许间隙，不因膨胀错位而被堵死。

　　热流道板宜选用导热性好的材料制造，一般都用 50 钢、60 钢、镍铬合金钢和高强度的铜合金。大型的热流道板可采用不锈钢管作为内流道外铸铜合金。

　　另外，如果采用电热棒加热，电热棒孔只能比电热棒大 0.1～0.2mm(能放入即可)，千万不可太大；否则，间隙太大形成空气隔热将大大影响热能的传导。

11.4.3　热喷嘴的结构

　　常见热喷嘴结构如图 11.5 所示。

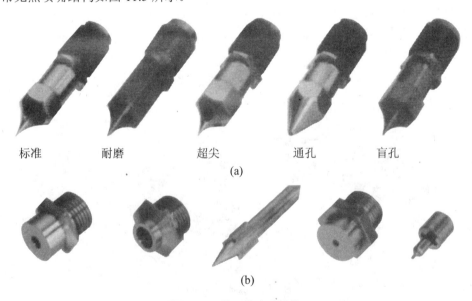

图 11.5　常见热喷嘴结构

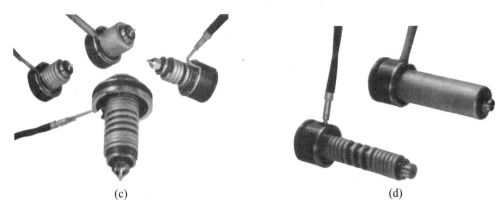

(c)　　　　　　　　　　　　　　　　(d)

图 11.5　常见热喷嘴结构(续)

其中图 11.5(a)所示为热喷嘴组装内芯的五种结构形状，各具体特点；图 11.5(b)所示为热喷嘴零件拆开后的结构形状；图 11.5(c)和(d)所示为内芯组装后的外形结构形状，属于电热圈外热式结构。

图 11.6 所示为某公司生产的两种型号的热喷嘴系列产品。分流道板用螺旋形铠装加热器(图 11.7 和图 11.8)系列产品及其规格尺寸如表 11-2 所示。电加热圈示意图如图 11.8 和图 11.9 所示。

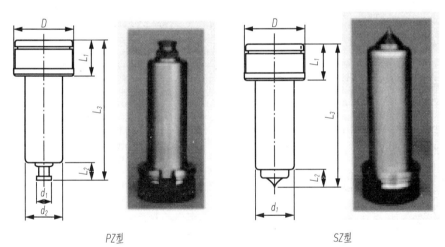

PZ型　　　　　　　　　　　　　　　　SZ型

图 11.6　两种型号的热喷嘴

表 11-2　分流板用螺旋形铠装加热器系列产品及其规格尺寸　　　　　　　单位：mm

型号	D	d_1	d_2	L_1	L_2	L_3
PZ10040	28	8	20	18	10	58
PZ10055	28	8	20	18	10	73
PZ10070	28	8	20	18	10	88
PZ10085	28	8	20	18	10	103
PZ10100	28	8	20	18	10	118
PZ13045	32	10	23	21	10	68

图 11.7　分流板用螺旋形铠装加热器(一)

图 11.8　分流板用螺旋形铠装加热器(二)

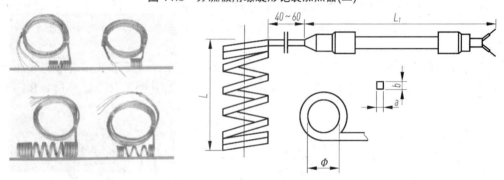

图 11.9　电加热圈示意图

(1) 大型塑料制品用的热喷嘴结构如图 11.10 所示。

(2) 小型塑料制品用的热喷嘴结构如图 11.11 所示。小型塑料制品用的热喷嘴与大型制品用的热喷嘴在结构上并无很大区别，仅仅是尺寸大小不同而已。

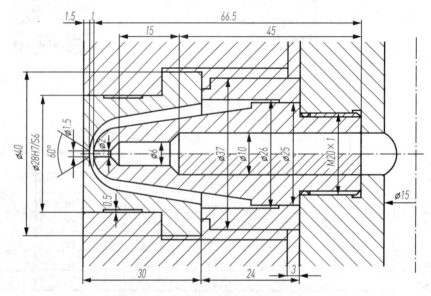

图 11.10　大型塑料制品用的热喷嘴结构

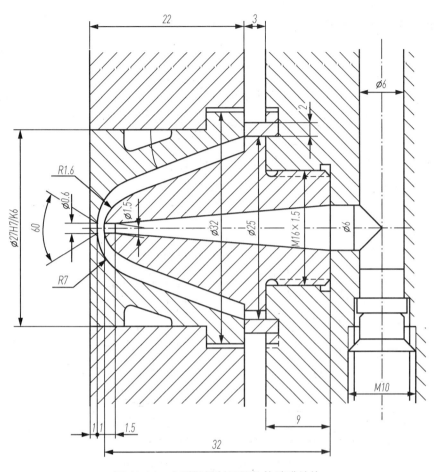

图 11.11　小型塑料制品用的热喷嘴结构

(3) 小型塑料制品单型腔和多型腔用的热喷嘴结构如图 11.12 所示。

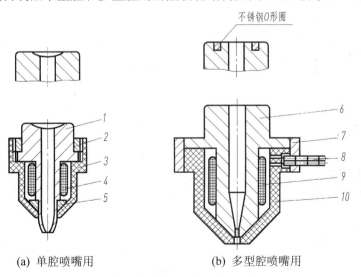

(a) 单腔喷嘴用　　　　　　(b) 多型腔喷嘴用

图 11.12　小型塑料制品单型腔和多型腔用的热喷嘴结构

1、6—喷嘴；2—螺帽；3、10—隔热外壳；4、9—电加热器；5—垫圈；7—支承圈；8—瓷管

(4) 用于单型腔和多型腔结构的外热式热喷嘴结构如图 11.13 所示。

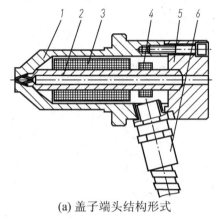

(a) 盖子端头结构形式

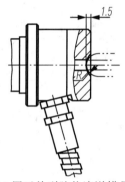

(b) 用于单型腔热流道模具

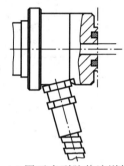

(c) 用于多型腔热流道模具

图 11.13　用于单型腔和多型腔结构的外热式热喷嘴结构

1—喷嘴主体；2—喷嘴；3—环形加热器；4—电热环；5—盖板；6—绝缘套管

外热式热喷嘴的外形规格尺寸如图 11.14、图 11.15 和表 11-3、表 11-4 所示。

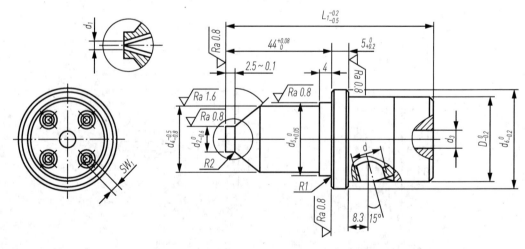

图 11.14　外热式热喷嘴的外形规格尺寸(一)

表 11-3　外热式热喷嘴的外形规格尺寸(一)　　　　　　　单位：mm

SW_1	a	d_6	d_4	d_5	d_3	d_2	D	L_1	d_1	d
3	51°	38	25	30	3	10	32	75	1.2	按金属软管尺寸
									1.5	
									1.8	
4	50°	44	28	34	6	12	38	75	1.5	按金属软管尺寸
									2.0	
									2.5	

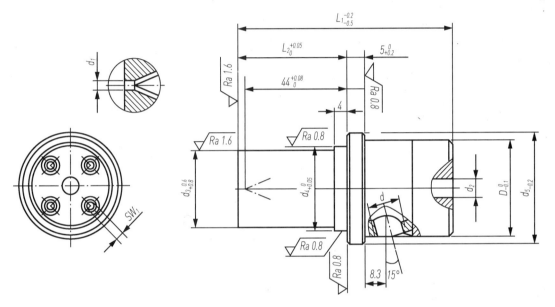

图 11.15　外热式热喷嘴的外形规格尺寸(二)

表 11-4　外热式热喷嘴的外形规格尺寸(二)　　　　　　　单位：mm

SW_1	L_2	d_5	d_4	D_3	d_2	D	L_1	d_1	d
3	43	38	30	25	3	3	32	1.2	按金属软管尺寸
								1.5	
								1.8	
4	44	44	36	28	6	6	78	1.5	按金属软管尺寸
								2.0	
								2.5	

(5) 全隔热内热式和半隔热内热式喷嘴结构如图 11.16 所示。

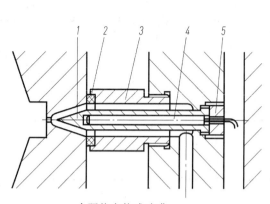

全隔热内热式喷嘴　　　　　　　　半隔热内热式喷嘴(空气隔热)

图 11.16　全隔热内热式和半隔热内热式喷嘴结构

1—加热控；2—密封隔热圈；3、7—喷嘴；4、8—电加热器；
5、9—螺塞；6—加热探针

(6) 半隔热外热式喷嘴结构如图 11.17 所示。

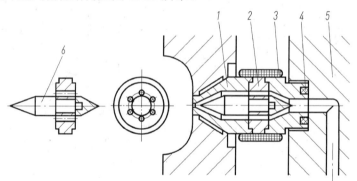

图 11.17　半隔热外热式喷嘴

1—喷嘴头；2—分流梭；3—电加热器；4—密封圈；
5—集流腔板；6—分流梭头

(7) 全隔热外热式喷嘴结构如图 11.18 所示。

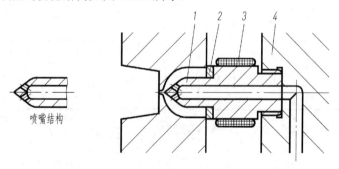

喷嘴结构

图 11.18　全隔热外式喷嘴(塑料层隔热)

1—喷嘴；2—密封隔热圈；3—电热水；4—集流腔板

(8) 单型腔用延伸式喷嘴结构如图 11.9 所示。

(9) 双型腔用延伸式喷嘴结构如图 11.20 所示。

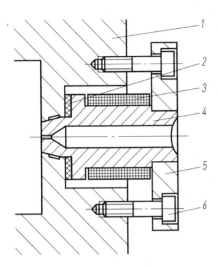

图 11.19   单腔用延伸式喷嘴

1—定模；2—隔热垫；3—电加热器；4—喷嘴；
5—固定板；6—螺钉

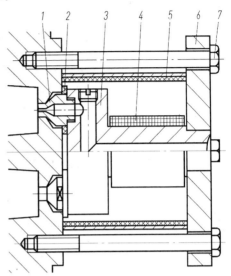

图 11.20   双腔用延伸式喷嘴

1—喷嘴；2—隔热垫；3—集流腔；4—电热环；
5—隔热套；6—固定板；7—螺栓

(10) 德国的两种热喷嘴结构：

① 带热电偶和 O 形密封圈的外加热喷嘴结构：这是塑料隔热保温结构的外加热喷嘴，由德国 BASF 生产，如图 11.21 所示。

② 针阀式热喷嘴结构：在热流道板内有电热零件加温，属于标准型热喷嘴，如图 11.22 所示。

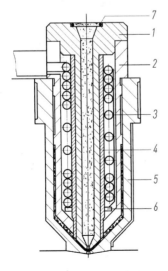

图 11.21   外加热喷嘴

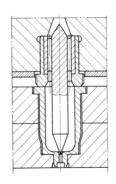

图 11.22   针阀式热喷嘴结构

1—喷嘴体；2—外壳；3—电热圈；4—高导热率的 BeCu 衬套；
5—衬套；6—热电偶；7—O 形密封圈

(11) 美国的两种热喷嘴：

① Lncoe 热喷嘴结构：如图 11.23 所示。

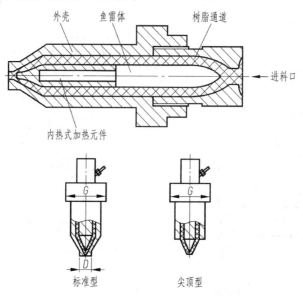

图 11.23　Lncoe 热喷嘴结构

② 美国 DME 公司生产的热流道系统结构和标准件：如图 11.24 所示。

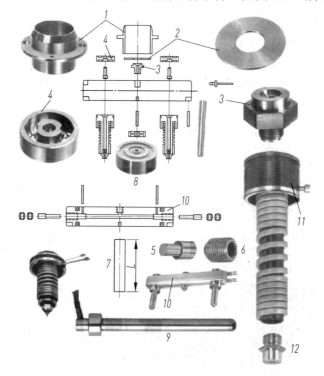

图 11.24　DME 公司生产的热流道系统结构和标准件

1—定位圈；2—垫圈；3—主浇口层；4—隔热垫圈；5—堵塞；6—紧定螺钉；7—定位销；
8—中心垫圈；9—电热管；10—流道板；11—热喷嘴组件；12—喷嘴

(12) 日本的两种热喷嘴结构：

① 直接接触的矛头式内加热喷嘴结构：如图 11.25 所示，浇口部位的分流梭内有加热器，矛头离型腔 0.2mm，由铍青铜合金制成。在注射前 3s 通电加热，使浇口温度升至 250℃左右，注射完毕后，浇口部位随制品一起冷却固化。

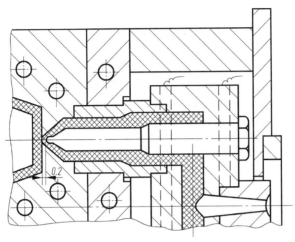

图 11.25　直接接触的矛头式内加热喷嘴

② 内加热塑料半绝热喷嘴结构：图 11.26 所示为日本的 TGK 喷嘴。喷嘴前端与型腔板之间有 0.6～0.8mm 厚的塑料绝热保温层，其后部两者相接触处呈半绝热方式。分流梭内有加热器。分流梭前端呈针状，伸入至浇口内距型腔 0.6～0.8mm，防止浇口固化。此喷嘴已标准化系列化，有互换性。

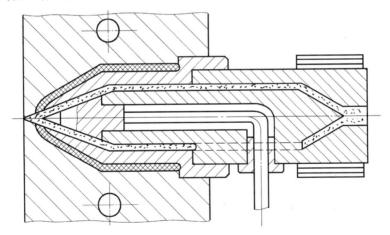

图 11.26　加热、塑料半绝热喷嘴

(13) 具有防涎流装置的热流道喷嘴组件：图 11.27 所示结构为四型腔对称排列等距离平衡进料，具有三大特点：

① 每件针阀 5 大端装有针阀顶杆 10，并装有弹簧 9。未注射前，流道中无压力，在弹簧张力作用下，针阀 5 下压将喷嘴套 6 小端内孔封死。喷嘴套内的熔体不会曳漏产生涎流，注射时，由于成型压力对锥面的作用力，将针阀上推，压缩弹簧打开喷嘴套 6 小端内孔，使高压熔体射入型腔并保压。这就是防涎流的作用。

② 用电热环 4 对喷嘴套 6 进行外加热,防止套内熔体冷凝固化。

③ 四型腔的四件喷嘴组件(喷嘴头 2、喷嘴套 6、针阀 5、电热环 4、热流道板 7 和上盖 8 全部被隔热外壳封严,绝热保温,连浇口套 11 也被隔热外壳 13 和 14 隔热,热能散失很小,效果显著。但隔热件长期使用会老化而产生降解,所以要常检查,发现损坏之处及时更换。

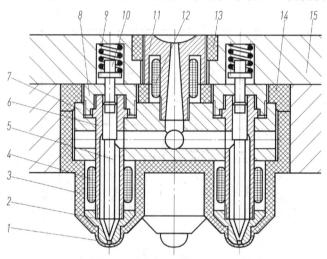

图 11.27 具有防涎流装置的热流道组件

1—隔热垫圈;2—喷嘴头;3、13、14—隔热外壳;4、12—电加热器;5—针阀;6—喷嘴套;
7—热流道板;8—上盖;9—弹簧;10—针阀顶杆;11—浇口套;15—定位圈

图 11.28 所示为杠杆式防涎流结构。将图 11.27 中针阀的操纵者改为液压油缸并通过杠杆的作用使针阀上下运动,实现防涎流的功能。此结构对油缸的控制、操纵要求较严,精度要求高,成本也较高,在德国等先进国家应用较多。

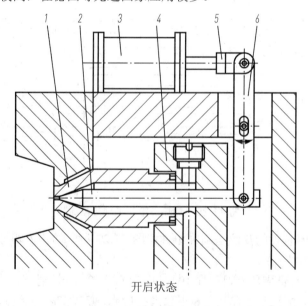

开启状态

图 11.28 杠杆式防涎流装置

1—喷嘴;2—加热探针;3—液压(或气压)缸;4—集流腔板;5—Y 形连接头;6—杠杆

(14) 内外加热的复合式热流道如图 11.29 所示。

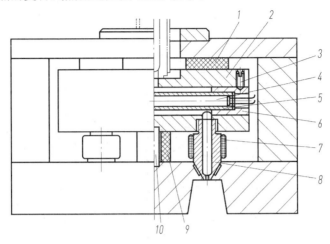

图 11.29 内外加热的复合式热流道

1—隔热垫块；2—集流腔板；3—止动螺钉；4—电加热棒；5—加热管；
6—堵头；7—电加热器；8—喷嘴；9—隔热垫块；10—定位销

内外加热的复合式热流道的特点：

① 热流道板内设置一根(或两根)加热管，管内装电热棒进行内加热，保证流道板所需的温度；而在各喷嘴外圈用电热环进行加热，保证喷嘴所需的温度(即进行内、外加热)。

② 喷嘴与型腔板之间用空气隔热。流道板与型腔板采用隔热垫块隔热。

(15) 热流道板热膨胀偏移的补偿结构。热流道板在高温下会产生热膨胀，由此使装在流道板上的热喷嘴轴心与模具型腔进料浇口的中心发生偏移、错位，致使熔融塑料不能顺利地全部进入型腔，造成溢料或堵死浇口。为使膨胀后的喷嘴仍能与型腔浇口对正，必须对膨胀所产生的偏移进行补偿。补偿的方法有两种：①热喷嘴与流道板连为一整体，使喷嘴与模具模板之间先留出间隙，进行膨胀偏移的补偿，如图 11.30 所示；②利用模具型腔镶套留出的间隙进行调整和补偿，如图 11.31 所示。

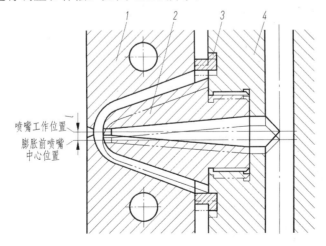

图 11.30 利用补偿值 l 补偿热流道板热膨胀产生的偏移

1—模板；2—喷嘴；3—密封圈；4—集流腔板；l—集流腔板的热膨胀量

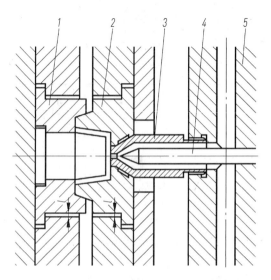

图 11.31 利用浮动间隙补偿热流道板热膨胀产生的偏心

1—动模；2—定模；3—喷嘴；4—加热探针；5—集流腔板；l—消除集流腔板热膨胀的补偿间隙

11.4.4 热流道浇注系统的其他零件

热流道浇注系统的主要零件是热流道板和热喷嘴。除此之外，热流道浇注系统的零件还包括以下几种。

(1) 定位圈：保证模具安装时与注射机相对位置的正确。

(2) 垫板：增加浇口套注射时的承压面积避免压力集中。

(3) 浇口套：定位注射机喷嘴，承接熔料的进入。

(4) 支承垫：流道板与定模固定板之间，流道板与模具模板之间的支承、隔热件。

(5) 堵塞：用于将流道板中流道孔的两端封死，防止流料溢出。

(6) 顶丝：固定堵塞，防止注射时被高压熔料推出，造成溢料。

(7) 电热棒：加热件，有各种直径和长度规格，既可置入流道板加热，也放在喷嘴中加热喷嘴。加热件还有加热圈和加热环，根据结构需要斟情选用。

其他还有测温用的热电偶、支承板、密封圈、螺杆等。

11.4.5 热流道尺寸的计算

(1) 主流道直径计算：

$$D_s = 0.127\sqrt[3]{Q_s} \ (\text{cm}) \tag{11.1}$$

式中，Q_s 为主流道中的体积流率(cm^3/s)。

内热式主流道为一环形浇道。当环形浇道的厚度 h_s 与其圆周长之比小于 1∶10 时，可视为狭缝流动。一般情况下均符合此条件。其中：

$$h_s = 0.049\sqrt[3]{Q_R} \ (\text{cm}) \tag{11.2}$$

(2) 分流道直径计算：

$$D_R = 0.273\sqrt[3]{Q_R} \ (\text{cm}) \tag{11.3}$$

式中，Q_R 为分流道中的体积流率(cm^3/s)。

内热式分流道同样为一环形流道。环形流道外径为流道板中流道孔的孔径，而内径则是电热棒或放置电热棒管的外径。其流道宽度为

$$h_{\mathrm{R}} = 0.106\sqrt[3]{Q_{\mathrm{R}}}\ (\mathrm{cm}) \tag{11.4}$$

(3) 进料口直径计算：

① 直浇口的料口直径：

$$D_{\mathrm{G}} = 0.059\sqrt[3]{Q_{\mathrm{G}}}\ (\mathrm{cm}) \tag{11.5}$$

② 点浇口的料口直径：

$$D_{\mathrm{pG}} = 0.0467\sqrt[3]{Q_{\mathrm{G}}}\ (\mathrm{cm}) \tag{11.6}$$

式中，Q_{pG}、Q_{G} 为进料口中的体积流率($\mathrm{cm^3/s}$)。

(4) 体积流率计算：

$$Q = \frac{VW}{t}\ (\mathrm{cm^3/s}) \tag{11.7}$$

$$V = \frac{R'T}{P_1 + P_2} + \omega \tag{11.8}$$

式(11.7)～式(11.8)中，V 为塑料熔体在熔融状态下的比热容($\mathrm{cm^3/s}$)。
W 为制品及流道凝料质量之和(g)；t 为注射时间(s)；P_1 为熔体在流道中所受的外部压力(MPa)；P_2 为熔体在流道中所受的内部压力(MPa)；ω 为熔体在 +273℃ 时的比热容($\mathrm{cm^3/s}$)；R' 为修正的气体常数；T 为热力学温度(℃ +273℃)。具体参数数据如表 11-5 所示。

表 11-5　状态方程中的参数

塑料种类	熔体温度 / ℃	P_2 / MPa	$\omega/(\mathrm{cm^3/s})$	$R'/(\mathrm{MPa/cm^3})$
PS	—	19.0	0.822	0.082
GPS	160	34.8	0.807	0.189
PMMA	175	22.0	0.734	0.085
EC	195	24.5	0.720	0.141
CAB	180	29.1	0.688	0.156
LDPE	180	33.5	0.875	0.303
HDPE	180	34.8	0.956	0.271
PP	220	25.3	0.992	0.229
POM	190	27.6	0.633	0.106
PA6.10	180～220	27.7	0.906	0.074

11.4.6　热流道板加热功率的计算

$$P = \frac{0.115tW}{860Tn} \tag{11.9}$$

式(11.9)中，P 为加热功率(kW)；t 为热流道板需升高的温度(热流道板温度减去室温，℃)；W 为热流道板的质量(应包括紧固螺钉在内)(kg)；T 为升温时间(h)；n 为热效率(0.2～0.3，宁可取小值)。

11.4.7 热流道板热损失的计算

1. 因辐射和对流产生的热损失

当热流道板温度为 $200\sim300℃$ 时，热流道板每 $1cm^2$ 表面积的热损失如下。

辐射损失：

$$P'=(0.00302t-0.356)\alpha \text{ (W)} \tag{11.10}$$

式中，α 为表面辐射率(取 0.8)。

对流损失：

$$P''=0.00079t-0.043\text{(W)} \tag{11.11}$$

当表面积为 A，$\alpha=0.8$ 时，以上两式合计为

$$(P'+P'')A=(0.003206t-0.3278)A\text{(W)} \tag{11.12}$$

2. 由传导引起的热损失

为减少流道板热传导造成的热损失，将流道板垫以隔热垫板，但因要承受一定的压力，故其面积也不可能过小。支承垫的热传导率与面积成正比，而与其高度则成反比。因此，由支承导致的热传导损失为

$$P'''=\varepsilon\frac{at'\lambda}{L} \tag{11.13}$$

式中，P''' 为总的支承垫的热传导损失(W)；a 为支承垫的接触面积(cm^2)；t' 为热流道板与模具的温差；L 为支承垫的高度(cm)；λ 为支承垫高的热传导率(W/cm℃)，中碳钢 $\lambda=0.5336$，不锈钢 $\lambda=0.1624$。

假定流道板温度在 $200\sim300℃$ 之间，流道板表面为钢的氧化表面，$\alpha=0.8$，升温时间为 $0.5h$ 并留有 10%的保险系数，则热流道板所需的总功率为

$$P=[0.267tW+(0.003206t-0.3278)A+\varepsilon\frac{at'\lambda}{L}]\times1.1\text{(W)}$$

第 12 章

特殊功能注射模典型结构的设计实例

12.1　热固性塑料注射模典型结构的设计实例

热固性塑料注射成型模具的结构与热塑性塑料注射成型模具的结构基本相同,如模架、浇注系统、成型件结构、导向定位结构、侧向分型与抽芯结构、脱模推出结构等。它们的不同之处体现在以下几方面。

(1) 热固性塑料注射成型模具要设置加热装置进行加热,而热塑性塑料注射成型模具则须设置冷却装置进行冷却。为避免浇注系统凝料的产生,在批量和大批量生产中,热固性塑料注射模的浇注系统须设置冷却装置,使浇注系统中的塑料始终保持交联固化以下的温度,防止其产生交联反应而固化,故称为温流道或冷流道。而热塑性塑料注射模的浇注系统正好相反,要进行加热,使其浇注系统中的塑料始终处于熔融状态,防止其冷凝固化,故称之为热流道。

(2) 热固性塑料成型时必须安装在专用的热固性塑料注射成型机上(其料筒和喷嘴温度一般在(110±10)℃的范围内),而热塑性塑料成型时则安装在普通的注塑机上(料筒温度:ABS 为 150～200℃；PP 为 160～220℃；PE 为 140～200℃；PC 为 210～285℃)。

(3) 热固性塑料流动性好且排气量大,故热固性塑料注射成型模具的分型接触面应尽可能小些；型腔结构应力求减少镶拼件,尽量采用整体式型腔；在凸模和分型面上设计足够的排气槽；多型腔模具在分型面上的分布应力求对称、均衡,使其投影面的几何中心与注射机上的锁模力中心相重合,以免出现溢料等严重缺陷。

(4) 热固性塑料的注射压力较大,速度也较快。因此,塑料熔体对成型模具浇道及型腔的摩擦和磨损比热塑性塑料大。故热固性塑料对所选用钢材耐磨和防腐性能的要求也比热塑性塑料更高。

图 12.1 所示为一模四件典型的热固性塑料插座注射模(均衡、对称排列)。

(1) 制品分析:制品共七个台阶形通孔(中心一个、四周六个,均匀分布。中心距允许误差 0.05mm)。要求成型后,七脚插头能平稳插入,形成良好的配合和接触,不松不紧。因批量大,要求通孔。

(2) 模具结构分析:为达到制品的上述要求,模具必须保证:①七根型芯在成型中不能变形,保证孔两端中心距的一致；②形成通孔,无飞边。

模具结构上的措施与分析:

① 因为批量大,决定采用四型腔。因型腔中有七根型芯,不宜采用点浇口,只能采取旁浇口进料。为保证型芯在成型中不变形,进料口设计成从 180° 两边同时进料,但进料口避开型芯,从型腔的外圆切线方向进料。同时在两股的相汇处开设排气溢料槽,用以解决熔接痕的问题,效果颇佳。

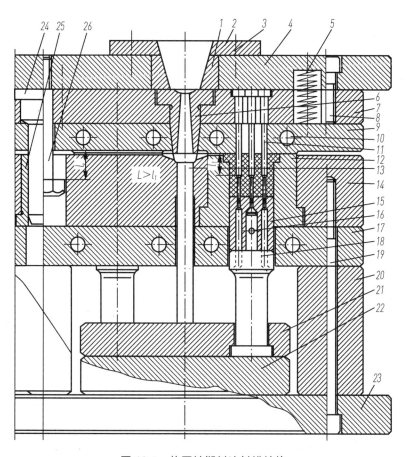

图 12.1 热固性塑料注射模结构

1—衬套；2—定位圈；3—螺钉；4—定模固定板；5—弹簧；6—浇口套；7—型芯固定板；8—螺钉；
9—定模板；10—冷却水道；11—定模型芯；12—动模镶套；13—拉料杆；14—动模型腔板；
15—动模镶件；16—固定销；17—支承板；18—推柱；19—螺钉；20—支承块；21—推柱固定板；
22—推板；23—动模固定板；24—导柱；25—导套；26—定距拉杆

② 为确保型芯稳固可靠，免于变形，设计成插入式，形成通孔。一是形成通孔，达到制品要求；二是插入后两端固定，在成型过程中稳固不变形，保证了制品的要求。型芯小端应加工成小于 60° 的尖形，尖端有半径为 0.6～1mm 的圆弧。锥面与外圆柱面交接处应为圆弧形过渡连接，并达到 Ra 为 0.4μm 的要求，镀铬抛光，以减小对动模镶件 15 孔的入口处的磨损。

③ 为解决通孔插入结构，在清理型腔飞边时落入动模镶件 15 孔中，将孔堵死，孔中飞边难以清理的问题，将推杆件 18 成型端面改为动模镶件 15、推柱 18 两件的组合结构，开了排屑孔。加工方便，效果良好。

④ 模具采用二次分型结构，由弹簧 5 和定距拉杆实现。因此，定模板 9 既是加热板，又在分型之后起到推板作用，帮助七根定模型芯 11 顺利推离制品。动模镶件 15、推柱 18 将制品推出型腔后，由推杆将推板 22、推柱固定板 21 复位。

12.2　大衣扣温流道注射模(一模 16 腔)典型结构的设计实例

图 12.2 所示为一模 16 腔大衣扣温流道注射模的典型结构设计实例。此结构的特点是圆环形平衡进料、对称排列，受力均衡，冷却均匀，效率高、质量好。模具结构工艺性好。

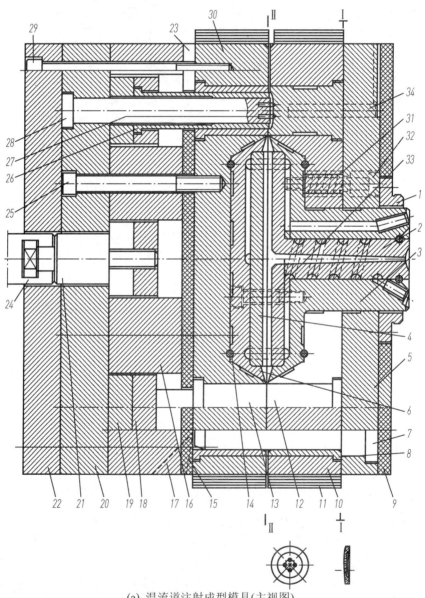

(a) 温流道注射成型模具(主视图)

图 12.2　大衣扣温流道注射模典型结构

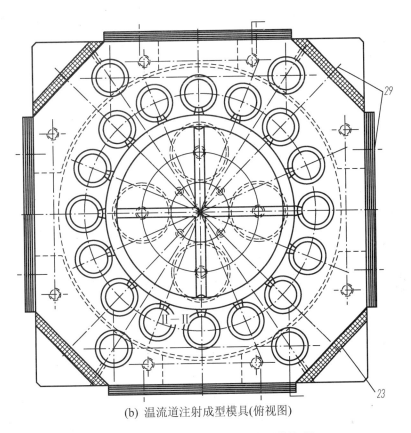

(b) 温流道注射成型模具(俯视图)

图 12.2　大衣扣温流道注射模典型结构(续)

1—定位圈；2—温流道浇口套；3—温流道外套；4—浇口套镶件；5—定模固定板；6—温流道镶件；
7—导柱；8—导套；9、15—石棉垫板；10—定模板柱；11—加热环；12—定模型腔镶件；
13—动模型腔镶件；14—密封圈；16—支承柱；17—支承块；18—推管固定板；19—推板；
20—动模型芯固定板；21—推柱；22—动模固定板；23—石棉板；24—注射机推杆；25—螺钉；
26—推管；27—动模小型芯；28—动模大型芯；29、33—螺钉；30—动模板；31—弹簧；
32—定距螺杆；34—电热管

图 12.2 所示为一副典型热固性塑料温流道多型腔(16 腔)注射模典型结构。

(1) 为了使浇道系统中的热固性塑料的料温能恒定在交联固化温度之下，保持其良好的流动性，避免固化凝料的产生，利于进行连续的自动化生产，在流道板件温流道浇口套 2、温流道外套 3 和浇口套镶件 4、温流道镶件 6 中设置了螺旋式循环冷却水道。为便于制造，温流道浇口套 2、温流道外套 3 和浇口套镶件 4、温流道镶件 6 均采用镶拼式组合结构，并设置密封圈加以密封，以防止泄漏。

(2) 采用直浇口进料，十字形分浇道直通环形浇道，平衡等距同时进入各型腔，利于成型。

(3) 动模型芯采用镶拼结构，便于制造，也便于应用推管结构的推出。

12.3 火花塞外罩热流道注射模(一模 48 腔)典型结构的设计实例

图 12.3 所示为一模 48 腔火花塞外罩热流道注射模(平衡进料，对称、均衡排列)。

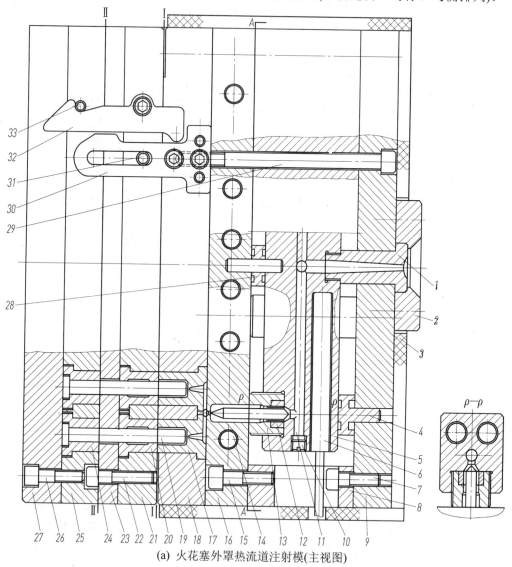

(a) 火花塞外罩热流道注射模(主视图)

图 12.3 火花塞外罩热流道注射模典型结构

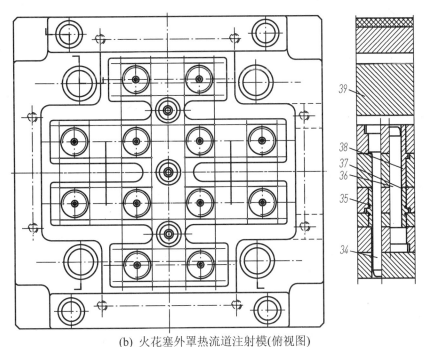

(b) 火花塞外罩热流道注射模(俯视图)

图 12.3 火花塞外罩热流道注射模典型结构(续)

1—浇口套；2—定位圈；3—石棉板；4、28—隔热垫；5、39—热流道板；6、14—电热管；
7、15、22、26—螺钉；8—定模支承；9—定模固定板；10—顶丝；11—堵销；12—热喷嘴梭芯；
13—热喷嘴；16—电热板；17—定模型腔镶件；18—定模型腔板；19—动模型芯；20—型芯定位套；
21—定位套固定板；23—盖板；24—型芯固定套；25—型芯固定板；27—动模固定板；
29—螺栓；30—定距拉板；31、33—轴销；32—拉钩；34、36—导柱；35、37、38—导套

图 12.3 所示为一副典型的多型腔热流道注射模。

1．制品分析

(1) 制品结构简单，用 PE 料成型，精度要求不高但壁厚较薄只有 0.7mm，故要求壁厚均匀。制品大端内孔有一圈 0.3mm 的内凸环，可强脱模脱出。

(2) 制品小端端面有圆弧要求，故只宜在大端分型。

(3) 型芯与型腔必须保证其同轴度的要求，否则壁厚不均，甚至穿孔报废。

(4) 只能用推板推出制品而不能用推杆或其他脱模方法脱出制品。

(5) 制品的市场需求量大，因此必须采用多型腔结构。

(6) 制品小、薄、轻，如不采用热流道结构，则浇注系统的冷凝料用料比制品多得多。

2．模具结构特点

(1) 图 12.3 所示的成型结构解决了制品壁厚不均的问题：

① 定模型腔镶件 17、型芯定位套 20、型芯固定套 24 整体加工，一次装夹完成内外圆的全部精加工，可确保内、外圆的同轴度和尺寸的完全一致。之后，切开成三件。

② 动模型芯 19 也是一次装夹完成全部精加工，并且其大端固定部分与型芯固定套 24 达到 H7/m6 的配合精度要求；其余部分与型芯定位套 20 达到 H7/f7 的精度配合要求。

③ 定模型腔板 18、定位套固定板 21 和型芯固定板 25 用工艺销钉定位后，一同配镗镶套固定孔(定模型腔板 18、定位套固定板 21 和型芯固定板 25 上、下大平面的平行度应在 0.02mm 范围内)，可确保其对同轴度的要求。这样，定模型腔镶件 17 与定模型腔板 18、型芯定位套 20 与定位套固定板 21、型芯固定套 24 与型芯固定板 25 均可达到 H7/m6 的完全一致的配合要求。

此结构和上述加工方法可确保制品的壁厚误差，控制在 0.03mm 之内，能满足制品质量的要求。

(2) 定距拉板 30 和拉钩 32 结构，可顺利实现模具从 I—I 处和从 II—II 处的两次分型，利用定位套固定板 21 将 48 个成型后的制品从型芯上平稳推离，完成自动脱模，实现自动化批量生产。

(3) 热流道板 5 两端各有两根电热管，解决了流道板中浇道料的冷凝问题。而电热板 16 上的 6 根电热管解决了电热板 16 内和定模型腔镶套件 17 上浇道中塑料的冷凝问题。

12.4 蒸发器上盖注射、压缩模的典型结构的设计实例

图 12.4 所示为蒸器上盖注射、压缩模(简称注压模)典型结构。

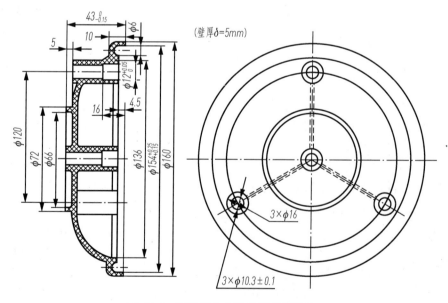

图 12.4 蒸发器上盖注压模典型结构

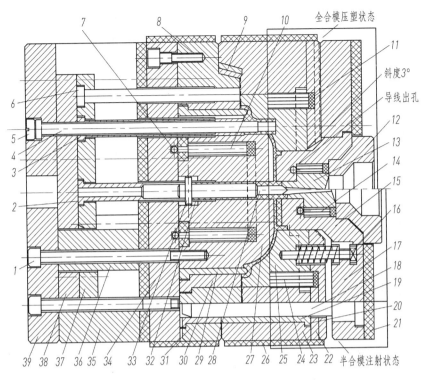

图 12.4　蒸发器上盖注压模典型结构(续)

1—型芯固定螺杆；2—中心推管；3—推管；4—型芯；5—顶丝；6—复位杆；7—电热环导线；
8—动模耐磨板；9—定模耐磨板；10、14、24—电热环或电热棒；11—石棉垫；12—定位套；13—浇口套；
15—定模镶件；16—限位螺杆；17—定模固定板；18—导柱；19—定模长导套；20—动模短导套；
21、26—隔热板；22—镶套盖板；23—定模板；25—定模型腔镶套；27、29—动模型芯镶件；
28—带分流锥的型芯；30—动模镶套；31—动模板；32—销钉固定镶套；33—型芯固定销；34—支承板；
35—大支承柱；36—小支承柱；37—推管固定板；38—推板；39—动模固定板

1. 注压模的结构及其特点

注压模是集注射成型和压缩成型两种成型工艺优点为一身的、用于成型壁厚较厚、精度和质量都有较高要求，因此靠单一的注射成型或压缩成型都难以达到要求的热固性塑料优质制品的新型专用模具。

注压模所成型的制品密度高，变形小，强度高，刚性好，因此制品精度可得到有效保证。由于成型时的交联固化温度较高，制品固化均匀，比单一注射成型或压缩成型的成型周期短，是所有热固性塑料成型工艺中周期最短的，因此成本也较低。

注压缩模的结构特点：

(1) 注射模有浇注系统而无加料腔，压缩模有加料腔而无浇注系统。注压模则既有浇注系统又有加料腔，但是没有也无须冷却系统。相反，动、定模都需要加热系统进行加热。

(2) 与压缩模一样，不但有加料腔，在加料腔周围与凸模之间还必须有一定的间隙，以利余料和气体的顺利排出。这对保证制品质量、提高制品精度至关重要。

(3) 定模镶件 15 在第一次动、定模合模进入定模型腔镶套件 25 的料腔中时，其作用完全与压缩模中凸模的作用一样，但并不合严，须留一定的间隙(一般留 2～6mm)。待塑料全部注满后再次加压，将料腔中留的 2～6mm 的料全部强行压入型腔中。经保压保温，固化定型后脱模顶出。此工艺的特点是先低压注射后高压压入成型。

2. 制品分析

此制品是汽车空调器中蒸发器的密封上盖。具体要求：

(1) 在高温(蒸汽)、高压(2.8～3.2 个标准大气压)下连续运转，不允许产生变形和漏气现象。因此，产品设计者选用了增强热固性塑料，以提高强度和使用中的稳定性。

(2) 相关的配合尺寸和平行度的精度要求较高。生产批量大，单一的注射成型或压缩成型均难以实现，因此只能选用注射压缩成型工艺并采用注压结构模具成型。

3. 模具结构分析

(1) 模具为二板式两次分型结构。合模时，定模固定板 17 与镶套盖板 22 之间留有一定间隙，使定模镶件 15 的成型端面与产品成型厚度之间留有相同间隙，此即注射状态。

(2) 定模型腔镶套 25 上有加料腔，与定模镶件 15 为 H7/f7 的滑动配合；与定模镶件 15 插入加料腔的圆周配合面上磨有 8 个 0.1～0.16mm 的小平面，利于排气和多余废料的排出。

(3) 加深型定位浇口套(定位套 12)使注射机的喷嘴直接进入定模中，缩短了主浇道长度，使熔融料流能以更短时间、更短距离进入型腔，更快注满，并固化，减少了因主浇道料把过长造成的材料损耗。

(4) 进入主绕道的熔料在第二次合模前，呈三爪形进入型腔(即从产品中心孔内进入)，三爪进料浇口正对产品的 3 条加强筋(制品如果是 4 条筋，即可设计成四爪进料口)。第二次合严时，由于带分流锥的型芯 28 上端有分流锥，将三爪进料口切断，全部合严。故制品上无进料口疤痕，外表美观。

(5) 开模时，分流锥上的沟槽将主浇道从上端最细处拉断，留在带分流锥的型芯 28 上，制品被推管推出时与制品同时落下。

(6) 出模时由 3 个推管 3 和中心推管 2 同时将制品推出，受力均衡、平稳，制品不会变形。

(7) 电热环或电热棒 10、14 和 24 使动、定模加热到制品材料所需的交联固化温度。电热管、电热环与控温机相连，由控温机自动控温，温差为±(2～3)℃。

(8) 定模镶件 15 与镶套盖板 22、定模型腔镶套 25 的斜面定位，可保证其同轴度。定模型腔镶套 25 按 H7/k6 与定模板 23 配合，使之达到同轴度要求。定模板 23 与动模板 31 通过动模耐磨板 8 和定模耐磨板 9 形成锥面二次精定位，可保证同轴度。

(9) 动模耐磨板 8 和定模耐磨板 9 为淬火后的耐磨板，板中有若干 φ6mm 的小孔，孔内装有粉末冶金小柱，可吸润滑油，减小开、合模时两个耐磨板间的相互摩擦，延长使用寿命。

(10) 动、定模成型件四周装有石棉隔热板，模具与机床之间、支承板与支承柱之间也有石棉隔热板，可减小能源损耗，保护注射、压缩机不过热，还可改善生产环境，保护工人身体健康。

12.5 传感器外壳温流道注压模典型结构的设计实例

图 12.5 所示为传感器外壳温流道注压模。

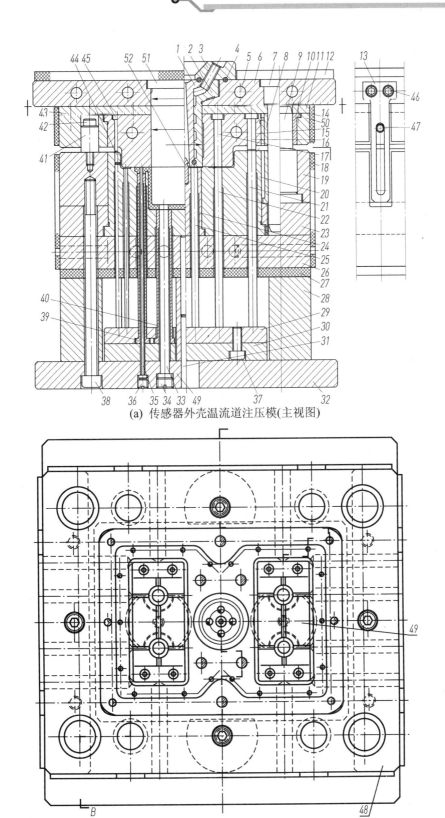

(a) 传感器外壳温流道注压模(主视图)

(b) 传感器外壳温流道注压模(俯视图)

图 12.5 传感器外壳冷流道液压模典型结构

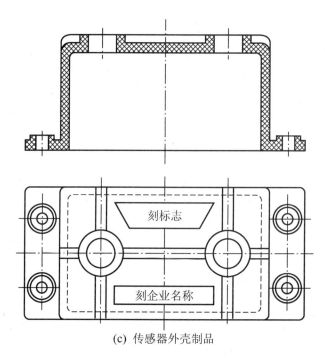

(c) 传感器外壳制品

图 12.5   传感器外壳冷流道液压模典型结构(续)

1—浇口套；2—温流道镶套；3—定位圈；4—密封橡胶圈；5—电热棒；6—定模固定板；7—定模导柱；
8、10—导套；9—动模导柱；11—盖板；12、27—石棉隔热板；13—定距拉板；14、18—石棉板；
15—定型腔镶件；16、17、45—复位压杆；19—动模板；20—动模型腔镶套；21、22、44—复位杆；
23—动模垫板；24—动模分流镶件；25—推杆；26—支承板；28—大支承柱；29—推杆、推管固定板；
30—推板；31—销钉；32—动模固定板；33—型芯；34—顶丝；35—小型芯；36—小顶丝；37、38—螺栓；
39—小推管；40—大推管；41—尼龙塞柱；42—内六角螺钉；43、46—螺钉；47—定距销钉；48—支块；
49—小支承柱；50—定模板；51—定模大型芯；52—分流锥

图 12.5 所示为一副典型的热固性塑料温流道注压模，一模两件，共用加料腔，二次分型，动模推出制品。

模具结构特点：

(1) 两个型腔共用一个加料腔，在动模型腔镶套 20 上。在加料腔内壁与定模型腔镶件 15 之间留有 0.1mm 的一整圈排气、排屑槽。动模型腔镶套 20 加料腔内壁上还有一圈宽 1mm、深 0.3mm 的半圆沟槽，目的在于使加料腔周围的飞边留在加料腔壁上，当制品成型后脱模时，利用推杆 25 连同制品一齐推出型腔。分流锥 52 注射时起分流作用。

(2) 浇口套 1 与温流道镶套 2 共同组成主流道的冷却保温系统，使主流道内的塑料料温保持在(100±5)℃的范围内，使之保持良好的熔融状态，不会固化。故称之为温流道。而定模固定板 6、支承板 26 和定模型腔镶件 15 的电热管，则可使型腔达到所需的固化温度，适时固化。

(3) 定距拉板 13 和尼龙塞柱 41 在开模时完成第一次分型使定模大型芯 51 脱离制品内壁。继而完成第二次分型，推管、推杆推出制品和加料腔的飞边。

(4) 第一次合模注射时，定模型腔镶件 15 与动模型腔镶套 20 之间留 2～3mm 间隙。当型腔和所留的间隙全部注满后，再进行第二次加压合模，将加料腔中 2～3mm 厚的熔料压入型腔。保压、保温固化成型后开模推出制品。

12.6　交换机按钮双清色注射成型模典型结构的设计实例

图 12.6 所示为交换机数字按钮双清色热流道注射成型模(一模 40 腔，平衡进料)结构设计实例。

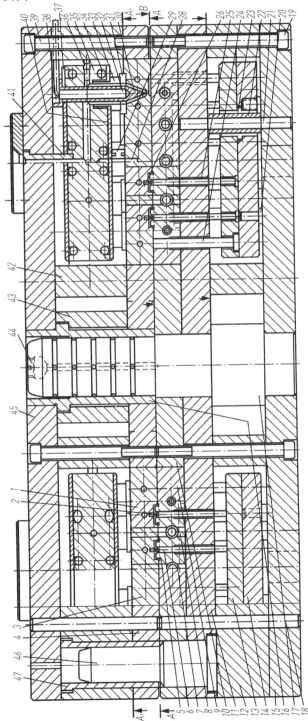

(a) 交换机按钮双清色注射成型模(主视图)

图 12.6　交换机按钮双清色注射成型模典型结构

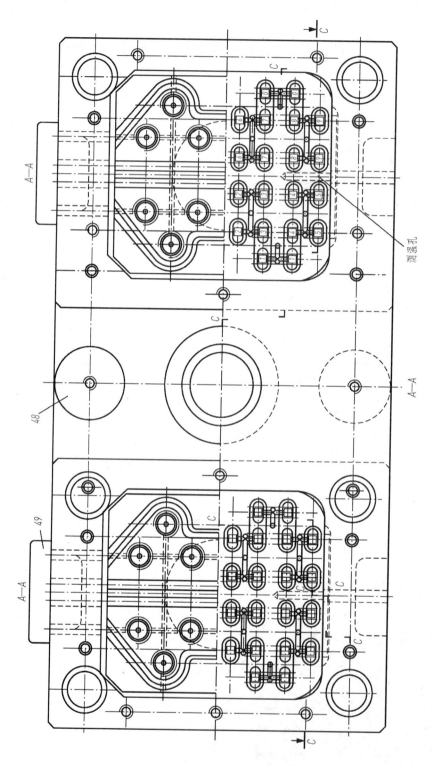

(b) 交换机按钮双清色注射成型模(俯视图)

图 12.6　交换机按钮双清色注射成型模典型结构(续)

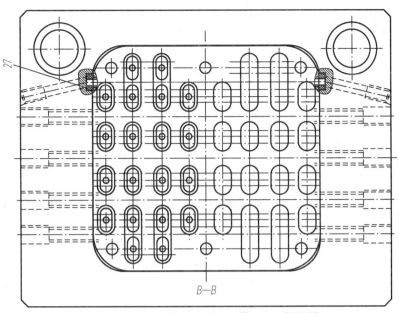

(c) 交换机按钮双清色注射成型模(*B—B* 剖视图)

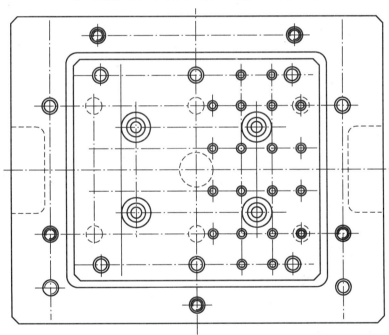

(d) 交换机按钮双清色注射成型模(*C—C* 剖视图)

图 12.6　交换机按钮双清色注射成型模典型结构(续)

1—定模型腔镶件；2—字芯；3、26—定模型腔镶件；4—定模型腔板；5—动模型芯镶件；6—中心推杆；
7—冷却管；8—小冷却管；9—动模型芯镶件；10—动模型芯板；11、12—支承板；13—推杆固定板；
14—推板；15—动模固定板；16—大导套；17—大导柱；18、21、28—定位销；19—螺杆；20—支承钉；
22—支承套；23—小导套；24—复位杆；25—中心推杆；27—密封圈；29—支承垫；30—热喷嘴；
31—垫板；32—电热管；33—喷嘴外套；34—电加热嘴；35—热流道板；36—堵塞销；37—上盖板；
38—石棉垫；39—螺杆；40—下盖板；41—浇口套；42—支承板；43、48—支承柱；44—顶丝；
45—定模固定板；46—导柱；47—导套；49—热电源接线盒

交换机按钮制品如图 12.7 所示。

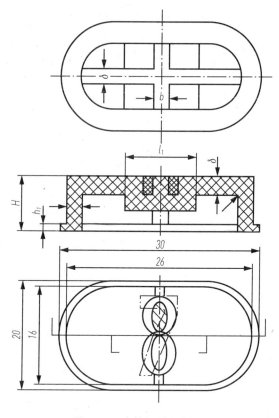

图 12.7　交换机按钮制品

1. 制品分析

图 12.7 所示制品是交换机上的数字按钮。按钮中的数字 0～9 为红色。按钮壳体为另一种不同的颜色。红色数字要求清晰、透明，易于判别，故必须用双清色注射成型模注射成型。因其需求量大，所以采用一模 40 腔的多型腔热流道结构。

2. 双清色注射模的特点

双清色注射模就是在双清色注射机上，将两种不同颜色的塑料按照制品的要求，有机地组合成一件塑料制品，使之成为具有两种颜色且尺寸界限分明的双清色塑料制品的成型模具。

在双清色注射模中，分别注射两种不同颜色的两个定模型腔，其形状和尺寸是有所不同的，而相对应的两个动模型芯及其推出结构则是完全相同的。将第一种颜色的塑料注入第一型腔成型冷却、固化定型后开模，动模型芯上此时是第一色成型的半成品。此时退离定模型腔后不需推出，而是随注射机的转动模板转动 180°并对准第二色的定模型腔，继而在第二次合模时进入第二型腔，注入第二色塑料，成型经第二次冷却、固化、定型后，动模型芯上已是双清色的成品了。型芯带着成品退离定模型腔后，推出机构推出制品，完成双清色制品注射成型的一次循环。

在多数情况下，第一色型腔往往比第二色型腔小，但只是一部分而不是全部(如果是全部，当注入第二色塑料时，第一色就被全部包起来了，就不是双清色)。

显然，第二型腔比第一型腔大的这部分空间，正是需要注入第二色的空间。这与印刷制品中两种色泽的图案或文字分两次套印来完成的情况十分相似。

另一部分即在第一型腔和第二型腔中均完全相同的部分，在进入第二型腔时与型腔密合，无第二色注入的空间。因此，仍保持从第一型腔中出来时的原色、原样。而这部分在进入第二型腔注入第二色塑料时，无形中起到了定位作用。它直接影响第一色与第二色之间的相对位置的正确性和一致性。

理论上，两个型腔中的这部分(即不需注入第二色的部分)应当完全一样，一丝不差，但这是十分困难的，尤其是复杂的制品。而正确、合理、能做得到的要求是：第二型腔稍稍大于第一型腔，但其具体数值应不超过该制品塑料的溢边值，过大会产生跑料现象，过小会压坏制品，造成废品，甚至损伤模具。

综上可知，这部分的表面积占产品总体表面积的比例越小且越简单越好，越易于模具制造；越大，越复杂就越不利于模具加工，甚至目前尚无法加工。因此，双清色注射模的设计与制造是有一定难度、一定局限性的。目前，并非所有制品都能做出双清色模。

双清色制品所用的两种不同色的塑料一般是同一种料，只是所添加的着色剂不同而已。也有用两种不同的塑料成型的(如装饰性的第二色选用透明料配色，晶莹、鲜艳而不同于第一色的塑料)，但两种不同的塑料必须是相容性好的塑料；否则结合不好，易于脱落或分离。

双清色注射成型多采用热流道结构，利于进行自动化的连续生产，废品率低，产品质量好，两种塑料能很好地结合。

3．双清色注射机的特点

双清色注射机的主要特点如下。

(1) 有两个、并列料斗、两组并列注射部件。

(2) 具有双工位、双向 180° 的转动模板和可靠的定位机构，能重复定位，精度达到要求；而且具有所需的冷却水道连接装置，能避免水管在转动时产生缠绕。

(3) 具有双工位的顶出装置。

本模具选用国产的 HTS150 型双清色塑料注射机。该机有下述主要功能，可满足此产品成型所需的各项要求：

(1) 有两组并列注射部件，为双缸平衡式注射系统；由计算机自控其注射压力、注射量和注射速度；有背压调节装置，易于调整和操作。

(2) 有料筒温控和数字显示并备有模温控制机。

(3) 双工位、双向 180° 模板转动装置并有液压定位销和固定定位销共同定位，保证转动模板的定位精度。

(4) 转动模板有模具所需的冷却水道连接装置，可避免模板转动时的缠绕和干扰。

(5) 有双工位、两对顶距为 200mm 的自动顶出装置并有多次振动顶出功能。

(6) 有计算机控制的电子尺，用以控制开模行程。

(7) 有故障显示报警和自动停机的安全功能。

4．模具结构特点分析

(1) 大导柱 17 的轴线中心是模具整体的中心，也是两套定模型腔(各 40 腔)的对称中心和动模型芯的回转中心。大导柱 17 是此模具加工动模型芯、定模型芯、型腔固定孔和其他各孔(如导柱导套孔、推杆孔、复位杆孔及螺钉销钉孔)的定位基准及动模型芯板、定模型腔板的配镗定位基准和回转定位中心。在成型过程中，动模开模或转动时，大导柱始终不脱离定模——不脱离大导套 16。因制品按钮的要求精度不高，所以大导套 16 用普通导套

即可。如果制品精度高，则可考虑改用无间隙配合的滚珠导套效果更好。

(2) 模具中的冷却管 7、小冷却管 8 既是冷却水的通道，同时又起到定位和固定动模型芯镶件 5 的作用。

(3) 制品在左侧定模型腔镶件 1 和动模型芯镶件 5 中成型时，字芯 2 在制品的中心留出 10 种数字(0～9)的空间。当动模开模退离定模型腔后，带着半成品的制品，转动 180°，定位，对准右侧的另一组定模型腔，之后合模，注入红色透明塑料，注满数字空间，冷却固化定型后开模，中心推杆 6 推出成品——中心带红色数字的按钮(机床的双顶出机构只需用右侧的顶出杆即可)。

12.7 集线槽盖板 2×2 叠层式注射成型模的结构

图 12.8 所示为电力机车电控集线槽盖板叠层式注射成型模(一模四腔)结构。

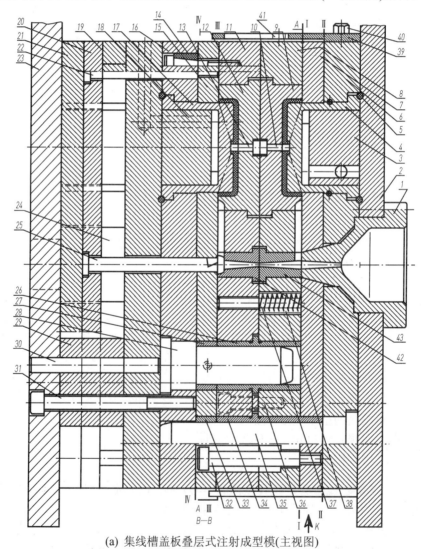

(a) 集线槽盖板叠层式注射成型模(主视图)

图 12.8 集线槽盖板叠层式注射成型模典型结构

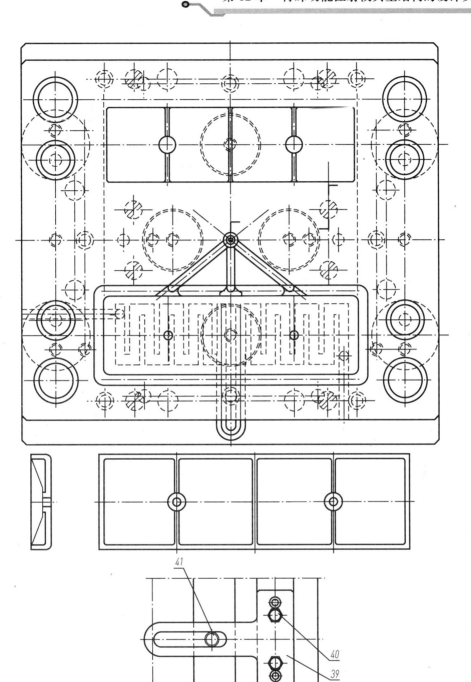

（b）集线槽盖板叠层式注射成型模(俯视图)

图 12.8　集线槽盖板叠层式注射成型模典型结构(续)

1—加深型浇口套；2—定模固定板；3—冷却镶件；4—定模型芯；5—密封圈；6—型芯固定板；7—推件板；8—右型腔镶件固定板；9—右型腔镶件；10—右端小型芯；11—左型腔镶件固定板；12—左型腔镶件；13—左端小型芯；14—尼龙柱塞；15—左推件板；16—左型芯固定板；17—动模型芯；18—动模冷却镶件；19—支承板；20—推杆固定板；21—推板；22—推杆；23—动模固定板；24—支承柱；25—拉料杆；26、34—长导套；27、33—短导套；28—导柱；29—支承；30—销钉；31、36、40—螺钉；32—定距拉杆；35—长导柱；37—柱销；38—弹簧；39—定距拉板；41—销轴；42—动模浇口套；43—上模浇口套在塑料制品生产中，常见到一些扁平的制品，如光盘盒、录像带盒及类似于本例所示的集线槽盖的工业制品，用叠层(即双层)式结构注射成型既能充分利用注射机，又能成倍地提高产量。

模具结构特点：本例所示的叠层模实际上相当于将两副双型腔注射模重叠组合起来，只是位于靠近浇口套一侧的一层模具无推出结构，靠定距拉杆 32 和推件板 7 使制品脱模。当然，在制品需要时同样可以设置一整套完整的、与动模推出机构无异的结构来推出上层的制品。其推出机构可以采用拉杆、拉板、齿轮齿条，也可采用油缸、气缸等结构。

直角式注射机最适于成型叠层结构模具生产的扁平型制品，可直从侧面进料，大大缩短浇道口长度，更加简便、省料。

(1) 浇口套做成加长型，直抵右型腔镶件固定板 8 的上平面。浇口套大端倒角，代替定位圈。

(2) 弹簧 38 在开模后实现第一次分型。制品随定模型芯 4 脱离右型腔镶件 9 型腔。定距拉杆 32 实现第二次分型使推件板 7 将制品从定模型芯 4 上推出，完成上层两件制品的脱模。与此同时，两侧的 4 件定距拉板 39 拉住左推件板 15 不再后退，而动模继续后退，使动模型芯 17 脱出制品，完成下层两件制品的脱模。

(3) 冷却镶件 3 和动模冷却镶件 18 端面的 S 形循环冷却水通道冷却效果良好，但镶件表面应镀铬，以免生锈。使用中，每年至少应清洗一次，以防堵塞。

(4) 8 个支承柱 24 对称、均衡排列，受力均衡，平稳，制造、装卸简便。

(5) 上层的主浇道凝料试模时，手工取出，投产后自动化生产时，用机械手取出。

12.8 筋条注射模气辅成型典型结构的设计实例

气辅成型就是塑料制品在注射成型过程中用带有气阀可通入气体的专用喷嘴，将氮气加以一定的压力压入制品结构中较厚的部分，形成中空结构。此工艺即气辅成型工艺，而所用的、装有气嘴的模具即气辅成型模具。

气辅成型工艺过程示意图如图 12.9 所示。在一般的气辅成型制品中，气辅成型部位的截面形状如图 12.10 所示。

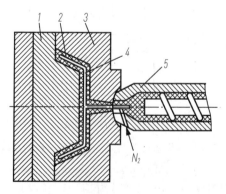

图 12.9 气辅成型工艺过程示意图

1—动模型芯；2—塑件；3—定模型腔板；4—气层夹芯；5—注射机喷嘴

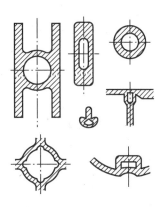

图 12.10　气辅成型制品的截面形状

　　制品筋条的截面酷似等边三角形的比例尺。此制品，采用普通注射无法解决因中心部位过厚而产生的缩坑和长度方向的翘曲变形，设计成气辅中空成型结构，其效果甚佳。气辅成型注射模典型结构如图 12.11 所示。

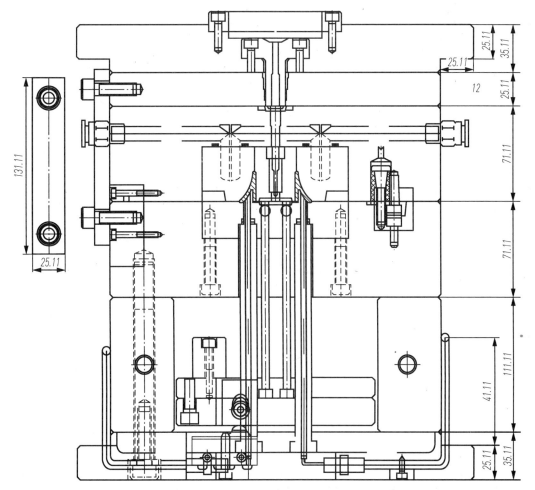

图 12.11　气辅成型注射模(主视图)典型结构

12.9 冰箱手柄气辅成型典型结构的设计实例

冰箱手柄气辅成型结构如图 12.12 所示。

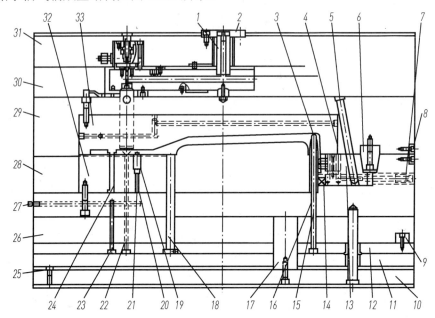

图 12.12   气辅注射模(主视图)典型结构——冰箱手柄气体辅助注射模具结构

1—热流道系统；2—定位圈；3—滑块镶针；4—镶针压紧块；5—斜导柱；6—压块；7—加长水嘴；
8、9—限位块；10—下模座板；11—推板；12—推杆固定板；13—滑块；14—弹簧；15—镶件；
16、18、22、23—推杆；17—支撑柱；19—气针套管；20—密封圈；21—气针；24—镶块；25—螺钉；
26—垫块；27—气嘴；28—型芯固定板；29—型腔固定板；30—热流道板；31—上模座板；
32—下型芯；33—下型腔块

12.10   周转托盘热流道大型注射模的结构的设计实例

图 12.13 所示为某饮料厂用的 1600mm×1260mm×680mm 叉车周转托盘热流道大型注射模。

按照通常概念，大型注射模一般指所需锁模力在 500tf(1tf＝9.80665×10³N)以上，制品所需注射量在 1000g 以上的成型模具。多数大型模具的模板投影面积均在 1000mm×600mm 或更大。

中小型模具的模板均用 45 钢锻调加工，可满足使用要求。但大型模具的模板最好选用 60 钢锻调(如时间允许，最好在锻调并进行粗加工后，再进行一定时间的自然时效处理以消除内应力)。45 钢属于中碳钢，强度刚度均不及 60 高碳钢，变形也较大。

另外，大型模具的型腔侧壁厚度、底板厚度、受力件、支承件都应进行认真严格的核算，以保证足够的刚度和强度，尤其是刚度。

模具结构分析：

(1) 此模具结构并不复杂，也无侧向抽芯。型腔型芯均为镶拼组合结构，而且镶拼面与分型面均为平面，易于加工和保证精度。因制品较大，为保证其质量，故只能采用热流道结构。而型腔热喷嘴的进料位置的确定则是此模具能否顺利成型的关键。

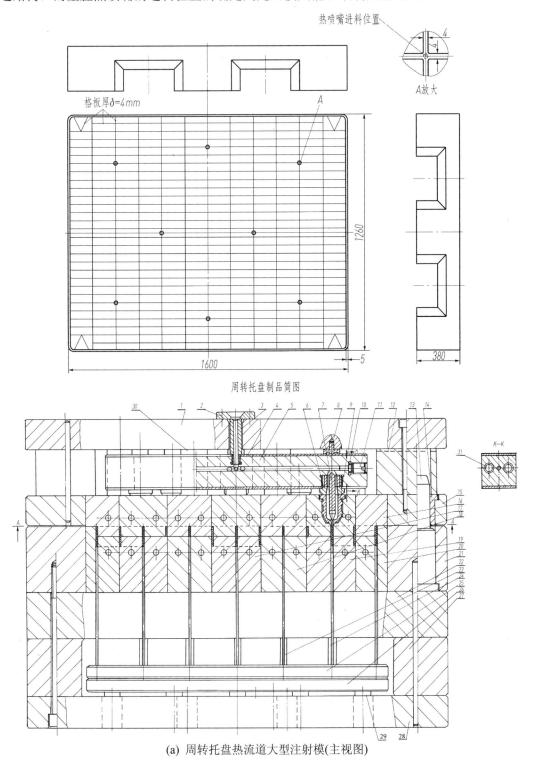

(a) 周转托盘热流道大型注射模(主视图)

图 12.13　周转托盘热流道大型注射模典型结构

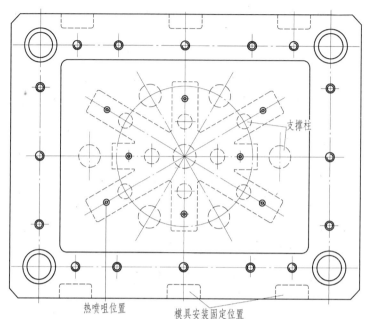

(b) 周转托盘热流道大型注射模(俯视图)

图 12.13 周转托盘热流道大型注射模典型结构(续)

1—定模固定板；2—定位圈；3—浇口套；4—热流道盖板；5—热流道板；6—浇口衬套；7—热流道梭芯；
8—隔热垫块；9—热喷嘴；10—挡销；11—顶丝；12—定模支承；13—导柱；14—导套；15—定模型腔板；
16—定模镶套；17—动模镶件；18—动模型芯；19—动模型芯；20—动模镶套；21—动模型腔板；
22—支承板；23—推杆；24—复位杆；25—推杆固定板；26—推板；27—支承；28—动模固定板；
29—支承钉；30—上支承柱；31—电热管

在参考和分析了国内外同类制品和模具结构之后，经反复核算，设计了图 12.13 所示的热流道板结构和 8 个热喷嘴的进料口位置。实践证明，此设计是正确的，能保证产品的质量和生产的正常进行。

(2) 与注射机固定模板之间及支承板 22 与支承 27 之间，均应垫以 10mm 厚的隔热石棉板。其作用如前所述。

(3) 模具的每件模板，凡质量超过 25kg 的，均应在其厚度 1/2 处的中心线位置上加工 M10～M12 的吊环螺钉孔，以便于各工序的加工和钳工装配、修磨。

(4) 大型模架已有国家标准，也有专业厂进行生产和供应，可参考选用或订购。

(5) 此模具用 60 钢加工，在锻造调质和粗加工后又进行了一定时间的自然时效处理，取得了较好的效果。

12.11 高仿真双频扬声器盆架精密注压模结构的设计实例

图 12.14 所示为双频扬声器盆架精密注压模结构图(一模四腔，对称排列，平衡进料，冷流道系统)。

这是一副一模四腔的热固性塑料精密温流道注压模。精密指：①制品的尺寸精度要求较高，致使模具成型部分的尺寸精度达到微米级；②制品的形位精度要求较高，使模具的形位精度达到微米级，还包括有关的使用要求，如表面质量(表面粗糙度)、透光率、耐温等要求。

在国内外，扬声器盆架均为薄钢板冲压、拉伸成型。而这种专用钢板在 20 世纪 60 年代初尚依赖于进口。为降低成本并从根本上解脱对进口钢板的依赖，故将此产品改为塑料制品，并由此而设计、试制了一副一模一腔的热固性塑料盆架压缩模，进行试产和产品的性能对比性试验。在取得了一些宝贵数据和经验之后又相继设计、制造了一模四腔压缩模及其相应的自动装料、送料，自动压制、出模，自动清理型腔等自动化生产辅助装置，解决了当时的燃眉之急。之后，为满足市场对高仿真、高清晰度立体音响的需求，又设计、研制了精密、温流道注压模。

1. 产品分析

(1) 此盆架(图 12.15)是双频扬声器(即高、低音双频立体声高仿真、高清晰度扬声器)的主体零件。它不同于普通扬声器之处是同时具有两个纸盆(即高频音圈的小纸盆和低频音圈的大纸盆)，并将这两个纸盆分别紧固在图 12.14 所示盆架的 A、B 两个平面上，使大、小两个音圈尽可能同心地套在一起，保持其周围间隙，使其尽可能均匀(即误差不超过0.05mm)。同时还要求与固定在 C 面上的恒磁性磁铁的圆心，也尽可能同心。三者的平行度、同心度越高，大、小音圈之间的间隙就越均匀，产品的仿真度、清晰度也就越高，音响效果也就越好。双频扬声器盆架精密注压模局部视图如图 12.16 所示。

(2) 产品要求在 $-48 \sim +80$℃ 的环境中能连续正常工作，并保持其规定的音频效果。

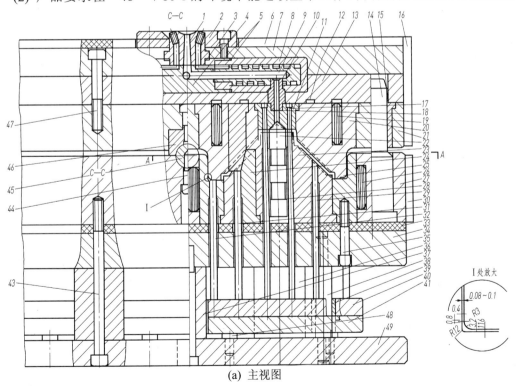

(a) 主视图

图 12.14　双频扬声器盆架精密注压模

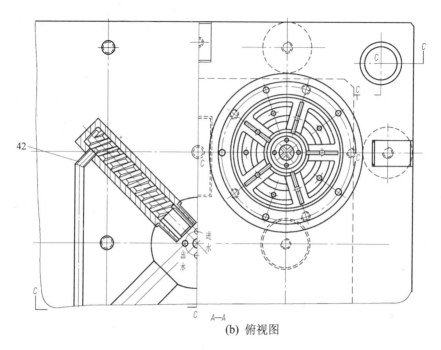

(b) 俯视图

图 12.14　双频扬声器盆架精密注压模(续)

1—冷流道浇口套；2—定位环；3、5—密封垫；4—浇道连接镶件；6、16、30、33—石棉板；7—定模座板；8—外套；9—螺旋杆冷流道；10—浇道连接套；11—定模中心镶件；12—隔热槽；13—定模垫板；14—导柱；15—导套；17—定模型芯；18—定模镶件；19—定模型腔加热环；20—定模型腔镶套；21—定模板；22—分流锥型芯；23—动模大型芯；24—动模镶件；25—动模型腔镶套；26—动模加热环；27—动模板；28、29、32—推杆；31—复位杆；34—支承板；35—紧固螺钉；36—支承柱；37—支承块；38—小导柱；39—小导套；40—推杆固定板；41—推板；42—模内冷流道塑料管(PVC)；43—动模紧固螺栓；44—螺钉；45—精密定位销；46—精密定位块；47—定模紧固螺栓；48—支承钉；49—动模座板

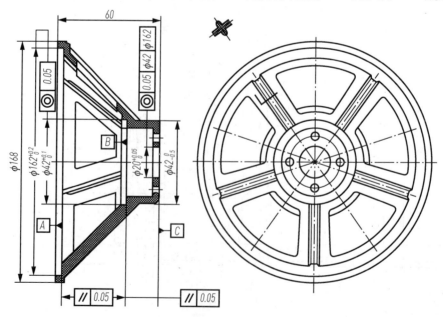

图 12.15　高仿真双频立体声扬声器盆架结构简图

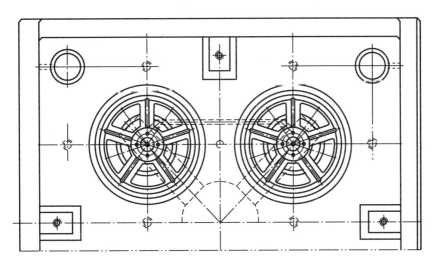

图 12.16　双频扬声器盆架精密注压模局部视图

以上两项要求已明确无误地决定了此产品的要求：

① 必须用热固性塑料，而且要求是收缩率小、变形小、强度高、高温下固化均匀、热刚性好的改性热固性塑料。

② 必须用注射、压缩工艺成型，并有高精度的注压模来保证盆架的精度要求；否则，质量无法达到要求。

另外，由于生产批量大，为避免冷凝固化流道废料的产生，从而节约材料，降低成本，模具结构采用温流道结构。

2. 模具结构分析

(1) 同心度和平行度要求的尺寸为 $\phi 162^{+0.2}_{0}$ mm、$\phi 42^{+0.2}_{0}$ mm、$\phi 20^{+0.05}_{0}$ mm，设计在同一零件动模大型芯 23 上。分流锥型芯 22 按 H7/k6 配合要求装入动模大型芯 23，与动模大型芯 23 一同加工。分流锥型芯 22 大端有上转销；动模大型芯 23 两端磨平，以大端端面为基准，在精密仪表车床上，将 $\phi 162$mm、$\phi 42$mm、$\phi 20$mm 依次车好后，换上修好的专用砂轮，用专用夹具夹好对此 3 个尺寸及分流锥型芯 22 小端的分流锥锥面进行精磨，可保证此 3 个圆同 A、B 两面同心度误差和平行度误差均控制在 0.005mm 之内。

(2) 定模中心镶件 11 与分流锥型芯 22 配合锥面研磨，涂红粉，其接触均匀，红粉面接触 90%以上；定模镶件 18 与动模镶件 24 的配合斜面研配，涂红粉，接触面 90%以上；定模镶件 18 与动模镶件 24 下端端面接合处的避让不可忽视，它使定模镶件 18 和分流锥型芯 22 之间的镶拼密合变得相对容易，否则难度更大。

(3) 定模型腔镶套 20、动模型腔镶套 25 加压合模、合严之后使所留排气间隙的飞边全部切断，制品击模后无飞边。

(4) 定模型腔镶套 20 与动模型腔镶套 25 之间虽留有排气间隙，但因为有两对相互成 90° 的精密定位卧销 45 和精密定位块 46 进行定位，可保证动、定模型腔的同心度保持在微米级的范围内。

(5) 温流道板设有互成 90° 的四件螺旋状冷却螺杆，使温流道板和浇口套的温度保持在 90～180℃之间，保证流道中的塑料保持熔融状态不交联固化。

(6) 推杆分布对称、均衡，制品受力均匀平稳，不会产生变形。

附录 1   注射模课程设计指导书

一、注射模课程设计的性质、目的和作用

1. 性质

注射模课程设计是模具设计与制造专业的学生，在学习《注射模设计方法与技巧实例精讲》和《模具制造》的过程中进行的一次非常重要的、目的性和针对性都很强的、理论知识与专业技能培训紧密结合的综合实操、实训课。

注射模课程设计课程离不开《机械制图》、《机械设计与制造技术》、《互换性与技术测量》、《金属加工工艺学》、《金属切削与电加工机床》、《金属材料与热处理》及《计算机辅助设计与应用技术》等基础专业知识的支撑，并将上述各基础专业知识与《注射模设计方法与技巧实例精讲》和《模具制造》这两门专业课，综合应用于现代塑料制品设计和成型技术中的注射模设计环节之中。

2. 目的

进行注射模课程设计的目的，就是加强对学生进行注射模具设计技能的培训和指导；使学生将《注射模设计方法与技巧实例精讲》和《模具制造》这两门专业课的理论，与其设计方法和技巧的专业技能进行有机的联系，并通过实操、实训予以巩固，加深其了解，真正掌握其设计方法和实操技巧。

3. 作用

(1) 使学生通过注射模课程设计的实操、实训，对上述专业课的基础理论知识、实用技巧，进行一次综合、全面的复习和检测。对学生既有巩固和提高的作用，也对其掌握程度进行检测和跟踪。而对于本专业课的教师而言，一是通过注射模课程设计的实操、实训，对学生有更加深入和更加具体的了解，以利于针对不同的学生因人施教，采取不同的、更具针对性的教育方法和教学手段进行辅导和帮助；二是利于执教者，针对学生在注射模课程设计中出现的实际问题，对所采用的教材及所实施的教学思路和方法进行审视、分析、总结，以达到改进和提高的目的。

(2) 使学生通过课程设计，在综合应用上述各基础知识和专业知识，参阅各种技术资料，进行分析、对比、计算、设计及发现问题、纠正错误、解决问题的过程中，逐步学会举一反三、触类旁通的逻辑思维方法并逐步掌握这一方法。

(3) 使学生通过这一实操、实训环节，学会搜寻、查阅和应用相关的国家标准、行业标准和技术资料并掌握正确的学习方法——理论紧密联系实际的方法，养成不断学习进取的良好习惯，从而受益一生。

(4) 为周边企业，特别是台资企业培养、造就技能型的、能从事塑料制品和注射模具设计、制造、维护修理和相关基础管理工作的人才，使其掌握的专业理论知识能支撑所从事专业工作，使其所掌握的技能适用且基本够用，毕业时真正实现零距离就业、上岗。

二、课程设计的时间、地点和进度要求

(1) 时间：总共两周、每周五天。

上午：8:10～11:40;

下午：13:30～17:00;

共 7 小时，中午不休息。

(2) 地点：本院，第一教学大楼，机电工程系 103 综合实训室；本院，第三教学大楼，机电工程系 226 和 228 模具设计、制图室。

(3) 进度要求：总的要求是两周内全部完成。

第一周：

① 完成塑料制品二维结构图和三维造型图的绘制。

② 完成注射模总装配图、主要零件图，即型腔、型芯、A 板和 B 板的生产用工作图的绘制(总装配图用 A1 或 A2 图纸；型腔、型芯、A 板和 B 板，根据不同大小、不同结构的模具，可分别采用 A2、A3 或 A4 图纸绘制)。

③ 绘制图纸时，即可手工绘制，也可用 CAXA、AutoCAD、PRO/E 或 UG 等绘图软件绘制。

第二周：

① 周一至周三完成课程设计说明书的撰写和打印、装订。

② 周四至周五进行课程设计答辩，周五 16:30 前全部结束。

三、对学生设计能力的要求

(1) 能设计一般常用的、不太复杂的注射模具，并能正确选用相关的国家标准、行业标准和技术资料。

(2) 对模具零件的三维结构，具有初步的理解力和想象力；对模具总装结构的三维空间配合关系，具有初步的理解力；初步具有举一反三的逻辑思维和分析的基本能力。

(3) 能较熟练地用手工或应用计算机辅助软件，绘制常用塑料制品的二维工作图和三维造型图；绘制注射模的总装结构图和主要零件图。做到图面清晰、布局恰当、结构合理，计算正确。

(4) 根据注射机的型号、规格和相关技术参数，能正确计算并确定注射模的合理型腔数，从而正确选择标准模架。或者根据所需要的模具型腔数，正确计算并确定与之匹配的注射机的型号、规格。

四、注射模课程设计的步骤与方法

(1) 学生领取的资料。学生需要领取的资料有《注射模课程设计任务书》、《课程设计指导书》、《中、小模具标准模架》、《注射模标准件》、《注射模课程设计范例》、《注射模课程设计说明书范例》、《注射模设计、制造论文范例》。

注射模课程设计任务书的下达共三种方式：

① 学生按指导教师指定的塑制品或塑制品的二维工作图和技术要求，绘制三维造型图，并完成其注射成型模具的设计和模具设计说明书的撰写。

② 学生按抽签抽到的塑料制品,进行测绘,绘制出二维工作图和三维造型图,并完成其注射成型模具的设计和模具设计说明书的撰写。

③ 允许学生自选。在塑料样品和塑制品图中均有一般较简单的、中等难度的、有一定难度的和比较复杂、有相当难度的共四种。允许学生根据其自身的能力和所掌握的知识水平自行选择,以充分发挥学生的主观能动性、积极性。

④ 评分标准:一般较简单的,评分标准为60~70分;中等难度的,评分标准为70~80分;有一定难度的,评分标准为80~90分;比较复杂、有相当难度的,评分标准为90~100分。

评分所遵循的原则是公开透明,公平合理。学生可随时查阅、询问。

(2) 消化、分析、掌握相关资料。

① 深入、透彻地了解、掌握塑料样品材料的成型性能、用途及其成型工艺参数和对模具的相关要求及成型中易产生的成型缺陷和解决方法。

② 深入、透彻地了解、掌握制品工艺结构的特点和可能存在的问题及制品尺寸(是否完整)、精度(是否合理)、表面质量要求(是否恰当)和装配要求等。

③ 认真查阅,熟悉并掌握国家标准、行业标准和领到的各类相关技术资料,以及本课程设计指导书的内容和各参考范例的内容,为设计做好充分准备。

(3) 选择、确定分型面。根据选择、确定分型面的相关原则,参考注射模各类分型面的典型结构认真思考、分析确定其制品的正确分型面。

在选择、确定分型面过程中,可以与同学相互切磋、讨论;也可以与指导教师进行交流,讨论、进行分析对比。不但要求选对,还应真正弄懂。

(4) 确定成型部分(即型腔、型芯)的具体结构。参考《注射模型腔、型芯典型结构设计范例》,先将初步确定的、总装图中型腔、型芯部分的三个视图结构画好,再反复进行分析、推敲比较,以确定其结构的合理性、工艺性的正确无误,为下一步选择、确定标准模架创造有利条件。

(5) 计算各成型部位的成型尺寸。

型腔:计算制品各外表面的所有尺寸和中心距。

型芯:计算制品各内表面的所有尺寸和中心距。

计算前,应首先根据制品塑料说明书提供的收缩率,再根据制品结构特点进行分析,初步确定各成型尺寸及不同方向的不同收缩率。

(6) 需要进行侧抽芯的制品应首先分析其结构,是否有改进的可能。以求尽可能避免侧向分型和抽芯,简化模具结构,缩短模具设计时间。

制品结构,如果必须进行侧向分型与抽芯而不能改动,则应首先计算其抽芯距,再根据抽芯距的大小和制品的结构及尺寸精度要求,参考《注射模侧向分型与抽芯典型结构设计范例》,初步选定相应的侧向分型与抽芯结构。

① 抽芯距小的,如6mm以内的,可以考虑采用弹簧抽芯,能大大简化模具结构。

② 抽芯距大于6mm,小于16mm的,可考虑采用斜推式、立式燕尾槽或T形槽滑块推出式分型脱模结构或斜楔式及导滑销和斜槽导滑板类的推出脱模结构。其结构也相对比较简单,易于加工。

③ 一般的抽芯距(16mm以内的),可采用斜导柱、斜推、斜导滑板内推或外拉式侧向

分型结构。大距离抽芯距可采用变角弯销结构，也可直接采用油缸完成侧向分型和抽芯。

④ 弧形制品大抽芯距，可采用摆杆(或摆板)结构，也可设计为齿轮带动弧形齿条实现。在初步选定侧向分型与抽芯结构时，还应设计相应的定位、锁紧结构和复位结构。

(7) 根据之前所确定、设计的型腔数和制品的结构特点，参考《注射模浇注系统典型结构设计范例》，选择、确定正确的浇注系统结构。

(8) 根据制品的不同结构和精度要求，参考《注射模导向与定位典型结构设计范例》，设计相适应的导向和定位结构。对于一般制品，标准模架中的导柱、导套即可满足要求，无须再行设计。高精度制品，尤其是位置精度要求高的制品和侧面积较大、侧向压力大的制品，除了标准模架中的初定位导柱与导套之外，尚需设计斜面或锥面的精定位锁紧结构，或添加模仁的锥面精定位锁紧结构。另外，在推杆、复位杆固定板和推板的推出脱模结构中，加装导柱、导套，甚至加装滚珠轴承精定位导柱导套，以保证推出脱模时的平稳、可靠，保证制品被推出时，受力平稳、均衡，不变形。

(9) 根据制品结构尺寸的大小、壁厚的厚薄、型腔的多少，参考《注射模设计实例图集》和本书第三部分，选择确定最佳温度调控结构，并初步确定冷却(或加热)水道的结构尺寸和相互位置。

(10) 审视上述各部分的结构、尺寸和相互配合，校核各部零件的强度、刚度(中、小模具以强度为主，大型模具以刚度为主)。校核是为了最终确定其所选标准模架的型号、规格(原来首选的型号要是小了，再加大一个型号；如果大了，改小一个型号)。

(11) 根据不同制品材料和模具结构、精度，确定是否设计排气和溢料结构。对于成型ABS、聚酰胺等吸水性强的制品，如果制品精度高，模具配合精度相应较高，其配合间隙相对较小，则必须设计排气或溢料结构。如果制品为 PE、PP 等吸水性差的制品，精度又较低，则模具为一般精度，间隙相对较大，可起到排气作用，不必再设计、加工排气或溢料结构。

(12) 完成上述设计后，在总装配图上标注零件序号、模具的合模高度，推出制品的最大推出距和模具的长、宽尺寸。

(13) 填写总装配图中标题栏的各项内容、明细表的各项内容及相关的各项技术要求(数字、文字清晰、整齐，内容完整，图面整洁，尺寸完整，表格规范)。

(14) 设计者郑重签名，填签名日期，以示负责。最终完成模具设计。

五、注射模课程设计说明书的内容和撰写要求

1. 注射模课程设计说明书的内容

(1) 对塑料制品的分析。

① 对制品塑料的分析和说明：包括对塑料成型性能(流动性、收缩性、相容性、吸湿性、热敏性、结晶性与方向性、应力开裂)、用途和成型工艺参数(成型的温度、压力和时间)的分析和说明。

② 对制品结构工艺性的分析和说明：包括对制品制品结构特点、外形尺寸和精度、壁厚、脱模斜度、孔、加强筋等结构的分析和说明。

③ 对制品可能产生的成型缺陷(如缺料、熔接痕、变形、开裂、气泡、水纹、顶白或顶黑等)的估计、分析和解决方法的说明。

(2) 分型面是如何选择和确定的？(以简图说明)

(3) 对所设计的型腔、型芯结构，以简图详细说明；对制品不同方向尺寸的收缩率所做的分析和确定；计算各成型尺寸并列出详细的计算式。

(4) 型腔数是如何确定的？是哪种型号、规格的注射机？按注射机的锁模力，还是按注射机的注射容量计算的？(列出详细的计算式)

(5) 对于侧向分型与抽芯的制品，根据制品结构特点、抽芯距的大小，用简图说明其侧向分型与抽芯的结构特点和原理及定位、锁紧的结构、原理和抽芯距的计算。(列出详细的计算式)

(6) 根据制品的结构特点和不同的型腔数，用简图分析、说明所选择、确定的浇注系统的结构和型腔位置的排列。

(7) 对所选择、确定的定位、导向结构的分析、说明。

① 以简图说明定位圈、浇口套与定模固定板之间相互配合的结构和要求。(定位圈是平置的还是镶入式的？浇口套是普通的、销钉止转型的，还是加深型的？)

② 以简图详细说明：导柱、导套除了标准模架中已设置好的，是否设置了二次精定位结构？哪一种结构？在推杆、复位杆或推管固定板和推板所组成的推出结构中，如果设计了导向结构，是哪一种结构？用简图详细说明。

(8) 对所设计的推出脱模结构和复位结构的特点、原理，以简图详细说明。

(9) 对所选择、确定的、动模与定模温控结构的特点和原理，用简图详细说明。

(10) 是否设计了排溢结构？哪一种结构？用简图说明。如未设计排溢结构，为什么？

(11) 简述模具主要零件所选用的钢材并说明其名称、代号、主要优点及热处理规范。

(12) 通过此次注射模课程设计，有何收获？有何体会？

2. 注射模课程设计说明书的撰写要求

(1) 重点突出，阐述简要，遣词恰当(尤其是专业词汇)，文笔通畅，字迹清楚，书面整洁，排版得当。

(2) 用 A4 计算机打印纸打印、装订(除封面外，每页都应当有页数)。

(3) 装订次序要求：

首页：注射模课程设计封面；

第 2 页：设计任务书；

第 3 页：塑制品的二维工作图；

第 4 页：塑制品的三维造型图；

第 5 页：注射模总装配图；

第 6 页：型腔部位的零件图；

第 7 页：型芯部位的零件图；

第 8 页：定模型腔固定板(A 板)(零件图)；

第 9 页：动模型芯固定板(B 板)(零件图)；

从第 10 页起：注射模课程设计说明书；

最后一页：对此次注射模课程设计的意见和建议，以及对此次注射模课程设计指导教师的意见和建议。

附录2 为课程设计提供参考的50例 塑料制品结构尺寸图

(1) 参加课程设计的学生，每人一件注射成型制品，按《塑料注射成型模具课程设计指导书》的要求，参照塑料注射成型模具课程设计范例》和发放的课程设计参考资料，进行课程设计。

(2) 参加课程设计的学生，按课程设计说明书撰写指南的要求，参照《课程设计说明书撰写范例》，为所设计的模具撰写课程设计说明书。

(3) 供学生课程设计用的制品的结构、尺寸，如下列各图所示(制品或图纸，由学生抽签领取)。

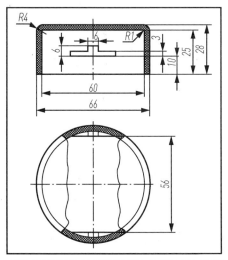

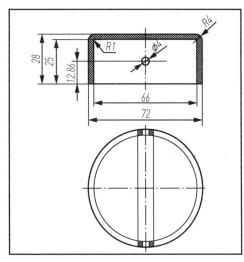

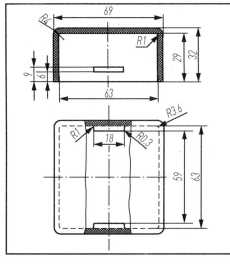

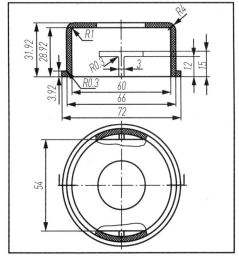

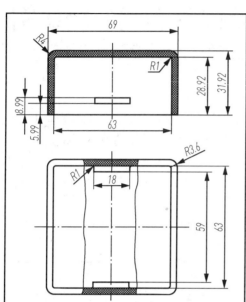

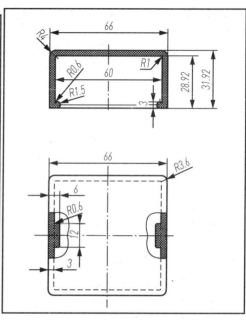

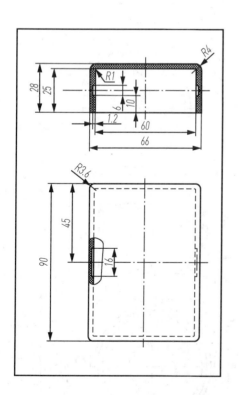

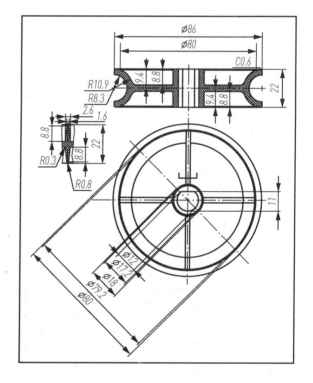

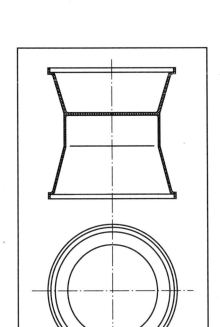

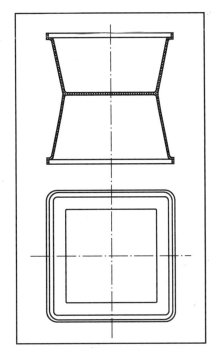

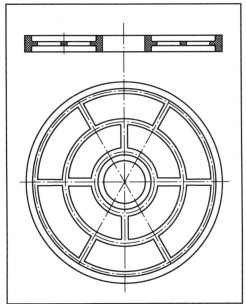

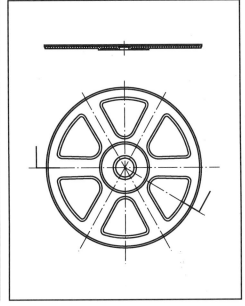

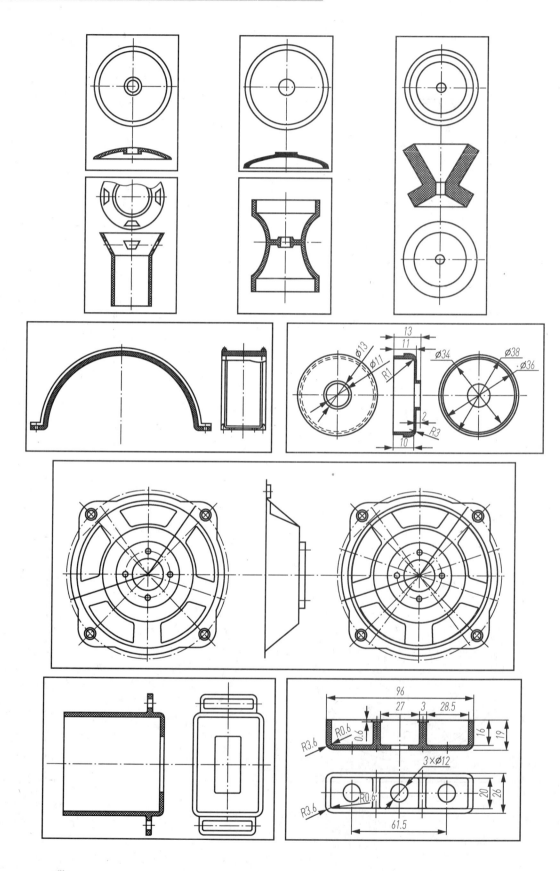

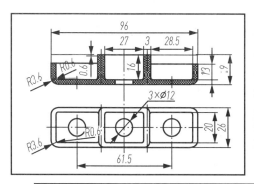

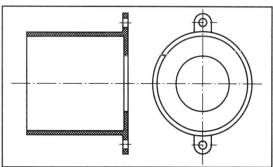

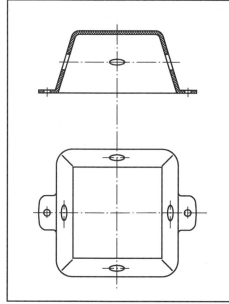

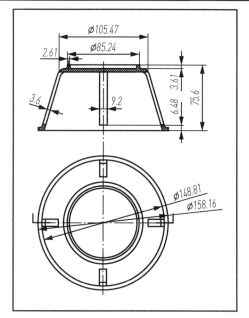

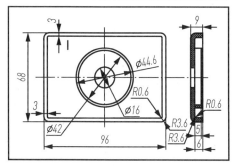

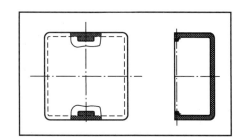

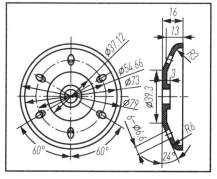

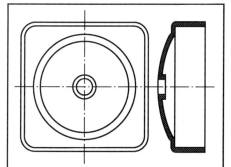

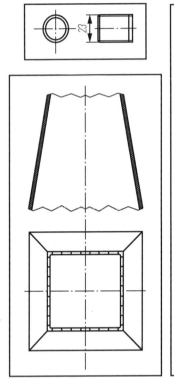

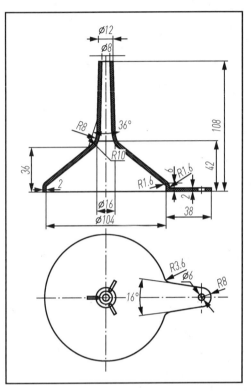

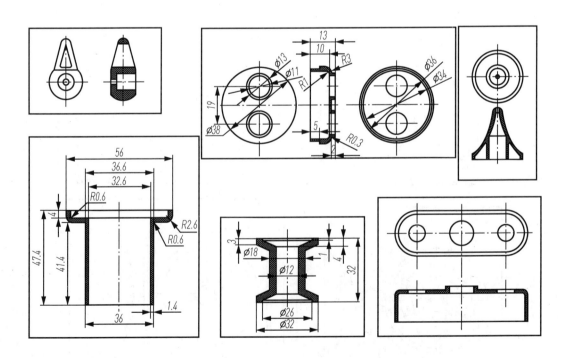

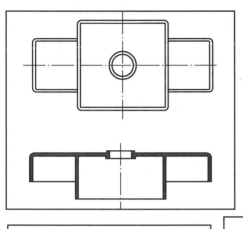

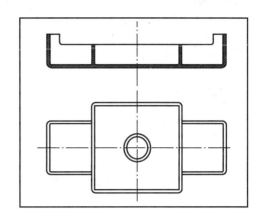

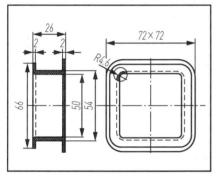

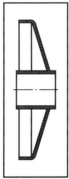

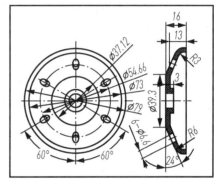

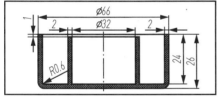

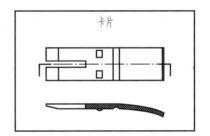

卡片

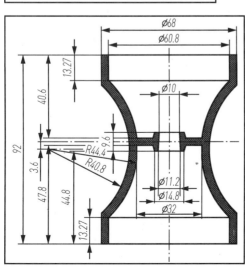

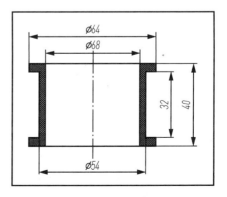

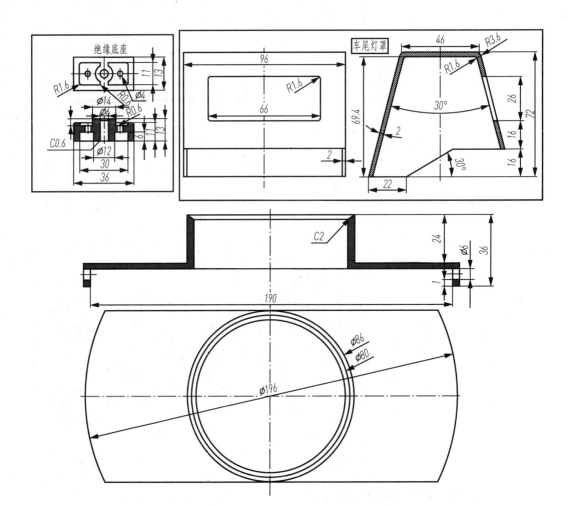

绝缘底座

车尾灯罩

附录3 内地与港、台地区模具零件习惯称谓对照

内地	港、台	内地	港、台	内地	港、台
定模固定板	固定侧装设板	带法兰导套	托司(或杯司)	直导套	直司
动模固定板	活动侧装设板	中兰导套	中托司	型芯	活动嵌件
型芯固定板	活动模板	推杆	顶针	拉料杆	勾针
流道推板	水口推板	定位圈	定位器	弹簧	弹弓
推杆固定板	回针板 (或前顶板)	推管(顶管)	司筒	挡销	垃圾钉
推板	后顶板	(推管)型芯	司筒针	导滑槽	行位
浇口套	唧嘴	压板部位 (压板槽)	码模槽	点浇口	小水口
浇口	入水(或水口)	垫块	方铁	直接浇口	大水口
支承板	活动靠板	导柱	直边 (或导承销)	注射成型	射出成型
侧芯滑块	滑动模芯	销钉	管钉	分模隙	托模槽
斜导柱	倾斜销	支承柱	撑头	动模固定板孔 (注射机顶杆孔)	KO孔

附录 4　常用注射模的标准模架

龍 記 模 架
LUNG KEE MOULD BASE

大水口系统
SIDE GATE SYSTEM

訂貨名稱 How To Order：

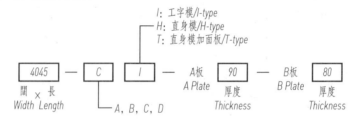

I: 工字模/I-type
H: 直身模/H-type
T: 直身模加面板/T-type

| 4045 | — | C | I | — | A板 A Plate | 90 | — | B板 B Plate | 80 |

闊 × 長
Width　Length

A, B, C, D

厚度
Thickness

厚度
Thickness

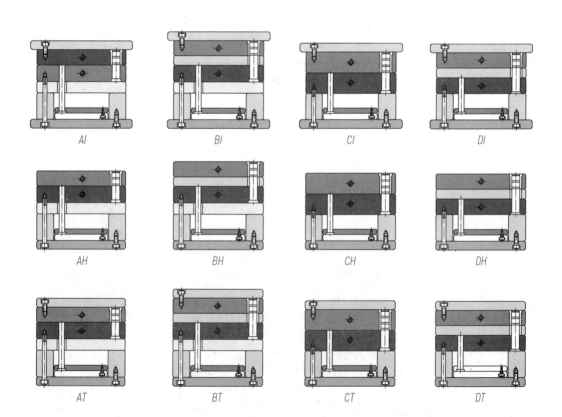

AI　　　　BI　　　　CI　　　　DI

AH　　　　BH　　　　CH　　　　DH

AT　　　　BT　　　　CT　　　　DT

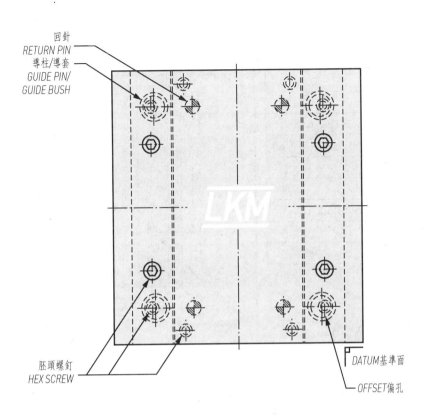

回針
RETURN PIN

導柱/導套
GUIDE PIN/
GUIDE BUSH

LKM

胚頭螺釘
HEX SCREW

*DATUM*基準面

*OFFSET*偏孔

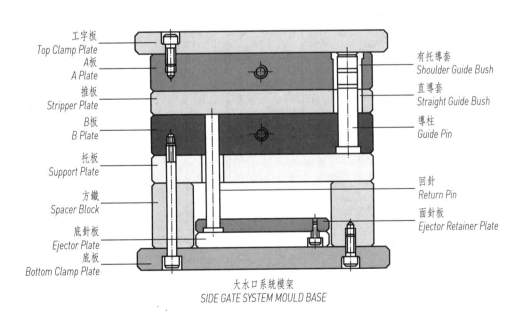

工字板
Top Clamp Plate

A板
A Plate

推板
Stripper Plate

B板
B Plate

托板
Support Plate

方鐵
Spacer Block

底針板
Ejector Plate

底板
Bottom Clamp Plate

有托導套
Shoulder Guide Bush

直導套
Straight Guide Bush

導柱
Guide Pin

回針
Return Pin

面針板
Ejector Retainer Plate

大水口系统模架
SIDE GATE SYSTEM MOULD BASE

1515

面板濶度/Plate Width	PW
直身模/H-Type	150
工字模/I-Type	200

AB 板厚度/AB Plate Thickness							
25	30	35	40	50	60	70	80

標準方鐵/Spacer Block	60
加高方鐵/Higher Spacer Block	70

吊環絲孔/Eyebolt	M12

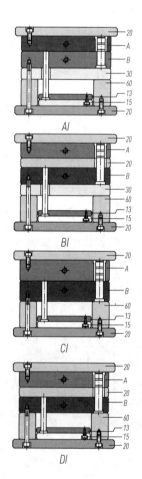

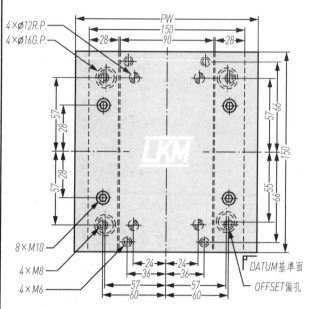

1518

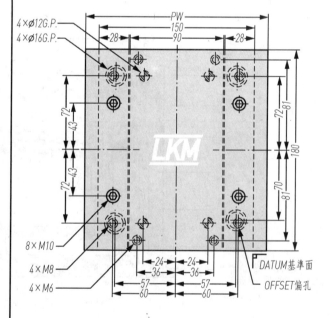

1520

面板濶度/Plate Width	PW
直身模/H-Type	150
工字模/I-Type	200

AB 板厚度/AB Plate Thickness							
25	30	35	40	50	60	70	80

標準方鐵/Spacer Block	60
加高方鐵/Higher Spacer Block	70

吊環絲孔/Eyebolt	M12

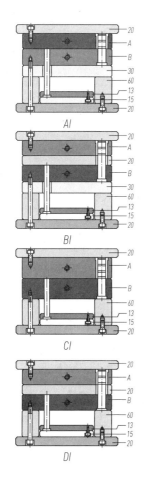

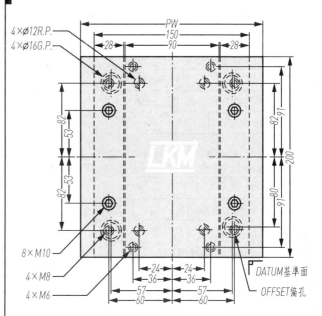

1523

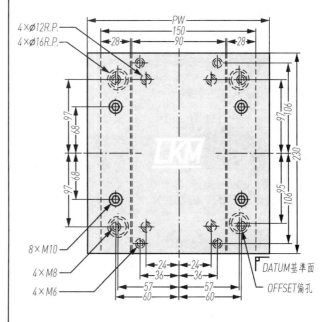

面板濶度/Plate Width	PW
直身模/H-Type	300
工字模/I-Type	350

AB 板厚度/AB Plate Thickness					
35	40	50	60	70	80
90	100	110	120	130	

標準方鉄/Spacer Block	90	
加高方鉄/Higher Spacer Block	100	120

吊環絲孔/Eyebolt	M16

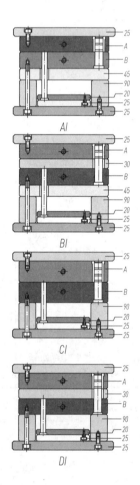

AI

BI

CI

DI

3030

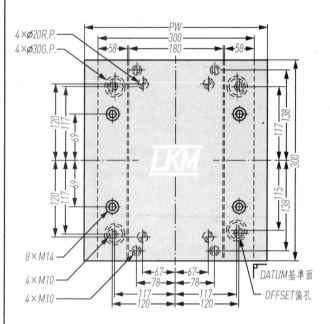

3032

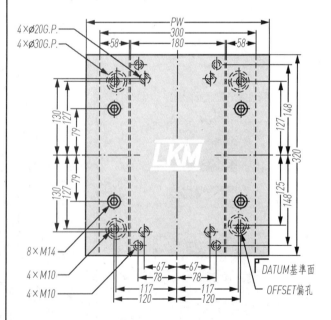

面板濶度/Plate Width	PW
直身模/H-Type	400
工字模/I-Type	450

AB 板厚度/AB Plate Thickness					
40	50	60	70	80	90
100	110	120	130	140	150

標準方鐵/Spacer Block		120	
加高方鐵/Higher Spacer Block	150	180

吊環絲孔/Eyebolt	M24/M12

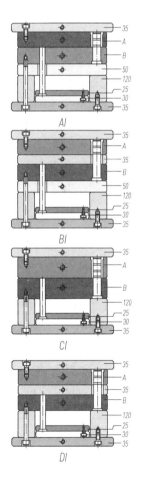

AI

BI

CI

DI

4045

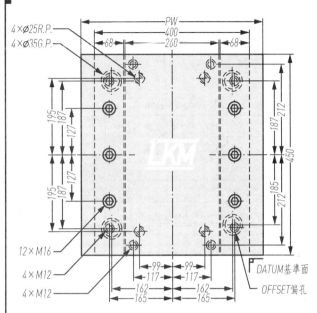

4050

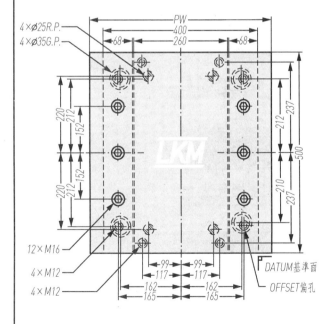

面板濶度/Plate Width	PW
直身模/H-Type	600
工字模/I-Type	700

AB 板厚度/AB Plate Thickness						
70	80	90	100	110	120	130
140	150	160	170	180	200	

標準方鐵/Spacer Block	150	
加高方鐵/Higher Spacer Block	180	210

吊環絲孔/Eyebolt	M36/M16

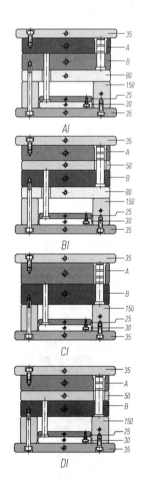

AI

BI

CI

DI

6060

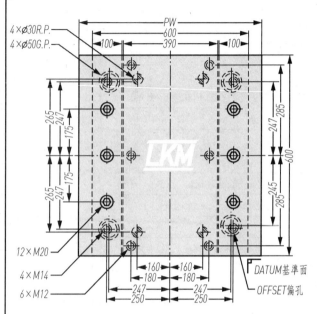

6065

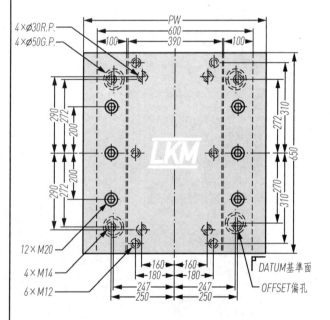

面板濶度/Plate Width	PW
直身模/H-Type	600
工字模/I-Type	700

AB 板厚度/AB Plate Thickness						
70	80	90	100	110	120	130
140	150	160	170	180	200	

標準方鐵/Spacer Block		150	
加高方鐵/Higher Spacer Block		180	210

吊環絲孔/Eyebolt	M36/M16

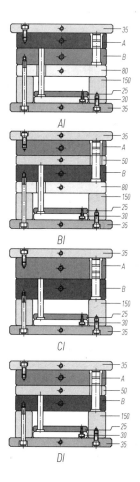

AI

BI

CI

DI

6070

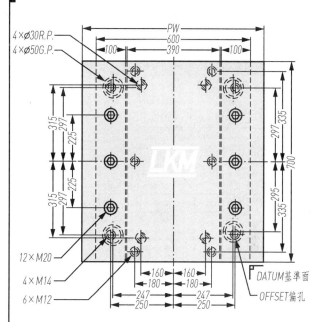

6075

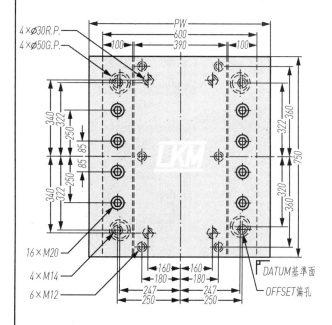

龍 記 模 架
LUNG KEE MOULD BASE

簡化型細水口系統
THREE PLATE TYPE SYSTEM

訂货名稱 How To Order：

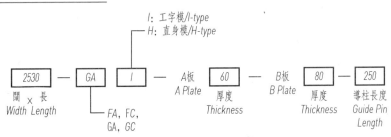

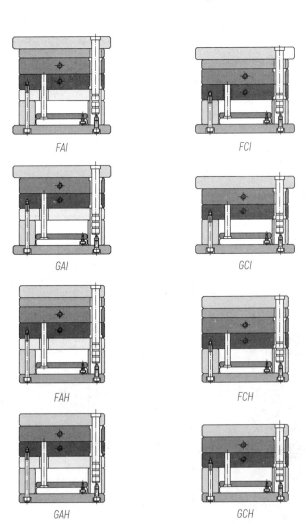

FAI

FCI

GAI

GCI

FAH

FCH

GAH

GCH

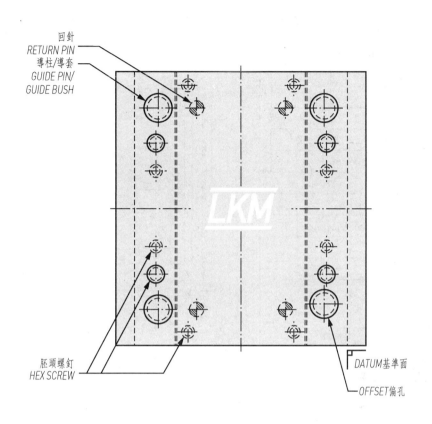

回針
RETURN PIN

導柱/導套
GUIDE PIN/
GUIDE BUSH

LKM

胚頭螺釘
HEX SCREW

DATUM基準面

OFFSET偏孔

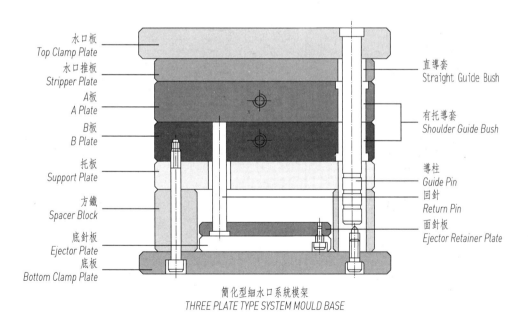

水口板
Top Clamp Plate

水口推板
Stripper Plate

A板
A Plate

B板
B Plate

托板
Support Plate

方鐵
Spacer Block

底針板
Ejector Plate

底板
Bottom Clamp Plate

直導套
Straight Guide Bush

有托導套
Shoulder Guide Bush

導柱
Guide Pin

回針
Return Pin

面針板
Ejector Retainer Plate

簡化型細水口系統模架
THREE PLATE TYPE SYSTEM MOULD BASE

面板濶度/Plate Width	PW
直身模/H-Type	150
工字模/I-Type	200

AB 板厚度/AB Plate Thickness							
25	30	35	40	50	60	70	80

標準方鐵/Spacer Block	60
加高方鐵/Higher Spacer Block	70

吊環絲孔/Eyebolt	M12

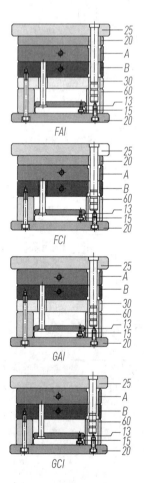

FAI

FCI

GAI

GCI

1515

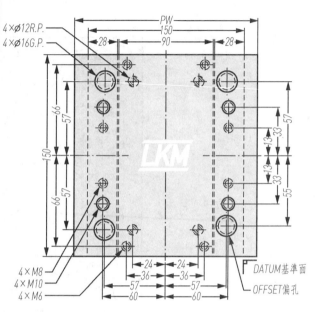

1518

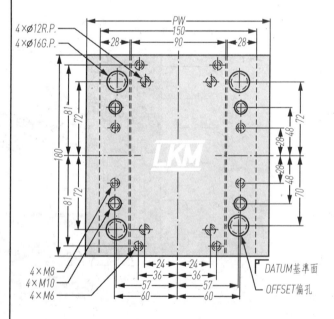

1520

面板濶度/Plate Width	PW
直身模/H-Type	150
工字模/I-Type	200

AB 板厚度/AB Plate Thickness							
25	30	35	40	50	60	70	80

標準方鐵/Spacer Block	60
加高方鐵/Higher Spacer Block	70

吊環絲孔/Eyebolt	M12

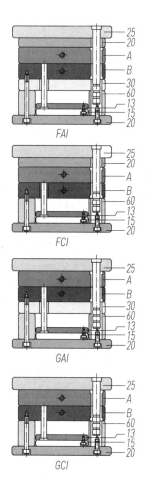

FAI

FCI

GAI

GCI

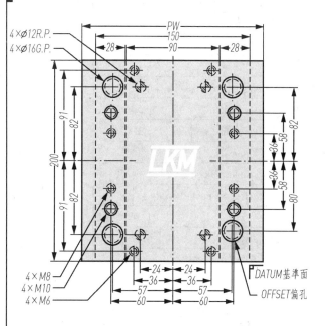

1523

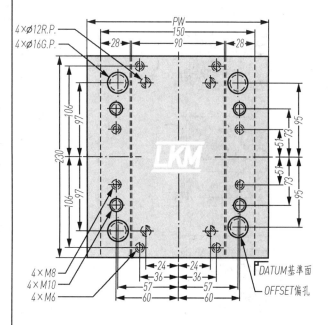

面板濶度/Plate Width	PW
直身模/H-Type	200
工字模/I-Type	250

AB 板厚度/AB Plate Thickness				
25	30	35	40	50
60	70	80	90	100

標準方鐵/Spacer Block	70
加高方鐵/Higher Spacer Block	90

吊環絲孔/Eyebolt	M12

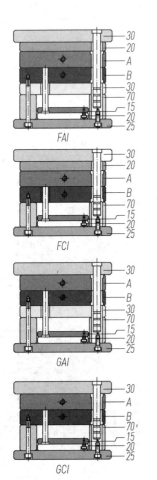

FAI

FCI

GAI

GCI

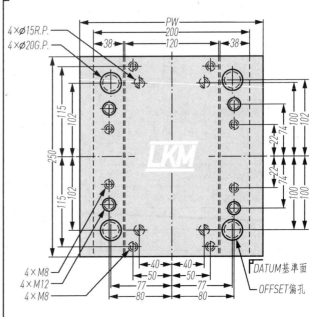

2025

2030

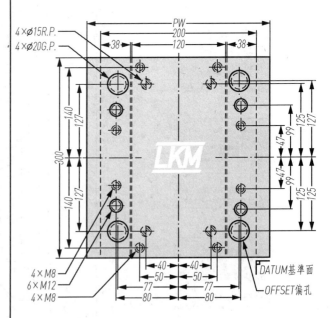

面板濶度/Plate Width	PW
直身模/H-Type	300
工字模/I-Type	350

AB 板厚度/AB Plate Thickness					
35	40	50	60	70	80
90	100	110	120	130	

標準方鐵/Spacer Block		90	
加高方鐵/Higher Spacer Block		100	120

吊環絲孔/Eyebolt	M16

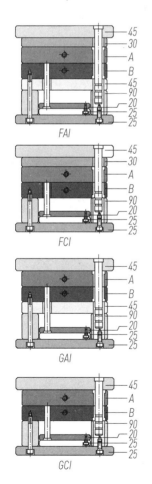

FAI

FCI

GAI

GCI

3030

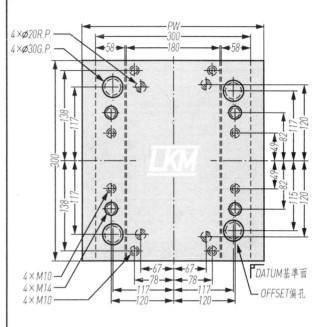

3032

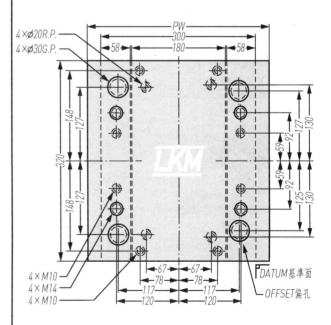

面板濶度/Plate Width	PW
直身模/H-Type	400
工字模/I-Type	450

AB 板厚度/AB Plate Thickness				
40	50	60	70	80
90	100	110	120	130

標準方鐵/Spacer Block	120	
加高方鐵/Higher Spacer Block	150	180

吊環絲孔/Eyebolt	M24/M12

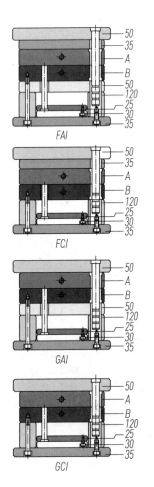

FAI

FCI

GAI

GCI

4045

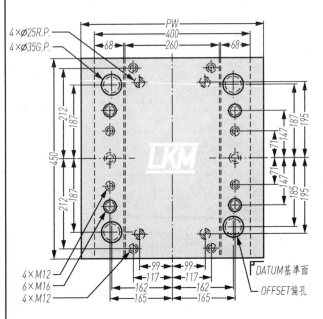

4050

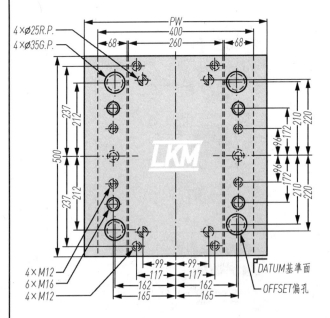

面板濶度/Plate Width	PW
直身模/H-Type	500
工字模/I-Type	600

AB 板厚度/AB Plate Thickness				
40	50	60	70	80
90	100	110	120	130

標準方鐵/Spacer Block		120	
加高方鐵/Higher Spacer Block		150	180

吊環絲孔/Eyebolt	M30/M16/M12

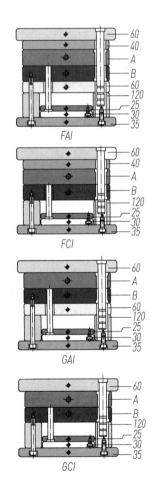

FAI

FCI

GAI

GCI

5060

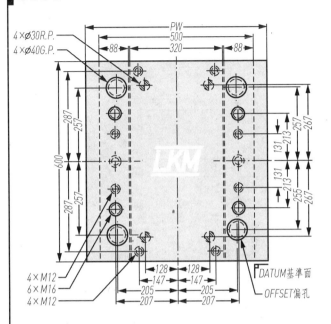

5070

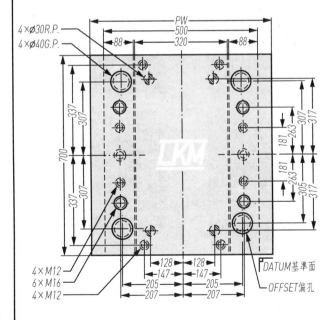

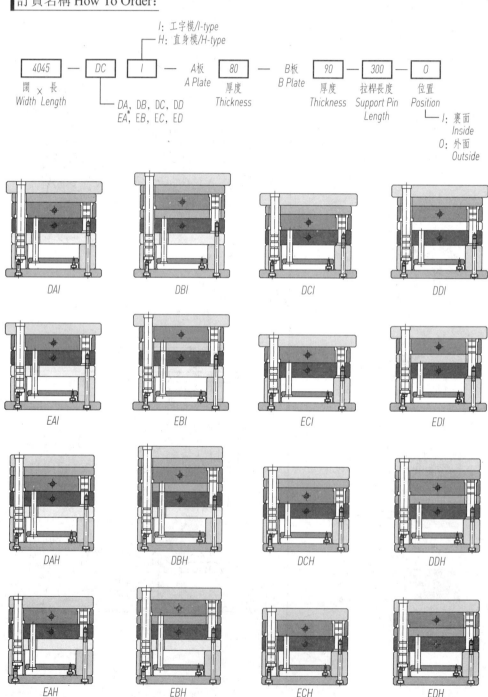

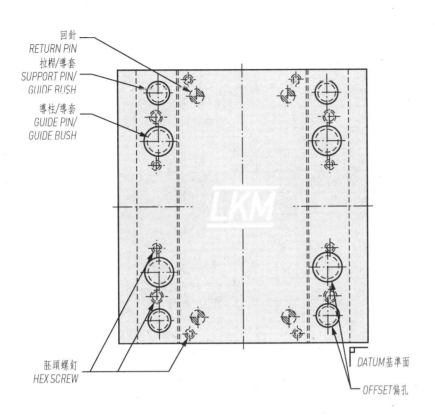

回针
RETURN PIN

拉杆/導套
SUPPORT PIN/
GUIDE BUSH

導柱/導套
GUIDE PIN/
GUIDE BUSH

胚頭螺釘
HEX SCREW

*DATUM*基準面

*OFFSET*偏孔

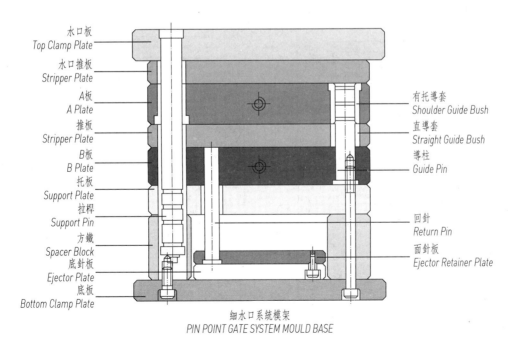

水口板
Top Clamp Plate

水口推板
Stripper Plate

A板
A Plate

推板
Stripper Plate

B板
B Plate

托板
Support Plate

拉杆
Support Pin

方鐵
Spacer Block

底針板
Ejector Plate

底板
Bottom Clamp Plate

有托導套
Shoulder Guide Bush

直導套
Straight Guide Bush

導柱
Guide Pin

回針
Return Pin

面針板
Ejector Retainer Plate

細水口系统模架
PIN POINT GATE SYSTEM MOULD BASE

2025

面板濶度/Plate Width	PW
直身模/H-Type	200
工字模/I-Type	250

AB 板厚度/AB Plate Thickness									
25	30	35	40	50	60	70	80	90	100

標準方鐵/Spacer Block	70
加高方鐵/Higher Spacer Block	90

吊環絲孔/Eyebolt	M12

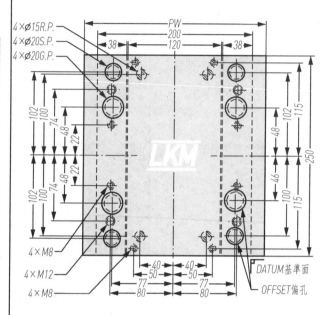

2030

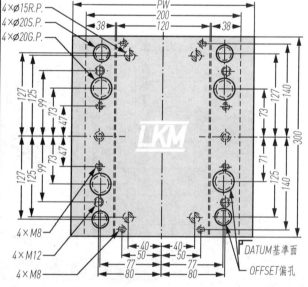

DAI   EAI

DBI   EBI

DCI   ECI

DDI   EDI

3030

面板濶度/Plate Width	PW
直身模/H-Type	300
工字模/I-Type	350

AB 板厚度/AB Plate Thickness					
35	40	50	60	70	80
90	100	110	120	130	

標準方鐵/Spacer Block		90	
加高方鐵/Higher Spacer Block		100	120

吊環絲孔/Eyebolt	M16

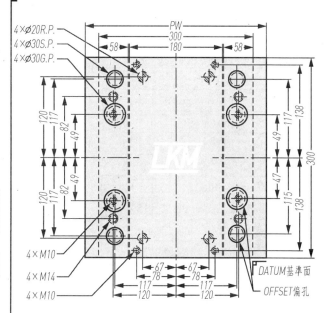

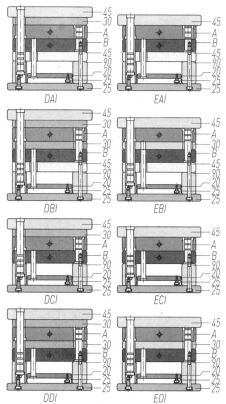

DAI EAI

DBI EBI

DCI ECI

DDI EDI

3032

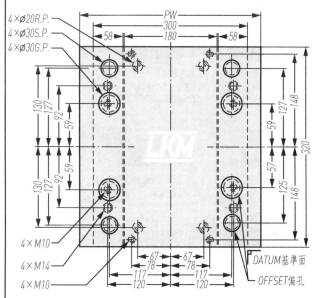

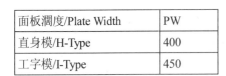

4055

面板濶度/Plate Width	PW
直身模/H-Type	400
工字模/I-Type	450

AB 板厚度/AB Plate Thickness					
40	50	60	70	80	90
100	110	120	130	140	150

標準方鐵/Spacer Block		120	
加高方鐵/Higher Spacer Block		150	180

吊環絲孔/Eyebolt	M30/M12

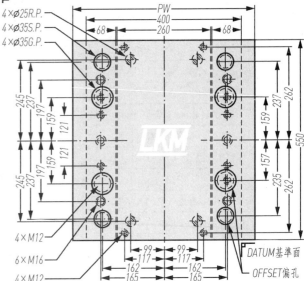

4060

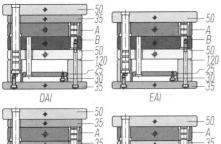

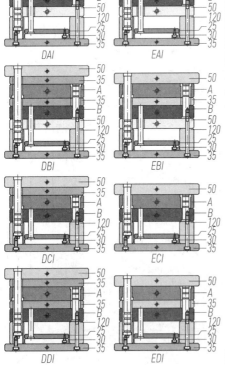

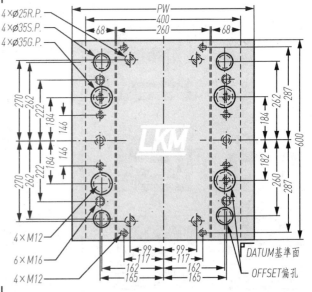

面板濶度/Plate Width	PW
直身模/H-Type	500
工字模/I-Type	600

AB 板厚度/AB Plate Thickness						
50	60	70	80	90	100	110
120	130	140	150	160	170	180

標準方鐵/Spacer Block	120	
加高方鐵/Higher Spacer Block	150	180

吊環絲孔/Eyebolt	M30/M16/M12

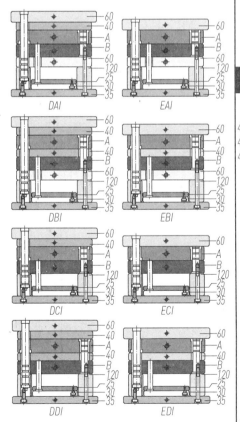

DAI　EAI
DBI　EBI
DCI　ECI
DDI　EDI

5050

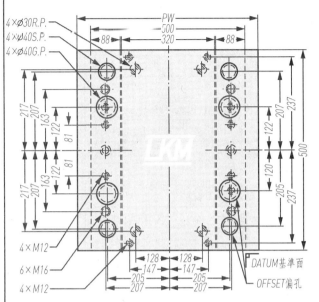

5055

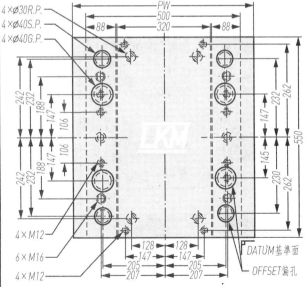

5060

面板宽度/Plate Width	PW
直身模/H-Type	500
工字模/I-Type	600

AB 板厚度/AB Plate Thickness						
50	60	70	80	90	100	110
120	130	140	150	160	170	180

标准方铁/Spacer Block		120	
加高方铁/Higher Spacer Block		150	180

吊环丝孔/Eyebolt	M30/M16/M12

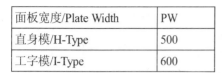

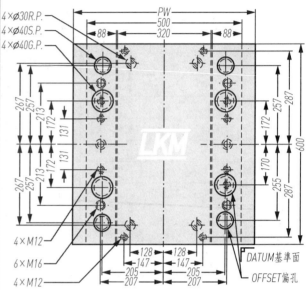

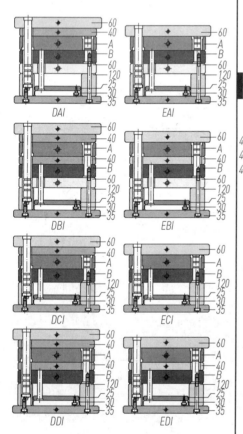

DAI   EAI

DBI   EBI

DCI   ECI

DDI   EDI

5070

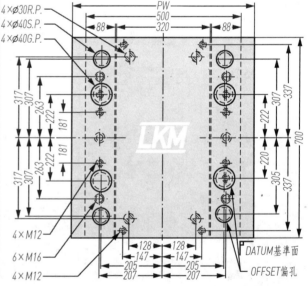

附录 5 注射模常用标准件

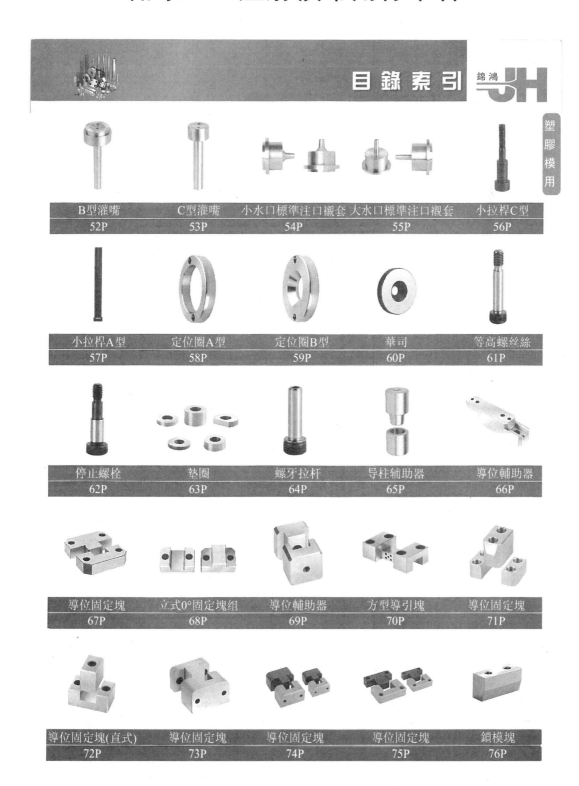

目錄索引　錦鴻 JH

塑膠模用

B型灌嘴	C型灌嘴	小水口標準注口襯套	大水口標準注口襯套	小拉桿C型
52P	53P	54P	55P	56P
小拉桿A型	定位圈A型	定位圈B型	華司	等高螺丝絲
57P	58P	59P	60P	61P
停止螺栓	墊圈	螺牙拉杆	导柱辅助器	導位輔助器
62P	63P	64P	65P	66P
導位固定塊	立式0°固定塊组	導位輔助器	方型導引塊	導位固定塊
67P	68P	69P	70P	71P
導位固定塊(直式)	導位固定塊	導位固定塊	導位固定塊	鎖模塊
72P	73P	74P	75P	76P

SKH-51 圓射梢　錦鴻 JH

塑膠模用

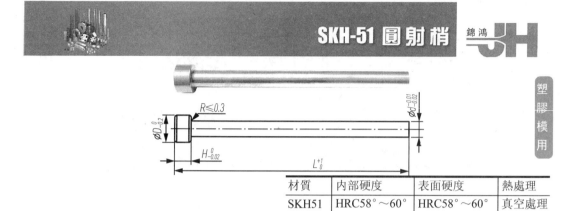

材質	内部硬度	表面硬度	熱處理
SKH51	HRC58°～60°	HRC58°～60°	真空處理

D	H	代号	d	容許差	L 100	150	200	250	300
3	4	JH003	0.8	−0.01 −0.02	23.6	28			
			0.9		22.2	28			
			1.0		22.2	26			
			1.1		21.2	24.6	32		
			1.2		19.2	22.2	30		
			1.3		19.2	22.2	30		
			1.4		19.2	22.2	30		
			1.5		19.2	22.2	30		
			1.6		19.2	22.2	28		
			1.7		19.2	22.2	28		
			1.8		19.2	22.2	28		
4			1.9		19.2	22.2	28		
			2.0		19.2	22.2	26	42.8	
			2.1		22.2	26	28	55.2	
5			2.5		22.2	26	28	47.2	
6			3.0		22.2	27	30.4	43.8	56.4
7			3.5		28	30.6	34.2	51.4	67.6
			4.0		28	33	35.6	55.2	71.2
9	6(4)		4.5		33	34.2	36.8	63.8	82.4
			5.0		33	34.2	36.8	63.8	83.6
10			5.5		34.2	35.6	40.4	73.8	89.6
			6.0		34.2	35.6	40.4	73.8	94.6
11	8(4)		6.5			47.2	51.4	91.6	117.6
	8(6)		7.0			47.2	51.4	99	129.2
13	8(4)		8.0			64.4	71.6	120.6	136.4
14	8		9.0			121.8	142.2	165	200
15	8(4)		10.0			80.2	90.4	140.6	180.8
16	8		11.0			154.8	163.8	208.2	211
17	8(4)		12.0			106	120.6	175.2	239.6

● 訂購方法：采購代號 $D \times H \times d \times L$

備註：　1．圖面以外規格可定制

　　　　2．一次單一尺寸訂購 100 只以上價格另議

SKD-61 FLAT EJECTOR PIN 扁梢

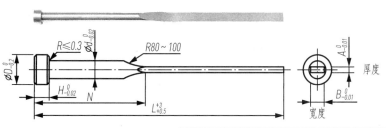

塑膠模用

材質	内部硬度	表面硬度	熱處理
SKD61	HRC43°±2°	HV1000°±100°	氮化處理
	HRC52°±2°	HRC52°±2°	真空處理

D	H	代號	d	100	150	200	250	300
		採購代號		L				
6	4		2	40	48	56	73	82
			2.5	40	48	56	73	82
			3	40	48	56	73	82
7			3.5	40	48	56	73	82
8			4	47	52	58	77	87
			4.5	56	60	65	87	96
9	6	JH006	5	60	65	70	95	105
			5.5	65	70	80	105	115
10			6	70	75	85	115	125
			6.5	75	80	90	125	135
11			7	80	90	100	135	145
13			8	80	90	100	135	145
14			9	91	98	110	146	159
15	8		10	102	109	121	160	176
16			11	122	132	144	201	233
17			12	122	132	144	201	233

● 訂購方法：採購代號 D×H×d×B×A×L×N

備註：1. 圖面以外規格可定制

2. 一次單一尺寸訂購 50 只以上價格另議

SKH-51 SHOULDER EJECTOR PIN 雙節射梢

塑膠模用

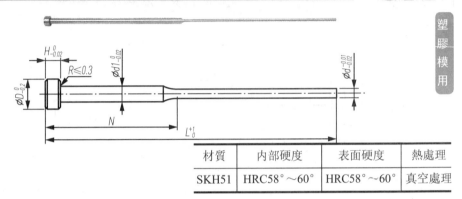

材質	內部硬度	表面硬度	熱處理
SKH51	HRC58°～60°	HRC58°～60°	真空處理

D	d_1	H	采購代號		L=100	L=150		L=200	
			代號	d	N=40	N=50	N=70	N=70	N=100
3	1.5	4.0	JH005	0.5	46	51			
				0.6	40	45			
				0.7	36	41			
				0.8	34	39	39		
				1.0	34	39	39		
4	2.0			0.8	36	41	41	48	48
				0.9	36	41	41	48	48
				1.0	34	39	39	45	45
				1.1	34	39	39	45	45
				1.2	34	39	39	45	45
5	2.5			0.8	36	42	45	50	50
				0.9	36	42	45	50	50
				1.0	36	42	45	50	50
				1.1	36	42	45	50	50
				1.2	36	42	45	50	50
6	3.0			0.8	40	46	50	56	56
				0.9	40	46	50	56	56
				1.0	40	46	50	56	56
				1.1	40	46	50	56	56
				1.2	40	46	50	56	56

● 訂購方法：采購代號 $D \times H \times d_1 \times d \times L \times N$

備注：1. 圖面以外規格可定制
2. 一次單一尺寸訂購 100 只以上價格另議

STRAIGHT EJECTOR SLEEVE PINS 單節射梢套筒

塑膠模用

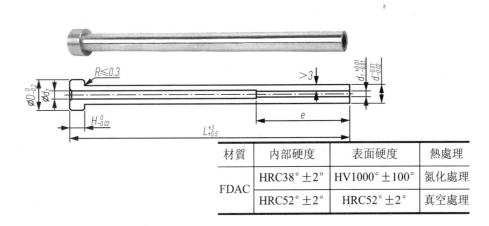

材質	内部硬度	表面硬度	熱處理
FDAC	HRC38°±2°	HV1000°±100°	氮化處理
	HRC52°±2°	HRC52°±2°	真空處理

d	容許差	D	空許差	采購代號			H	容許差
				代號	d_1	容許差		
4		8			1.5～2	+0.01 −0.01	6	0 −0.02
4.5	−0.01 −0.02				2～3			
5		9			2～3.5			
6		10			2～4.5			
6.5					2～5	+0.01 −0.01		
7		11			2～5.5			
8		13		JH008	2～6.5			
9		14	0 −0.2		2～7.5		8	
10		15			2～8			
12		17			2～10			
13		18						0 −0.03
14	−0.015 −0.025	19		内孔尺寸2mm以上任意指定	+0.015 −0.010			
15		20						
16		21						
20		25					8～12	
25		30					8～12	
30		35					8～12	

● 訂購方法：采購代號 $D × H × d × d_1 × L$

備註：1. 圖面以外規格可定制

2. 一次單一尺寸訂購 50 只以上價格另議

3. 長度指定切短少于 5m/m

司筒（推管）

产品代码：ZC50S

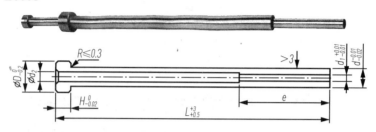

司筒、顶针头部标准规格对照表

公制顶针			英制顶针			公制司筒		
杆径	头径	头厚	杆径	头径	头厚	杆外径	头径	头厚
1.0～3.0	6	4	3/64～9/64	6.35	3.18	3	6	4
3～5	7	4	5/32	7.14	3.97	3.5	7	4
4.0～5.0	8	5	11/64	8.73	4.76	4(外径+4)如下	8	6
5.5～6.0	10	6	3/16～13/64	9.53	4.76	5	9	6
6.5～7.0	11	6	7/32～15/64	10.32	4.76	6	10	6
7.5～8.0	13	8	1/4～9/32	11.11	4.76	7	11	6
8.5～9.0	14	8	5/16	12.70	6.35	8 以上(外径+5)如下	13	8
9.5～10.0	15	8	21/64	14.29	6.35	9	14	8
10.5～11	16	8	11/32	14.29	6.35	10	15	8
11.5～12	17	8	3/8	15.88	6.35			
13	18	8	7/16	17.46	6.35			
14	19	8	1/2	19.05	6.35			
15	20	8	5/8	22.23	6.35			
16	21	8	3/4	25.4	6.35			
20	25	8	1 "	31.75	6.35			
25	30	8						

导柱固定块（方形辅助器）

产品代码：ZC50F

使用例

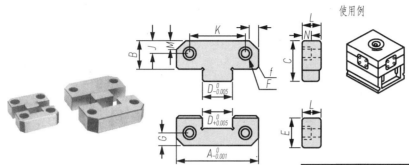

材質	硬度	熱處理
YK30	HRC56°～60°	真空處理

公制

批发价格

代號	制品代號	A	B	C	D	E	F	f	G	J	K	L	M	N	国产单价 RMB	进口单价 RMB
J041	PL38	38	22	30	12	22	10.5	6.5	7	7	22	13	5	8	60	
	PL50	50	21.5	30	17	21.5	10.5	6.5	11	11	34	16	5	8	60	
	PL75	75	36	50	25	36	16.5	16.5	18	18	50	19	8	12	110	
	PL100	100	45	65	32	45	16.5	16.5	22	22	70	19	10	12	170	

油缸

产品代码：ZC97Y

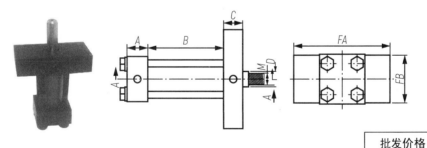

批发价格

Size / Bore	A	B	C	D	FA	FB	M	价格		
								20～50mm（单价）	60～100mm（单价）	100 以上每加价 元 10mm
φ30	30	60＋行程	30	18	120	60	12×1.75	95	100	2.5
φ40	32	60＋行程	32	20 / 25	140	70	16×2.0	105	110	3.0
φ50	32	60＋行程	32	20 / 25	160	80	16×2.0	120	125	3.0
φ60	33	60＋行程	33	25 / 30	180	90	20×2.5	150	160	4.0

錦鴻 JH 無給油導套

沖壓模用

 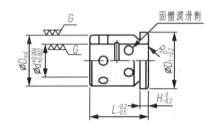

采購代號		D		D_1	H	R	L						
代號	d						13	15	20	25	30	35	40
JH096-1	13	20	+0.021 +0.008	24		1.5	322	322	338	338			
	16	25		30				342	342	342	338		
	20	30		35	5			364	370	370	430	430	448
	25	35	+0.025 +0.009	40		2			400	400	460	460	480

 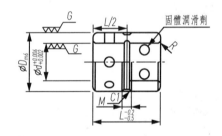

采購代號		D		M	R	L						
代號	d					13	15	20	25	30	35	40
	13	20	+0.021 +0.008	3	1.5	288	288	304	304			
	16	25		4			308	316	316	358		
JH096-2	20	30					332	338	338	400	400	422
	25	35	+0.025 +0.009	5	2			372	372	436	436	454

● 訂購方法：代號 $d \times L$

LOCATING RINGS 定位圈 A 型　錦鴻 JH

塑膠模用

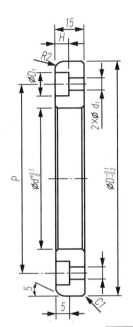

材質	硬度	熱處理
S45C	30°	淬火處理

采購代號		d	d_1	D_1	H	P	單價/RMB
代號	D						
HJ032	60	36	4.5	7.3	4.5	48	31
	100	70	7	11	7	85	40
	120	90				105	45
	150	110	9.5	15	9	130	55

● 訂購方法：代號 $\boxed{D}$ × $\boxed{d}$ × $\boxed{個數}$　　　　備注：圖面以外之特殊規格可定制

LOCATING RINGS 定位圈 B 型

塑膠模用

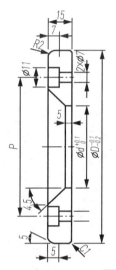

材質	硬度	熱處理
S45C	30°	淬火處理

采購代號		d	p	單價/RMB
代號	D			
JH033	100	36	85	44
		50		
	120	36	85	55
		50		

● 訂購方法：代號 D × d × 個數　　　備註：圖面以外之特殊規格可定制

SPRUE BUSHING A 型 灌 嘴

塑膠模用

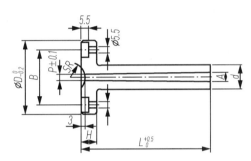

材質	内部硬度	表面硬度	熱處理
S45C	*SR* 部 HRC50°～55°		局部處理
SKD11	HRC60°±2°	HRC60°±2°	真空處理
SKD61	HRC36°±2°	HV1000°±100°	氮化處理
	HRC52°±2°	HRC52°±2°	真空處理

d	*B*	采購代號			*H*	*L* 指定 0.01MM 單位	*SR*	*P*	*A*
		代號	*D*	容許差					
35	25	JH025	12	0 −0.009	10	0～100.0	0 11 12 13	3.0 3.5 4.0 4.5 5.0	1° 2° 3°
			16	0 −0.011	15				
			20		20				
50	36		16	0 −0.013	10	0～150.0	0 11 12 13 16		
			20		15	0～180.0			
			25		20	0～200.0			

● 訂購方法：代號 $d×L×SR×P×A$　　　　　備註：圖面以外之特殊規格可定制

SPRUE BUSHING B 型灌嘴 錦鴻

塑膠模用

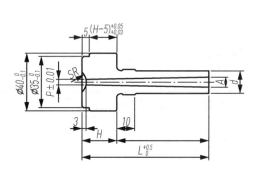

材質	內部硬度	表面硬度	熱處理
S45C	*SR* 部 HRC50°～55°		局部處理
SKD11	HRC60°±2°	HRC60°±2°	真空處理
SKD61	HRC36°±2°	HV1000°±100°	氮化處理
	HRC52°±2°	HRC52°+2°	真空處理

H	采購代號			L 指定 0.01MM 單位	SR	P	A
	代號	D	Dh6				
20							
25		16	0 −0.011		0 11	3.0	
30					12	3.5	1°
20	JH026			0～150.0	13 16	4.0 4.5	2° 3°
25		20	0 −0.013		20	5.0	4°
30					21		

● 訂購方法：代號 *d*×*L*×*SR*×*P*×*A*   備註：圖面以外之特殊規格可定制

小水口標準特殊注口襯套(φ100)

JH028-1

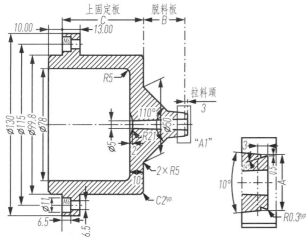

	A	B	C	單價	
		20	30	850	塑膠模用
			35	880	
			45	910	
	φ12	25	30	850	
			35	880	
			45	910	
		30	30	850	
			35	880	
			45	910	
GS 系列		25	35	900	
			45	930	
			50	960	
	φ16	30	35	900	
			45	930	
			50	960	
		35	35	900	
			45	930	
			50	960	
		30	45	950	
			50	980	
			60	1010	
	φ20	35	45	950	
			50	980	
			60	1010	
		40	45	950	
			50	980	
			60	1010	

説明:

一、適用成型機規格：90T～450T 噴嘴機械孔(φ100mm)

二、適用于小水口標准模胚系列

三、優點介紹:

　　1) 定位環輿灌嘴保證同心，射出噴嘴決不漏料;

　　2) 有效減短料頭長度，降低廢料成本，且利于成型;

　　3) 采用標准化設計制造，交貨迅速，經濟費用;

　　4) 使用材質：鉻銅;

　　5) 可依模具實際規格及特殊要求量身定做。

四、標准規格及價目對照表如右表所示。

小水口標準特殊注口襯套(ϕ20)

JH028-2

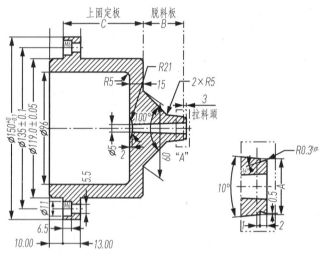

説明:

一、適用成型機規格:450T～1000T 噴嘴機械孔(ϕ120mm)。

二、適用于小水口標准模胚系列。

三、優點介紹:

  1) 定位環興灌嘴保證同心,射出噴嘴決不漏料;

  2) 有效減短料頭長度,降低廢料成本,且利于成型;

  3) 采用標准化設計制造,交貨迅速,經濟實用;

  4) 使用材質:鉻銅;

  5) 可依模具實際規格及特殊要求量身定做。

四、標准規格及價目對照表如右表所示。

	A	B	C	單價
			60	950
		40	80	975
			100	1000
	ϕ16		60	975
		50	80	1010
			100	1040
			60	990
		60	80	1020
			100	1050
			60	1000
		40	80	1025
			100	1050
GL 系列	ϕ20		60	1020
		50	80	1045
			100	1070
			60	1040
		60	80	1065
			100	1090
			60	1050
		40	80	1070
			100	1100
	ϕ25		60	1070
		50	80	1095
			100	1110
			60	1090
		60	80	1115
			100	1140

ANGULAR PIN 斜撑梢

塑膠模用

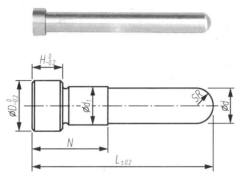

材質	硬度	熱處理
SUJ2	HRC60°±2°	高周波

D	H	N	采購代號			
			代號	d	d 容許差	d_1 容許差
13	8	19		10	−0.013 −0.022	+0.015 +0.006
17	10	24		13	−0.016 −0.027	+0.018 +0.006
20	12	29	JH024	16		
25	15	39		20	−0.020 −0.033	+0.021 +0.008
30		49		25		

● 訂購方法：代號 d×L×N　　　　備注：圖面以外規格可定制

SUPPORT PIN 拖梢

塑膠模用

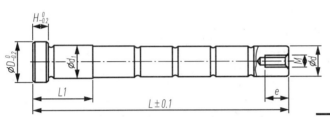

材質	硬度	熱處理
SUJ2	HRC60°±2°	高周波

D	H	M	e	采購代號			d_1	d_1 容許差
				代號	d	容許差		
17	6	M6	12		12		12	+0.018
20	8	M10	20		16	−0.016 −0.027	16	+0.007
25	10	M12	25		20		20	
30	12	M14	30	JH023	25	−0.020 −0.033	25	+0.021 +0.008
35	14				30		30	
40	16	M16	35		35	−0.025 −0.041	35	+0.025
45	18				40		40	+0.009

● 訂購方法：代號 d × L

備註：圖面以外規格可定制

RETURN PIN 回位梢　錦鴻 **JH**

塑膠模用

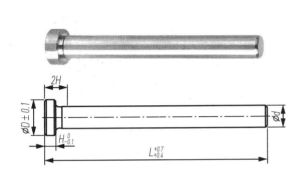

材質	硬度	熱處理
SUJ2	HRC60°±2°	高周波

D	d	H	采購代號		
			代號	d	容許差
12	8	4 (8)	JH021	8	−0.013
15	10			10	−0.022
17	12			12	−0.016
20	15(16)			15(16)	−0.027
25	20			20	
30	25			25	−0.020
35	30			30	−0.033
40	35			35	

● 訂購方法：采購代號 $D \times H \times d \times L$

備注：圖面以外規格可定制

GUIDE BUSH 導套

塑膠模用

JH018-1

JH018-2

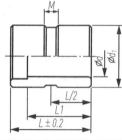

材質	硬度	熱處理
SUJ2	HRC60°±2°	高周波

d	容許差	d_1	容許差	JH018-1		JH018-2	
				D	H	M-L20 以下	M-L21 以上
10	+0.0090	14	+0.018 +0.007	—	—	—	—
12	+0.017 +0.006	18		22	5	4	4
16		25	+0.021 +0.008	30	6(8)		6
20	+0.020 +0.007	30		35	8		
25		35	+0.025 +0.009	40			
30		42(40)		47(45)			8
35		48(45)		54(50)	10		
40		55(50)		61(60)		—	
50	+0.025 +0.009	70	+0.030 +0.011	76(75)	12		
60		80		86(85)			10
70		90		96(95)	15		
80		100		106(105)			

● 訂購方法：采購代號 $D × H × d_1 × d × L$

備註： 1. 圖面以外規格可定制

2. 一次單一尺寸訂購 50 只以上價格另議

模具用冷却螺旋水套及防漏装置

塑膠模用

加工圖(MACHINING DRAWING)

"A" TYPE

"B" TYPE

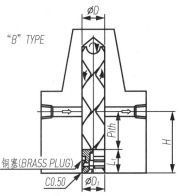

"T" TYPE

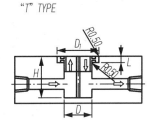

銅塞尺寸(BRASS PLUG Dimension)=$D_1 \times L_1$

$D\pm0.05$	D_1	$L\pm0.05$
$\phi 8$	$\phi 15$	4.05
$\phi 10$	$\phi 18$	4.05
$\phi 12$	$\phi 22$	4.05
$\phi 16$	$\phi 25$	4.05
$\phi 20$	$\phi 30$	4.05
$\phi 25$	$\phi 35$	4.05

$D_{-0.10}^{+0.02}$	$D_{-0.10}^{+0}$	L_1	Pitch	H(Hith+L_1)
$\phi 8$	$\phi 8$	10	20	30 50 70
$\phi 10$	$\phi 10$	11	20	31 51 71
$\phi 12$	$\phi 12$	12	25	37 62 87
$\phi 16$	$\phi 16$	14	25	39 64 89
$\phi 20$	$\phi 20$	18	25	43 68 93
$\phi 25$	$\phi 25$	19	25	44 69 94

$D\pm0.05$	D_1	$L\pm0.05$	$H_{-0.15}^{+0}$
$\phi 8$	$\phi 15$	4.45	30 50 70
$\phi 10$	$\phi 18$	4.45	31 51 71
$\phi 12$	$\phi 22$	4.45	37 62 87
$\phi 16$	$\phi 25$	4.45	39 64 89
$\phi 20$	$\phi 30$	4.45	43 68 93
$\phi 25$	$\phi 35$	4.45	44 69 94

螺旋水套防漏裝置使用範例
(OPERATION FLGURE OR SPIRAL TUBE COOLING SYSTEM)

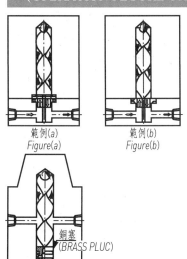

範例(a)
Figure(a)

範例(b)
Figure(b)

範例(c)
Figure(c)

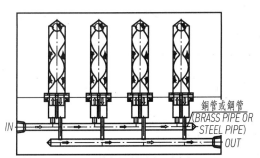

範例(d) 一模多穴同時進水同時出水
Figure(d) Multi-cavity Water in & Water out simultaneous

COOLING CIRCUIT PLUGS 可移動水柱塞

 塑膠模用

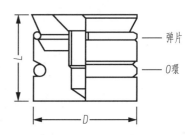

材質
黄銅(C3604)

特性：

在塑膠模中或任何水道冷却或加温系統中，有關於填塞的作用，依照所需的流向配合。

加工方法：

1．任一規格模具孔徑應該比水柱塞外徑大 0.1mm。

例如：8mm(外徑)之柱塞，其模具孔應為 8.1mm。

2．水柱塞在水道中，如没有定位，可先放鬆，然後用空氣槍噴出，重新定位。

原理：

利用斜度原理，使 O 環及彈片擴大而達到填塞的作用。

承受力：

水柱塞 8mm 16kg/cm2 以上。

水柱塞 10mm 17kg/cm2 以上。

水柱塞 12mm 19kg/cm2 以上。

特殊性：

1．不需攻牙，不生銹。

2．可調整鬆緊，不需止泄帶。

3．可隨意移動，放置水道中的任何定點。

4．水冷却、水加温、油冷却、油加温。

5．一般工作温度−5～＋135℃。

6．特殊工作温度−10～＋280℃。

使用例

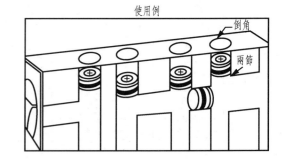

代號	D								
JH076	6	8	10	12	16	18	20	25	30
單價	7	7	7	7	12	16	19	24	27

● 訂購方法：代號 D

JSL 导轨标准尺寸
JSL SLIDING PLATE

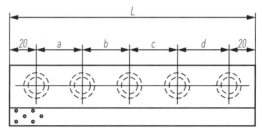

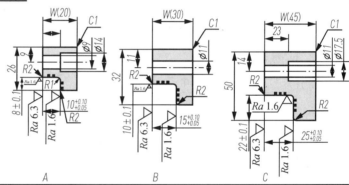

W	L	(螺钉)Bolt						型式
		a	b	c	d	螺钉尺寸	孔数	Type
20	100	60	—	—	—	M8	2	A
	150	55	55	—	—		3	
	200	55	50	55	—		4	
30	100	60	—	—	—	M10	2	B
	150	55	55	—	—		3	
	200	55	50	55	—		4	
	250	70	70	70	—		4	
45	200	55	50	55	—	M10	4	C
	250	70	70	70	—		4	
	300	65	65	65	65		5	
	350	80	75	75	80		5	

附录 6 常用热塑性塑料的成型工艺参数

项目	LDPE	HDPE	乙丙共聚PP	PP	玻璃纤维增强	软PVC	硬PVC	PS	HIPS	ABS	高抗冲ABS	耐热ABS	电镀级ABS	阻燃ABS	透明ABS	ACS
注射机类型	柱塞式	螺杆式	柱塞式	螺杆式	螺杆式	栓塞式	螺杆式	栓塞式	螺杆式	螺杆式	螺杆式	螺杆式	螺杆式	螺杆式	螺杆式	螺杆式
螺杆转速/(r·min)	—	30~60	—	30~60	30~60	—	20~30	—	50~60	30~60	30~60	30~60	20~60	20~50	30~60	20~30
喷嘴 形式	直通式	直通式	直通式	直通式	直通式	直通式	直通式	直通式	直通式	直通式	直通式	直通式	直通式	直通式	直通式	直通式
喷嘴 温度/℃	150~170	150~180	170~190	170~190	180~190	140~150	150~170	160~170	160~170	180~190	190~200	190~200	190~210	180~190	190~200	160~170
料筒温度/℃ 前段	100~200	180~190	180~200	180~200	190~200	160~190	170~190	170~190	170~190	200~210	200~210	200~220	210~230	190~200	200~220	170~180
料筒温度/℃ 中段	—	180~200	190~220	200~220	210~220	—	165~180	—	170~190	210~230	210~230	220~240	230~250	200~220	220~240	180~190
料筒温度/℃ 后段	140~160	140~160	150~170	160~170	160~170	140~150	160~170	140~160	140~160	180~200	180~200	190~200	200~210	170~190	190~200	160~170
模具温度/℃	30~45	30~60	50~70	40~80	70~90	30~40	30~60	20~50	20~60	50~70	50~80	60~85	40~80	50~70	50~70	50~60
注射压力/MPa	60~100	70~100	70~100	70~120	90~130	40~80	80~130	60~100	60~100	70~90	70~120	85~120	70~120	60~100	70~100	80~120
保压压力/MPa	40~50	40~50	40~50	50~60	40~50	20~30	40~60	30~40	30~40	50~70	50~70	50~80	50~70	30~60	50~60	40~50
注射时间/s	0~5	0~5	0~5	0~5	2~5	0~8	2~5	0~3	0~3	3~5	3~5	3~5	0~4	3~5	0~4	0~5
保压时间/s	15~60	15~60	15~60	20~60	15~40	15~40	15~40	15~40	15~40	15~30	15~30	15~30	20~50	15~30	15~40	15~30
冷却时间/s	15~60	15~60	15~50	15~50	15~40	15~30	15~40	15~30	10~40	15~30	15~30	15~30	15~30	10~30	10~30	15~30
成型周期/s	40~140	40~140	40~120	40~120	40~100	40~80	40~90	40~90	40~90	40~70	40~70	40~70	40~90	30~70	30~80	40~70

续表

项目 \ 塑料	SAN (AS)	PMMA 螺杆式	PMMA 柱塞式	PMMA/PC	氯化聚醚	均聚POM	共聚POM	PFT	PBT	玻纤增强PBT	PA-6	玻纤增强PA-6	PA-11	玻纤增强PA-11	PA-12	PA-66
注射机类型	螺杆式	螺杆式	柱塞式	螺杆式	螺杆式	螺杆式	螺杆式	螺杆式	螺杆式	螺杆式	螺杆式	螺杆式	螺杆式	螺杆式	螺杆式	螺杆式
螺杆转速/(r·min)	20~50	20~30	—	20~30	20~40	20~40	20~40	20~40	20~40	20~40	20~50	20~40	20~50	20~40	20~50	20~50
喷嘴 形式	直通式	直通式	直通式	直通式	直通式	直通式	直通式	直通式	直通式	直通式	直通式	直通式	直通式	直通式	直通式	直通式
喷嘴 温度/℃	180~190	180~200	180~200	220~240	170~180	170~180	170~180	250~260	200~220	210~230	200~210	200~210	180~190	190~200	170~180	250~260
料筒温度/℃ 前段	200~210	200~210	210~240	230~260	180~200	180~190	180~190	260~270	220~240	230~240	210~230	220~240	185~200	200~220	185~220	255~265
料筒温度/℃ 中段	210~230	190~210	—	240~260	180~200	170~190	170~200	260~280	230~250	240~260	230~240	230~250	190~220	220~250	190~240	260~280
料筒温度/℃ 后段	170~180	180~200	180~200	210~230	180~190	170~180	170~190	240~260	200~220	210~220	200~210	200~210	170~180	180~190	160~170	240~250
模具温度/℃	50~70	40~80	40~80	60~80	80~110	90~120	90~100	100~140	60~70	65~75	60~100	80~120	60~90	60~90	70~110	60~120
注射压力/MPa	80~120	50~120	80~130	80~130	80~110	80~130	80~120	80~120	60~90	80~100	90~130	89~130	90~120	90~100	90~130	80~130
保压压力/MPa	40~50	40~60	40~60	40~60	30~40	30~50	30~50	30~50	30~40	40~50	30~50	30~50	30~50	40~50	50~60	40~50
注射时间/s	0~5	0~5	0~5	0~5	0~5	2~5	2~5	0~5	0~4	2~5	0~4	2~5	0~4	2~5	2~5	0~5
保压时间/s	15~30	20~40	20~40	20~40	15~50	20~80	20~90	20~50	10~30	10~20	15~60	15~40	15~50	15~30	20~60	20~50
冷却时间/s	15~30	20~40	20~40	20~40	20~50	20~60	20~60	20~30	15~30	15~30	20~40	20~40	20~40	20~40	20~40	20~40
成型周期/s	40~70	50~90	50~90	50~90	40~110	50~150	50~160	50~90	30~70	30~60	40~100	40~90	40~100	40~90	50~110	50~100

续表

项目	玻纤增强 PA-66 螺杆式	PA610 螺杆式	PA612 螺杆式	PA1010 螺杆式	PA1010 柱塞式	玻璃纤维增强 PA1010 螺杆式	玻璃纤维增强 PA1010 柱塞式	透明 PA 螺杆式	PC 螺杆式	PC 柱塞式	PC/PE 螺杆式	PC/PE 柱塞式	玻璃纤维增强 PC 螺杆式	PSU 螺杆式	改性 PSU 螺杆式	玻璃纤维增强 PSU 螺杆式
注射机类型	螺杆式	螺杆式	螺杆式	螺杆式	柱塞式	螺杆式	柱塞式	螺杆式	螺杆式	柱塞式	螺杆式	柱塞式	螺杆式	螺杆式	螺杆式	螺杆式
螺杆转速 /(r·min)	20~40	20~50	20~50	20~50	—	20~40	—	20~50	20~40	—	20~40	—	20~30	20~30	20~30	20~30
喷嘴 形式	直通式	自锁式	自锁式	自锁式	直通式	直通式	直通式	直通式	直通式	直通式	直通式	直通式	直通式	直通式	直通式	直通式
喷嘴温度/℃	250~260	200~210	200~210	190~200	190~210	180~190	180~190	220~240	230~250	240~250	220~230	230~240	240~260	280~290	250~260	280~300
料筒温度/℃ 前段	260~270	220~230	210~220	200~210	210~230	210~230	240~260	240~250	250~280	270~300	230~250	250~280	260~290	290~310	260~280	300~320
料筒温度/℃ 中段	260~290	230~250	210~230	220~240	—	230~260	—	250~270	240~260	—	240~260	—	270~310	300~330	280~300	310~330
料筒温度/℃ 后段	230~260	200~210	200~205	190~200	190~200	190~200	190~200	220~240	240~270	260~290	230~240	240~260	260~280	280~300	260~270	290~300
模具温度/℃	100~120	60~90	40~70	40~80	40~80	40~80	40~80	40~60	90~110	90~110	80~100	80~100	90~110	130~150	80~100	130~150
注射压力/MPa	80~130	70~110	70~120	70~100	70~120	90~130	100~130	80~130	80~130	110~140	80~120	80~130	100~140	100~140	100~140	100~140
保压压力/MPa	40~50	20~40	30~50	20~40	30~40	40~50	40~50	40~50	40~50	40~50	40~50	40~50	40~50	40~50	40~50	40~50
注射时间/s	3~5	0~5	0~5	0~5	2~5	2~5	2~5	0~5	0~5	0~5	0~5	0~5	2~5	0~5	0~5	2~7
保压时间/s	20~50	20~50	20~50	20~50	20~40	20~40	20~40	20~60	20~80	20~80	20~80	20~80	20~60	20~80	20~70	20~50
冷却时间/s	20~40	20~40	20~40	20~40	20~40	20~40	20~40	20~40	20~80	20~80	20~80	20~80	20~50	20~50	20~50	20~50
成型周期/s	50~100	50~100	50~110	50~100	50~100	50~90	50~90	50~110	50~130	50~130	50~140	50~140	50~110	50~140	50~130	50~110

续表

项目	聚芳砜	聚醚砜	PPO	改性PPO	聚芳酯	聚氨酯	聚苯硫醚	聚酰亚胺	醋酸纤维素	醋酸丁酸纤维素	醋酸丙酸纤维素	乙基纤维素	F46
注射机类型	螺杆式	螺杆式	螺杆式	螺杆式	螺杆式	螺杆式	螺杆式	螺杆式	柱塞式	柱塞式	柱塞式	柱塞式	螺杆式
螺杆转速/(r/min)	20~30	20~30	20~30	20~50	20~50	20~70	20~30	20~30	—	—	—	—	20~30
喷嘴形式	直通式	直通式	直通式	直通式	直通式	直通式	直通式	直通式	直通式	直通式	直通式	直通式	直通式
喷嘴温度/℃	380~410	240~270	250~280	220~240	230~250	170~180	280~300	290~300	150~180	150~170	160~180	160~180	290~300
料筒温度/℃ 前段	385~420	260~290	260~280	230~250	240~260	175~185	300~310	290~310	170~200	170~200	180~210	180~220	300~330
料筒温度/℃ 中段	345~385	280~310	260~290	240~270	250~280	180~200	320~340	300~330	—	—	—	—	270~290
料筒温度/℃ 后段	320~370	260~290	230~240	230~240	230~240	150~170	260~280	280~300	150~200	150~170	150~170	150~170	170~200
模具温度/℃	230~260	90~120	110~150	60~80	100~130	20~40	120~150	120~150	40~70	40~70	40~70	40~70	110~130
注射压力/MPa	100~200	100~140	100~140	70~110	100~130	80~100	80~130	100~150	60~130	80~130	80~120	80~130	80~130
保压力/MPa	50~70	50~70	50~70	40~60	50~60	30~40	40~50	40~50	40~50	40~50	40~50	40~50	50~60
注射时间/s	0~5	0~5	0~5	0~8	2~8	2~6	0~5	0~5	0~3	0~5	0~5	0~5	0~8
保压时间/s	15~40	15~40	30~70	30~70	15~40	30~40	10~30	20~60	15~40	15~40	15~40	15~40	20~60
冷却时间/s	15~20	15~30	20~60	20~50	15~40	30~60	20~50	30~60	15~40	15~40	15~40	15~40	20~60
成型时间/s	40~50	40~80	60~140	60~130	40~90	70~110	40~90	60~130	40~90	40~90	40~90	40~90	50~130

附录 7 常用塑料的收缩率

塑料种类	收缩率(%)	塑料种类	收缩率(%)
聚乙烯(低密度)	1.5~3.5	聚酰胺 610	1.2~2.0
聚乙烯(高密度)	1.5~3.0	聚酰胺 610(30%玻璃纤维)	0.35~0.45
聚丙烯	1.0~2.5	聚酰胺 1010	0.5~4.0
聚丙烯(玻璃纤维增强)	0.4~0.8	醋酸纤维素	1.0~1.5
聚氯乙烯(硬质)	0.6~1.5	醋酸丁酸纤维素	0.2~0.5
聚氯乙烯(半硬质)	0.6~2.5	丙酸纤维素	0.2~0.5
聚氯乙烯(软质)	1.5~3.0	聚丙烯酸酯类塑料(通用)	0.2~0.9
聚苯乙烯(通用)	0.6~0.8	聚丙烯酸酯类塑料(改性)	0.5~0.7
聚苯乙烯(耐热)	0.2~0.8	聚乙烯醋酸乙烯	1.0~3.0
聚苯乙烯(增韧)	0.3~0.6	氟塑料 F-4	1.0~1.5
ABS(抗冲击)	0.3~0.8	氟塑料 F-3	1.0~2.5
ABS(耐热)	0.3~0.8	氟塑料 F-2	2
ABS(30%玻璃纤维增强)	0.3~0.6	氟塑料 F-46	2.0~5.0
聚甲醛	1.2~3.0	酚醛塑料(木粉填料)	0.5~0.9
聚碳酯	0.5~0.8	酚醛塑料(石棉填料)	0.2~0.7
聚砜	0.5~0.7	酚醛塑料(云母填料)	0.1~0.5
聚砜(玻璃纤维增强)	0.4~0.7	酚醛塑料(棉纤维填料)	0.3~0.7
聚苯醚	0.7~1.0	酚醛塑料(玻璃纤维填料)	0.05~0.2
改性聚苯醚	0.5~0.7	脲醛塑料(纸浆填料)	0.6~1.3
氯化聚醚	0.4~0.8	脲醛塑料(木粉填料)	0.7~1.2
聚酰胺 6	0.8~2.5	三聚氰胺甲醛(纸浆填料)	0.5~0.7
聚酰胺 6(30%玻璃纤维)	0.35~0.45	三聚氰胺甲醛(矿物填料)	0.4~0.7
聚酰胺 9	1.5~2.5	聚邻苯二甲酸二丙烯酯(石棉填料)	0.28
聚酰胺 11	1.2~1.5	聚邻苯二甲酸二丙烯酯(玻璃纤维填料)	0.42
聚酰胺 66	1.5~2.2	聚间苯二甲酸二丙烯酯(玻璃纤维填料)	0.3~0.4
聚酰胺 66(30%玻璃纤维)	0.4~0.55		

附录8 常见注射成型制品的成型缺陷和解决措施

序号	成型缺陷	产生原因	解决措施
1	制品形状欠缺	1. 料筒及喷嘴温度偏低	提高料筒及喷嘴温度
		2. 模具温度太低	提高模具温度
		3. 加料量不足	增加料量
		4. 注射压力低	提高注射压力
		5. 进料速度慢	调节进料速度
		6. 锁模力不够	增加锁模力
		7. 模腔无适当排气孔	修改模具,增加排气孔
		8. 注射时间太短,柱塞或螺杆退时间太早	增加注射时间
		9. 杂物堵塞喷嘴	清理喷嘴
		10. 流道浇口太小、太薄、太长	正确设计浇注系统
2	制品滋边	1. 注射压用太大	降低注射压力
		2. 锁模力过小或单向受力	调节锁模力
		3. 模具碰损或磨损	修理模具
		4. 模具间落入杂物	擦净模具
		5. 料温太高	降低料温
		6. 模具变形或分型面不平	调整模具或磨平
3	熔合纹明显	1. 料温过低	提高料温
		2. 模温低	提高模温
		3. 擦脱模剂太多	少擦脱模剂
		4. 注射压力低	提高注射压力
		5. 注射速度慢	加快注射速度
		6. 加料不足	加足料
		7. 模具排气不良	通模具排气孔
4	黑点及条纹	1. 料温高,并分解	降低料温
		2. 料筒或喷嘴接合不严	修理接合处,除去死角
		3. 模具排气不良	改变模具排气
		4. 染色不均匀	重新染色
		5. 物料中混有深色物	将物料中深色物取缔
5	银丝、斑纹	1. 料温过高,料分解物进入模腔	迅速降低料温
		2. 原料含水分高,成型时气化	原料预热或干燥
		3. 物料含有易挥发物	原料进行预热干燥
6	制品变形	1. 冷却时间短	加长冷却时间
		2. 顶出受力不均	改变顶出位置
		3. 模温太高	降低模温
		4. 制品内应力太大	消除内应力
		5. 通水不良,冷却不均	改变模具水路
		6. 制品薄厚不均	正确设计制品和模具

序号	成型缺陷	产 生 原 因	解 决 措 施
7	制品脱皮、分层	1. 原料不纯 2. 同一塑料不同级别或不同牌号相混 3. 配入润滑剂过量 4. 塑化不均匀 5. 混入异物气疵严重 6. 进浇口太小，摩擦力大 7. 保压时间过短	净化处理原料 使用同级或同牌号料 减少润滑剂用量 增加塑化能力 消除异物 放大浇口 适当延长保压时间
8	裂纹	1. 模具太冷 2. 冷却时间太长 3. 塑料和金属镶件收缩率不一样 4. 顶出装置倾斜或不平衡，顶出截面积小或分布不当 5. 制件斜度不够，脱模难	调整模具温度 减少冷却时间 对金属镶件预热 调整顶出装置或合理安排顶杆数量及其位置 正确设计脱模斜度
9	制品表面有波纹	1. 物料温度，黏度大 2. 模具温度低 3. 模具温度低 4. 注射速度太慢 5. 浇口太小	提高料温 料温高，可减小注射压力；反之，则加大注射压力 提高模具温度或增大注射压力 提高注射速度 适当扩展浇口
10	制品性脆强度下降弯曲变形	1. 料温太高，塑料分解 2. 塑料和镶件处内应力过大 3. 塑料回用次数多 4. 塑料含水	降低料温，控制物料在料筒内滞留时间 对镶件预热，保证镶件周围有一定厚度的塑料 控制回料配比 原料预热干燥
11	脱模难	1. 模具顶出装置结构不良 2. 模腔脱模斜度不够 3. 模腔温度不合适 4. 模腔有接缝或存料 5. 成型周期太短或太长 6. 模芯无进气孔	改进顶出装置 正确设计模具 适当控制模温 清理模具 适当控制注射周期 修改模具
12	制品尺寸不稳定	1. 机器电路或油路系统不稳 2. 成型周期不一致 3. 温度、时间、压力变化 4. 塑料颗粒大小不一 5. 回收废料与新料混合比例不均 6. 加料不均	修理电器或油压系统 控制成型周期，使一致 调节，控制，使基本一致 使用均一塑料 控制混合比例，使均匀 控制或调节加料均匀

附录9　常用国产注射机的主要技术参数

参数	SZ-10/16	SZ-25/25	SZ-40/32	SZ-60/40	SZ-60/450	SZ-100/60	SZ-100/630	SZ-125/630	SZ-160/1000
结构类型	立	立	立	立	卧	立	卧	卧	卧
理论注射容积/cm³	10	25	40	60	78 106	100	75 105	140	179
螺杆（柱塞）直径/mm	15	20	24	30	30 35	35	30 35	40	44
注射压力/MPa	150	150	150	150	170 125	150	224 164.5	126	132
注射速率/（g/s）					60 75		60 80	110	110
塑化能力/（g/s）					5.6 10		7.3 11.8	16.8	10.5
螺杆转速/(r/min)					14～200		14～200	14～200	10～150
锁模力/kN	160	250	320	400	450	600	630	630	1000
拉杆内间距/mm	180	205	205	295×185	280×250	440×340	370×320	370×320	360×260
移模行程/mm	130	160	160	260 180	220	260	270	270	280
最大模具厚度/mm	150	160	160	280	300	340	300	300	360
最小模具厚度/mm	60	130	130	160	100	10	150	150	170
锁模形式					双曲轴		双曲轴	双曲轴	液压
模具定位孔直径/mm					55	1	125	125	120
喷嘴球半径/mm	10	10	10	15	20	12	15	15	10
喷嘴口直径/mm			3	3.5		4			

HTF360X1			HTF450X1			HTF530X1		
A	B	C	A	B	C	A	B	C
65	70	75	70	80	84	80	84	90
21.5	20	18.7	22.9	20	19	22	21	19.6
1068	1239	1423	1424	1860	2050	2212	2438	2799
972	1127	1295	1296	1693	1866	2012	2218	2547
208	180	156	204	156	141	180	163	142
0～180			0～160			0～130		
3600			4500			5300		
660			740			825		
710×710			780×780			830×800		
710			780			850		
250			330			350		
160			200			200		
110			110			158		
13			13			17		
16			16			16		
37			45			55		
22.85			27.45			44.65		
6.9×2.1×2.5			7.9×2.3×3.2			9×2.3×3.6		
15			19			30		
100			100			200		
900			1170			1250		

		HTF250X1			HTF300X1		
		A	B	C	A	B	C
	注射装置 Injection Unit						
螺杆直径	Screw Diameter /mm	50	55	60	60	65	70
螺杆长径比	Screw L/D Ratio	22	20	18.3	21.7	20	18.6
理论容量	Shot Size(Theoretical) /cm^3	442	535	636	727	853	989
注射重量	Injection Weight (PS) /g	402	487	579	662	776	900
注射压力	Injection Perssure /MPa	205	169	142	213	182	157
螺杆转速	Screw Speed /(r/m)	0～160			0～160		
	合模装置 Clamping Unit						
合模力	Clamp Tonnage /kN	2500			3000		
移模行程	Toggle Stroke /mm	540			600		
拉杆内距	Space Between Tie Bars /mm	570×570			660×660		
最大模厚	Max. Mold Height /mm	570			660		
最小模厚	Min. Mold Height /mm	220			250		
顶出行程	Ejector Stroke /mm	130			160		
顶出力	Ejector Tonnage /kN	62			62		
顶出杆根数	Ejector Number Piece	9			13		
	其他 Others						
最大油泵压力	Max. Pump Pressure /MPa	16			16		
油泵马达	Pump Motor Power /kW	22			30		
电热功率	Heater Power /kW	16.65			19.65		
外形尺寸	Machine Dimension (L×W×H) /m	6.02×1.7×2.1			6.3×2.0×2.4		
重量	Machine Weight /t	8.1			11		
料斗容积	Hopper Capacity /kg	50			50		
油箱容积	Oil Tank Capacity /L	630			670		

模板正面尺寸 Platen Dimensions

模板侧面尺寸 Platen Dimensions

外型尺寸 Machine Dimensions

附录10 塑料模具型腔、型芯专用优质钢材

钢号	代号	特性	淬火温度/℃	曲火温度/℃	硬度（HRC）	主要用途
3Cr2NiMo	718	高韧性、高耐磨性，加工性能好，较好的抛光性	830～870	180～300 500～650	53～58 HB270～345	优质预硬型塑料模具，厚度不小于400mm的塑料模具
10Ni3MnCuAl	PMS	析出硬化型时效钢，热处理变形小；优异的镜面性能	840～890	480～510	35～40	工作温度为300℃，使用硬度小于或等于40；高镜面、高精度塑料模具
OCr16Ni4Cu3Nb	PCR	时效硬化不锈钢；耐氟、氯离子腐蚀；工艺简单，变形小	1050	460	39～41	含有氟、氯树脂的塑料模具；高镜面、高精度、耐腐蚀塑料模具

另外，①P20为预硬镜面钢，HRC40～45用于镜面制品模具；

②38CrMnAl为高强度、高耐磨、耐腐蚀合金钢，HRC50～55，氮、碳共渗处理。

附录 11 注射模主要结构件的钢材及热处理硬度

构件名称		材料	热处理硬度(HRC)	构件名称	材料	热处理硬度(HRC)
定模固定板		30、35、45	—	斜销	T8A、T10A、GCr15	55～60
动模固定板		30、35、45	—	弯销	T9A、T10A、GCr15	55～60
推流道板		45、50、55	30～35	滑块	45、3Cr2Mo、40CrNiMo	35～40
推件板		45、3Cr2Mo、40CrNiMo	30～35	斜滑块	45、3Cr2Mo、40CrNiMo	35～40
型芯固定板		30、35、45	—	滑块导板	45、T8A	45～50
支承板		45、50、T7A	40～45	楔紧块	45、T8A、CrWMn	50～55
推杆固定板		30、35、45	—	斜槽导板	45、50、T7A	45～50
推板		45、50、T7A	40～45	定距拉杆	45、T8A	45～50
支承块		30、35	—	定距拉板	45、T8A	45～50
定位圈		45、50	40～50	限位钉	45	30～35
浇口套		T8A、T10A、CrWMn	50～55	限位块	45	
复位杆		T8A、T10A	50～55	支承板	45	
拉料杆		T8A、T10A	50～55		T8A、T10A、GCr15	55～60*
推杆	d≤4mm	65Mn、50CrV	45～50	导柱、导套	20(渗碳 0.5～0.8)	55～60
	d>4mm	T8A、T10A	50～55		T8A、T10A、GC15	
推管	孔径≤3mm	65Mn、50CrVA	45～50	推板导柱推板导套	20(渗碳 0.5～0.8)	55～60
	孔径>3mm	T8A、T10A	50～55		T8A、T10A、GCR15	
分流道拉料杆		65Mn、50CrVA	45～50	精密定位件	CrWMn、Cr12MoV、GCr15	55～60

注：*支承柱兼做推板导柱时，支承柱材料用 T8A、T10A、GCr15，热处理硬度 HRC55～60。

附录 12　型腔壁厚的参考尺寸与支承板厚度的经验值

矩形型腔壁厚的参考尺寸　　　　　　　　　　单位：mm

型腔宽度 B	整体式型腔	镶拼式型腔	
	型腔壁厚 S	型腔壁厚 S_1	型腔壁厚 S_2
40	25	9	22
40～50	25～30	>9～10	>22～25
>50～60	30～35	>10～11	>25～28
>60～70	35～42	>11～12	>28～35
>70～80	42～48	>12～13	>35～40
>80～90	48～55	>13～14	>40～45
>90～100	55～60	>14～15	>45～50
>100～120	60～72	>15～17	>50～60
>120～140	72～85	>17～19	>60～70
>140～160	85～95	>19～21	>70～78

圆形型腔壁厚的参考尺寸　　　　　　　　　　单位：mm

型腔宽度 B	整体式型腔	镶拼式型腔	
	型腔壁厚 S	型腔壁厚 S_1	型腔壁厚 S_2
40	20	7	18
40～50	>20～22	>7～8	>18～20
>50～60	>22～28	>8～9	>20～22

型腔宽度 B	整体式型腔	镶拼式型腔	
	型腔壁厚 S	型腔壁厚 S_1	型腔壁厚 S_2
>60～70	>28～32	>9～10	>22～25
>70～80	>32～38	>10～11	>25～30
>80～90	>38～40	>11～12	>30～32
>90～100	>40～45	>12～13	>32～35
>100～120	>45～52	>13～16	>35～40
>120～140	>52～58	>16～17	>40～45
>140～160	>58～65	>17～19	>45～50

支承板厚度的经验值

塑件在分型面上的投影面积/cm^2	垫板厚度/mm
～5	15
>5～10	15～20
>10～50	20～25
>50～100	25～30
>100～200	30～40
>200	>40

附录 13　工程塑料模塑制品尺寸公差(GB/T 14486—1993)

基本尺寸

公差等级	公差种类	0–3	3–6	6–10	10–14	14–18	18–24	24–30	30–40	40–50	50–65	65–80	80–100	100–120	120–140	140–160	160–180	180–200	200–225	225–250	250–280	280–315	315–355	355–400	400–450	450–500
1	A	0.07	0.08	0.10	0.11	0.12	0.13	0.15	0.16	0.18	0.20	0.23	0.26	0.29	0.33	0.36	0.39	0.42	0.46	0.49	0.54	0.58	0.64	0.70	0.78	0.84
1	B	0.14	0.16	0.20	0.21	0.22	0.23	0.25	0.26	0.28	0.30	0.33	0.36	0.39	0.43	0.46	0.49	0.52	0.56	0.59	0.64	0.68	0.74	0.80	0.88	0.94
2	A	0.10	0.12	0.14	0.16	0.18	0.20	0.22	0.24	0.26	0.30	0.34	0.38	0.42	0.46	0.50	0.54	0.60	0.66	0.70	0.76	0.84	0.92	1.00	1.10	1.20
2	B	0.20	0.22	0.24	0.26	0.28	0.30	0.32	0.34	0.36	0.40	0.44	0.48	0.52	0.56	0.60	0.64	0.70	0.76	0.80	0.86	0.94	1.02	1.10	1.20	1.30
3	A	0.12	0.14	0.18	0.20	0.22	0.26	0.28	0.32	0.36	0.40	0.46	0.52	0.58	0.66	0.72	0.78	0.86	0.92	1.00	1.10	1.20	1.30	1.44	1.60	1.74
3	B	0.32	0.34	0.38	0.40	0.42	0.46	0.48	0.52	0.56	0.60	0.66	0.72	0.78	0.86	0.92	0.98	1.06	1.12	1.20	1.30	1.40	1.50	1.64	1.80	1.94
4	A	0.16	0.20	0.24	0.28	0.30	0.34	0.38	0.42	0.48	0.56	0.64	0.72	0.84	0.94	1.04	1.14	1.24	1.36	1.48	1.62	1.78	1.96	2.20	2.40	2.60
4	B	0.36	0.40	0.44	0.48	0.50	0.54	0.58	0.62	0.68	0.76	0.84	0.92	1.04	1.14	1.24	1.34	1.44	1.56	1.68	1.82	1.98	2.16	2.40	2.60	2.80
5	A	0.20	0.24	0.28	0.34	0.38	0.44	0.48	0.56	0.64	0.74	0.86	1.10	1.16	1.30	1.46	1.60	1.76	1.94	2.10	2.30	2.60	2.80	3.10	3.50	3.90
5	B	0.40	0.44	0.48	0.54	0.58	0.64	0.68	0.76	0.84	0.94	1.06	1.30	1.36	1.50	1.66	1.80	1.96	2.14	2.30	2.50	2.80	3.00	3.30	3.70	4.10
6	A	0.26	0.32	0.40	0.48	0.54	0.62	0.70	0.80	0.94	1.10	1.28	1.48	1.72	1.96	2.20	2.40	2.60	2.90	3.20	3.50	3.80	4.30	4.70	5.30	5.80
6	B	0.46	0.52	0.60	0.68	0.74	0.82	0.90	1.00	1.14	1.30	1.48	1.68	1.92	2.16	2.40	2.60	2.80	3.10	3.40	3.70	4.00	4.50	4.90	5.50	6.00
7	A	0.38	0.48	0.58	0.68	0.76	0.88	1.00	1.14	1.32	1.54	1.80	2.10	2.40	2.80	3.10	3.40	3.70	4.10	4.50	4.90	5.40	6.00	6.70	7.40	8.20
7	B	0.58	0.68	0.78	0.88	0.96	1.08	1.20	1.34	1.52	1.74	2.00	2.30	2.60	3.00	3.30	3.60	3.90	4.30	4.70	5.10	5.60	6.20	6.20	7.60	8.40

标注公差的尺寸允许偏差

续表

未注公差的尺寸允许偏差

5	A	±0.10	±0.12	±0.14	±0.17	±0.19	±0.22	±0.24	±0.28	±0.32	±0.37	±0.43	±0.55	±0.58	±0.65	±0.73	±0.80	±0.88	±0.97	±1.05	±1.15	±1.30	±1.40	±1.55	±1.75	±1.95
	B	±0.20	±0.22	±0.24	±0.27	±0.29	±0.32	±0.34	±0.38	±0.42	±0.47	±0.53	±0.65	±0.68	±0.75	±0.83	±0.90	±0.98	±1.07	±1.15	±1.25	±1.40	±1.50	±1.65	±1.85	±2.05
6	A	±0.13	±0.16	±0.20	±0.24	±0.27	±0.31	±0.35	±0.40	±0.47	±0.55	±0.64	±0.74	±0.86	±0.98	±1.10	±1.20	±1.30	±1.45	±1.60	±1.75	±1.90	±2.15	±2.15	±2.65	±2.90
	B	±0.23	±0.26	±0.30	±0.34	±0.37	±0.41	±0.45	±0.50	±0.57	±0.65	±0.74	±0.84	±0.96	±1.08	±1.20	±1.30	±1.40	±1.55	±1.70	±1.85	±2.00	±2.25	±2.45	±2.75	±3.00
7	A	±0.19	±0.24	±0.29	±0.34	±0.38	±0.44	±0.50	±0.57	±0.66	±0.77	±0.90	±1.05	±1.20	±1.40	±1.55	±1.70	±1.85	±2.05	±2.25	±2.45	±2.70	±3.00	±3.35	±3.70	±4.10
	B	±0.29	±0.34	±0.39	±0.44	±0.48	±0.54	±0.60	±0.67	±0.76	±0.87	±1.00	±1.15	±1.30	±1.50	±1.65	±1.80	±1.95	±2.15	±2.35	±2.55	±2.80	±3.10	±3.45	±3.80	±4.20

注：A——不受模具活动部分影响的尺寸的公差；B——受模具活动部分影响的尺寸的公差。

精度等级的选用

类别	塑料品种	公差等级		
		标注公差尺寸		未注公差尺寸
		高精度	一般精度	
1	聚苯乙烯(PS) 聚丙烯(PP、无机填料填充) ABS 丙烯腈-苯乙烯共聚物(AS) 聚甲基丙烯酸甲酯(PMMA) 聚碳酸酯(PC) 聚醚砜(PESU) 聚砜(PSU) 聚苯醚(PPO) 聚苯硫醚(PPS) 聚氯乙烯(硬)(RPVC) 聚酰胺(PA、玻璃纤维填充) 聚对苯二甲酸丁二醇酯(PBTP、玻璃纤维填充) 聚邻苯二甲酸二丙烯酯(PDAP) 聚对苯二甲酸乙二醇酯(PETP、玻璃纤维填充) 环氧树脂(EP) 酚醛塑料(PF、无机填料填充) 氨基塑料和氨基酚醛塑料(VF/MF 无机填料填充)	MT2	MT3	MT5
2	醋酸纤维素塑料(CA) 聚酰胺(PA、无填料填充) 聚甲醛(≤150mmPOM) 聚对苯二甲酸丁二醇酯(PBTP、无填料填充) 聚对苯二甲酸乙二醇酯(PETP、无填料填充) 聚丙烯(PP、无填料填充) 氨基塑料和氨基酚醛塑料(VF/MF 有机填料填充) 酚醛塑料(PF、有机填料填充)	MT3	MT4	MT6
3	聚甲醛(＞150mmPOM)	MT4	MT5	MT7
4	聚氯乙烯(软 SPVC) 聚乙烯(PE)	MT5	MT6	MT7

注：对孔类尺寸可取表中数值冠以"＋"号作为上偏差，下偏差为零；对轴类尺寸可取表中数值冠以"－"号作为下偏差，上偏差为零；对中心距尺寸可取表中数值之半冠以"±"号。

北京大学出版社高职高专机电系列规划教材

序号	书号	书名	编著者	定价	出版日期
		机械类基础课			
1	978-7-301-10464-2	工程力学	余学进	18.00	2008.1 第3次印刷
2	978-7-301-13653-9	工程力学	武昭晖	25.00	2011.2 第3次印刷
3	978-7-301-13655-3	工程制图	马立克	32.00	2008.8
4	978-7-301-13654-6	工程制图习题集	马立克	25.00	2008.8
5	978-7-301-13574-7	机械制造基础	徐从清	32.00	2012.7 第3次印刷
6	978-7-301-13573-0	机械设计基础	朱凤芹	32.00	2008.8
7	978-7-301-13656-0	机械设计基础	时忠明	25.00	2012.7 第3次印刷
8	978-7-301-13662-1	机械制造技术	宁广庆	42.00	2010.11 第2次印刷
9	978-7-301-19848-3	机械制造综合设计及实训	裴俊彦	37.00	2013.4
10	978-7-301-19297-9	机械制造工艺及夹具设计	徐 勇	28.00	2011.8
11	978-7-301-13260-9	机械制图	徐 萍	32.00	2009.8 第2次印刷
12	978-7-301-13263-0	机械制图习题集	吴景淑	40.00	2009.10 第2次印刷
13	978-7-301-18357-1	机械制图	徐连孝	27.00	2012.9 第2次印刷
14	978-7-301-18143-0	机械制图习题集	徐连孝	20.00	2013.4 第2次印刷
15	978-7-301-15692-6	机械制图	吴百中	26.00	2012.7 第2次印刷
16	978-7-301-22916-3	机械图样的识读与绘制	刘永强	36.00	2013.8
17	978-7-301-23354-2	AutoCAD 应用项目化实训教程	王利华	42.00	2014.1
18	978-7-301-17122-6	AutoCAD 机械绘图项目教程	张海鹏	36.00	2013.8 第3次印刷
19	978-7-301-17573-6	AutoCAD 机械绘图基础教程	王长忠	32.00	2013.8 第2次印刷
20	978-7-301-19010-4	AutoCAD 机械绘图基础教程与实训(第2版)	欧阳全会	36.00	2014.1 第3次印刷
21	978-7-301-17609-2	液压传动	龚肖新	22.00	2010.8
22	978-7-301-20752-9	液压传动与气动技术(第2版)	曹建东	40.00	2014.1 第2次印刷
23	978-7-301-13582-2	液压与气压传动技术	袁 广	24.00	2013.8 第5次印刷
24	978-7-301-19436-2	公差与测量技术	余 键	25.00	2011.9
25	978-7-5038-4861-2	公差配合与测量技术	南秀蓉	23.00	2011.12 第4次印刷
26	978-7-301-19374-7	公差配合与技术测量	庄佃霞	26.00	2013.8 第2次印刷
27	978-7-301-13652-2	金工实训	柴增田	22.00	2013.1 第4次印刷
28	978-7-301-13651-5	金属工艺学	柴增田	27.00	2011.6 第2次印刷
29	978-7-301-17608-5	机械加工工艺编制	于爱武	45.00	2012.2 第2次印刷
30	978-7-301-21988-1	普通机床的检修与维护	宋亚林	33.00	2013.1
31	978-7-5038-4869-8	设备状态监测与故障诊断技术	林英志	22.00	2011.8 第3次印刷
32	978-7-301-22116-7	机械工程专业英语图解教程(第2版)	朱派龙	48.00	2013.9
33	978-7-301-23198-2	生产现场管理	金建华	38.00	2013.9
		数控技术类			
1	978-7-301-17707-5	零件加工信息分析	谢 蕾	46.00	2010.8
2	978-7-301-17148-6	普通机床零件加工	杨雪青	26.00	2013.8 第2次印刷
3	978-7-301-17679-5	机械零件数控加工	李 文	38.00	2010.8
4	978-7-301-13659-1	CAD/CAM 实体造型教程与实训 (Pro/ENGINEER 版)	诸小丽	38.00	2012.1 第3次印刷

序号	书号	书名	编著者	定价	出版日期
5	978-7-301-17557-6	CAD/CAM 数控编程项目教程(UG 版)	慕 灿	45.00	2012.4 第 2 次印刷
6	978-7-5038-4865-0	CAD/CAM 数控编程与实训(CAXA 版)	刘玉春	27.00	2011.2 第 3 次印刷
7	978-7-301-21873-0	CAD/CAM 数控编程项目教程(CAXA 版)	刘玉春	42.00	2013.3
8	978-7-301-13261-6	微机原理及接口技术(数控专业)	程 艳	32.00	2008.1
9	978-7-5038-4866-7	数控技术应用基础	宋建武	22.00	2010.7 第 2 次印刷
10	978-7-301-13262-3	实用数控编程与操作	钱东东	32.00	2013.8 第 4 次印刷
11	978-7-301-14470-1	数控编程与操作	刘瑞已	29.00	2011.2 第 2 次印刷
12	978-7-301-20312-5	数控编程与加工项目教程	周晓宏	42.00	2012.3
13	978-7-301-20945-5	数控铣削技术	陈晓罗	42.00	2012.7
14	978-7-301-21053-6	数控车削技术	王军红	28.00	2012.8
15	978-7-301-17398-5	数控加工技术项目教程	李东君	48.00	2010.8
16	978-7-301-21119-9	数控机床及其维护	黄应勇	38.00	2012.8
17	978-7-301-20002-5	数控机床故障诊断与维修	陈学军	38.00	2012.1
模具设计与制造类					
1	978-7-301-13258-6	塑模设计与制造	晏志华	38.00	2007.8
2	978-7-301-18471-4	冲压工艺与模具设计	张 芳	39.00	2011.3
3	978-7-301-19933-6	冷冲压工艺与模具设计	刘洪贤	32.00	2012.1
4	978-7-301-20414-6	Pro/ENGINEER Wildfire 产品设计项目教程	罗 武	31.00	2012.5
5	978-7-301-16448-8	Pro/ENGINEER Wildfire 设计实训教程	吴志清	38.00	2012.8
6	978-7-301-22678-0	模具专业英语图解教程	李东君	22.00	2013.7
7	978-7-301-23892-9	注射模设计方法与技巧实例精讲	邹继强	54.00	2014.3
电气自动化类					
1	978-7-301-18519-3	电工技术应用	孙建领	26.00	2011.3
2	978-7-301-17569-9	电工电子技术项目教程	杨德明	32.00	2012.4 第 2 次印刷
3	978-7-301-22546-2	电工技能实训教程	韩亚军	22.00	2013.6
4	978-7-301-22923-1	电工技术项目教程	徐超明	38.00	2013.8
5	978-7-301-12390-4	电力电子技术	梁南丁	29.00	2010.7 第 2 次印刷
6	978-7-301-17730-3	电力电子技术	崔 红	23.00	2010.9
7	978-7-301-12182-5	电工电子技术	李艳新	29.00	2007.8
8	978-7-301-19525-3	电工电子技术	倪 涛	38.00	2011.9
9	978-7-301-12392-8	电工与电子技术基础	卢菊洪	28.00	2007.9
10	978-7-301-16830-1	维修电工技能与实训	陈学平	37.00	2010.7
11	978-7-301-12180-1	单片机开发应用技术	李国兴	21.00	2010.9 第 2 次印刷
12	978-7-301-20000-1	单片机应用技术教程	罗国荣	40.00	2012.2
13	978-7-301-21055-0	单片机应用项目化教程	顾亚文	32.00	2012.8
14	978-7-301-17489-0	单片机原理及应用	陈高锋	32.00	2012.9
15	978-7-301-22390-1	单片机开发与实践教程	宋玲玲	24.00	2013.6
16	978-7-301-17958-1	单片机开发入门及应用实例	熊华波	30.00	2011.1
17	978-7-301-16898-1	单片机设计应用与仿真	陆旭明	26.00	2012.4 第 2 次印刷
18	978-7-301-19302-0	基于汇编语言的单片机仿真教程与实训	张秀国	32.00	2011.8
19	978-7-301-12181-8	自动控制原理与应用	梁南丁	23.00	2012.1 第 3 次印刷
20	978-7-301-19638-0	电气控制与 PLC 应用技术	郭 燕	24.00	2012.1

序号	书号	书名	编著者	定价	出版日期
21	978-7-301-18622-0	PLC与变频器控制系统设计与调试	姜永华	34.00	2011.6
22	978-7-301-19272-6	电气控制与PLC程序设计(松下系列)	姜秀玲	36.00	2011.8
23	978-7-301-12383-6	电气控制与PLC(西门子系列)	李 伟	26.00	2012.3 第2次印刷
24	978-7-301-18188-1	可编程控制器应用技术项目教程(西门子)	崔维群	38.00	2013.6 第2次印刷
25	978-7-301-23432-7	机电传动控制项目教程	杨德明	40.00	2014.1
26	978-7-301-12382-9	电气控制及PLC应用(三菱系列)	华满香	24.00	2012.5 第2次印刷
27	978-7-301-14469-5	可编程控制器原理及应用（三菱机型）	张玉华	24.00	2009.3
28	978-7-301-22315-4	低压电气控制安装与调试实训教程	张 郭	24.00	2013.4
29	978-7-301-22672-8	机电设备控制基础	王本轶	32.00	2013.7
30	978-7-301-18770-8	电机应用技术	郭宝宁	33.00	2011.5
31	978-7-301-17324-4	电机控制与应用	魏润仙	34.00	2010.8
32	978-7-301-21269-1	电机控制与实践	徐 锋	34.00	2012.9
33	978-7-301-12389-8	电机与拖动	梁南丁	32.00	2011.12 第2次印刷
34	978-7-301-18630-5	电机与电力拖动	孙英伟	33.00	2011.3
35	978-7-301-16770-0	电机拖动与应用实训教程	任娟平	36.00	2012.11
36	978-7-301-22632-2	机床电气控制与维修	崔兴艳	28.00	2013.7
37	978-7-301-22917-0	机床电气控制与PLC技术	林盛昌	36.00	2013.8
38	978-7-301-18470-7	传感器检测技术及应用	王晓敏	35.00	2012.7 第2次印刷
39	978-7-301-20654-6	自动生产线调试与维护	吴有明	28.00	2013.1
40	978-7-301-21239-4	自动生产线安装与调试实训教程	周 洋	30.00	2012.9
41	978-7-301-19319-8	电力系统自动装置	王 伟	24.00	2011.8
42	978-7-301-18852-1	机电专业英语	戴正阳	28.00	2013.8 第2次印刷

相关教学资源如电子课件、电子教材、习题答案等可以登录 www.pup6.com 下载或在线阅读。

扑六知识网(www.pup6.com)有海量的相关教学资源和电子教材供阅读及下载(包括北京大学出版社第六事业部的相关资源)，同时欢迎您将教学课件、视频、教案、素材、习题、试卷、辅导材料、课改成果、设计作品、论文等教学资源上传到 pup6.com，与全国高校师生分享您的教学成就与经验，并可自由设定价格，知识也能创造财富。具体情况请登录网站查询。

如您需要免费纸质样书用于教学，欢迎登录第六事业部门户网(www.pup6.cn)填表申请，并欢迎在线登记选题以到北京大学出版社来出版您的大作，也可下载相关表格填写后发到我们的邮箱，我们将及时与您取得联系并做好全方位的服务。

扑六知识网将打造成全国最大的教育资源共享平台，欢迎您的加入——让知识有价值，让教学无界限，让学习更轻松。
联系方式：010-62750667，xc96181@163.com，linzhangbo@126.com，欢迎来电来信。